解放军和武警部队院校招生
文化科目统考复习参考教材
(适用于高中毕业生[含同等学力]士兵)

化　学

军考教材编写组　编

国防工业出版社

·北京·

内 容 简 介

本书是解放军和武警部队院校招生文化科目统考复习参考教材的化学分册,供报考军队院校的高中毕业生[含同等学力]士兵复习使用。本书以《2021年军队院校招收士兵学员文化科目统一考试大纲》为依据,以广大考生复习考试的实际需要为目标而编写。

图书在版编目(CIP)数据

解放军和武警部队院校招生文化科目统考复习参考教材. 化学/军考教材编写组编. —北京:国防工业出版社,2019.4(2021.9重印)
ISBN 978-7-118-11852-0

Ⅰ.①解⋯ Ⅱ.①军⋯ Ⅲ.①化学课—军事院校—入学考试—自学参考资料 Ⅳ.①E251.3 ②G723.4

中国版本图书馆 CIP 数据核字(2019)第 055110 号

※

国防工业出版社出版发行
(北京市海淀区紫竹院南路23号 邮政编码100048)
北京天颖印刷有限公司印刷
新华书店经售

*

开本 787×1092 1/16 印张 14¾ 字数 337 千字
2021年9月第1版第5次印刷 印数 46001—48000 册 定价 36.00 元

(本书如有印装错误,我社负责调换)

国防书店:(010)88540777   书店传真:(010)88540776
发行业务:(010)88540717   发行传真:(010)88540762

本书编委会

主　编　王希军

副主编　李　姣　宋丽英

参　编　郤文娟　李家栋　王立民

丛书说明

应广大考生要求，军队院校招生主管部门授权中国融通教育集团组织编写了《解放军和武警部队院校招生文化科目统考复习参考教材》。本套教材分为三个系列：高中毕业生[含同等学力]士兵适用的《语文》《数学》《英语》《政治》《物理》《化学》；大专毕业生士兵适用的《语言综合》《科学知识综合》《军政基础综合》；大学毕业生士兵提干推荐对象和优秀士兵保送入学对象适用的《综合知识与能力》。

本套教材是军队院校招生考试唯一指定的复习参考教材，内容紧扣2021年军队院校招生文化科目统一考试大纲，科学编排知识框架，合理设置练习讲解，确保了复习内容的科学性、针对性和实用性。同时，这套教材的电子版可在强军网"军队院校招生信息网"（http://www.zsxxw.mtn）免费下载使用。

为提供优质、便捷、高效的考学助学服务，融通人力考试中心联合81之家共同打造了"81之家军考"服务平台，考生可通过关注相关公众号和下载App，获取更多考试帮助。

本套教材的编审时间非常紧张，书中内容难免有不当之处，如对书中内容有疑问，请通过邮箱（81zhijia@81family.cn）及时反馈。

军考教材编写组
2021年1月

前　言

　　本书是解放军和武警部队院校招生文化科目统考复习参考教材的化学分册，供2021年报考军队院校的高中毕业生[含同等学力]士兵考生复习使用。本书以《2021年军队院校招收士兵学员文化科目统一考试大纲》为依据，参考现行高中化学教材，并针对广大士兵考生特点编写而成。

　　本书共分八章，每章包括四个部分：考试范围与要求、主要内容、典型例题、强化训练。

　　本书在最后收录了"二〇二〇年军队院校生长军（警）官招生文化科目统一考试士兵高中综合试题（化学）"和"二〇二〇年军队院校士官招生文化科目统一考试士兵高中综合试题（化学）"，并附有参考答案，供考生全面了解考试形式和内容并模拟练习。

　　本书由王希军任主编，李姣、宋丽英任副主编。参加本书编写的人员还有郏文娟、李家栋和王立民。

　　由于时间紧、任务急，难免有不足和疏漏之处，敬请读者批评指正。

编者
2021年1月

目 录

第一章 化学基本概念 ... 1

考试范围与要求 ... 1
第一节 物质的组成、分类和性质 ... 1
第二节 化学用语和化学量 ... 6
第三节 化学反应与分类 ... 11
第四节 溶液 ... 19
典型例题 ... 23
强化训练 ... 26

第二章 物质结构和元素周期律 ... 32

考试范围与要求 ... 32
第一节 原子结构 ... 32
第二节 元素周期律 ... 36
第三节 化学键和分子结构 ... 40
典型例题 ... 44
强化训练 ... 46

第三章 化学反应速率和化学平衡 ... 53

考试范围与要求 ... 53
第一节 化学反应速率 ... 53
第二节 化学平衡 ... 55
第三节 合成氨工业 ... 57
典型例题 ... 58
强化训练 ... 58

第四章 电解质溶液ᆢ64

考试范围与要求ᆢ64
第一节 电解质溶液ᆢ64
第二节 原电池及金属的腐蚀和防护ᆢ69
第三节 电解和电镀ᆢ71
典型例题ᆢ72
强化训练ᆢ74

第五章 常见元素及其重要化合物ᆢ79

考试范围与要求ᆢ79
第一节 氢和水ᆢ79
第二节 卤素ᆢ82
第三节 氧和硫ᆢ87
第四节 氮和磷ᆢ93
第五节 碳和硅ᆢ98
第六节 碱金属ᆢ103
第七节 镁和铝ᆢ107
第八节 铁ᆢ112
典型例题ᆢ118
强化训练ᆢ124

第六章 有机化合物ᆢ132

考试范围与要求ᆢ132
第一节 概述ᆢ132
第二节 烃ᆢ136
第三节 烃的衍生物ᆢ142
第四节 糖类和蛋白质ᆢ149
典型例题ᆢ153
强化训练ᆢ155

第七章 化学实验ᆢ160

考试范围与要求ᆢ160

第一节	常用仪器及用途	160
第二节	化学实验基本操作	164
第三节	气体的实验室制备、收集和检验	170
第四节	物质的检验、分离与提纯	176
典型例题		182
强化训练		184

第八章 化学计算 190

考试范围与要求		190
第一节	有关化学量和化学式的计算	190
第二节	有关溶液的计算	196
第三节	有关化学方程式的计算	202
典型例题		207
强化训练		209

附录　酸、碱和盐的溶解性表（20℃）······ 214
　　　元素周期表 ······ 215

二〇二〇年军队院校生长军（警）官招生文化科目统一考试士兵高中综合试题（化学）···· 217

二〇二〇年军队院校士官招生文化科目统一考试士兵高中综合试题（化学）···· 221

第一章　化学基本概念

考试范围与要求

　　理解分子、原子、离子等概念的含义,了解原子团的定义;理解物理变化与化学变化的区别与联系;掌握混合物和纯净物、单质和化合物、金属和非金属的概念;理解酸、碱、盐、氧化物的概念及其相互联系。

　　熟记并正确书写常见元素的名称、符号;熟悉常见元素的化合价,能根据化合价正确书写化学式(分子式),或根据化学式判断元素化合价;熟记并正确书写常见离子的名称及符号;了解原子结构示意图;掌握化学式、结构式和结构简式表示方法;掌握相对原子质量、相对分子质量的定义,并能进行有关计算;理解质量守恒定律的含义;能正确书写和配平各类化学方程式(化学反应方程式、离子反应方程式),并能进行有关计算;掌握物质的量(n)及其单位——摩尔(mol);掌握摩尔质量(M)、气体摩尔体积(V_m)、物质的量浓度(c)和阿伏加德罗常数(N_A)的含义;能根据物质的量与微粒(原子、分子、离子等)数目、气体体积(标准状况下)之间的相互关系进行有关计算。

　　理解氧化还原反应的概念和本质;掌握常见的氧化还原反应;能正确书写和配平氧化还原反应方程式;掌握常见氧化还原反应的相关计算;了解吸热反应、放热反应、反应热等概念;了解热化学方程式的含义。

　　理解溶液的定义;理解溶液的组成、溶液中溶质的质量分数的概念,并能进行有关计算;理解溶解度、饱和溶液的概念;掌握配制一定溶质质量分数、物质的量浓度溶液的方法;了解胶体是一种常见的分散系,了解溶液与胶体的区别。

第一节　物质的组成、分类和性质

一、物质的组成

　　从微观的角度来说,物质是由分子、原子或离子等微粒构成的;从宏观的角度来说,物质是由元素组成的。

(一) 分子、原子、离子

1. 分子:分子是保持物质化学性质的一种微粒。

说明:①分子总是在不停地运动着。②分子的质量非常小。③分子间有一定的间隔。④同种物质的分子,化学性质相同;不同种物质的分子,化学性质不相同。

2. 原子:原子是化学变化中的最小微粒。

说明:①原子和分子一样,也是在不停地运动着。②原子很小。③有些物质是由分子构成的,有些物质是由原子直接构成的。④原子结构复杂,可以再分;但在化学反应里,原子不能再分。

3. 离子:离子是带有电荷的原子或原子团。

说明:①带正电荷的离子叫作阳离子;带负电荷的离子叫作阴离子。②阴、阳离子相互作用构成离子化合物。

(二) 元素

具有相同核电荷数(质子数)的同一类原子总称为元素。

说明:①元素一般有两种存在的形态:一种是以单质的形态存在的,叫作元素的游离态;一种是以化合物的形态存在的,叫作元素的化合态。②各种元素在地壳里的含量相差很大。③元素只有种类之分,没有数量、大小、质量的含义。

二、物质的分类

(一) 混合物和纯净物

1. 混合物:混合物是由多种成分组成的物质。例如:空气是由氧气、氮气、二氧化碳、稀有气体等多种成分组成的混合物。

说明:①混合物里没有固定组成,各成分间没有发生化学反应。②混合物里各成分都保持原有的性质。

2. 纯净物:纯净物是由一种成分组成的物质。例如:氧气是由许多氧分子构成的,水是由许多水分子构成的,氧气和水都是纯净物。

说明:①完全纯净的物质是没有的,通常所谓的纯净物都不是绝对纯净的。②研究任何一种物质的性质,都必须取用纯净物。

(二) 单质和化合物

1. 单质:由同种元素组成的纯净物叫作单质。

说明:①有的单质由分子构成,如氧气、氢气、氮气等;有的单质由原子构成,如铁、铝、铜等。②有的元素有几种不同单质,如氧和臭氧、白磷和红磷、金刚石和石墨,这种由同一种元素形成的多种单质,叫作这种元素的同素异形体。③单质一般可分为非金属单质和金属单质两类,如表1-1所示。

表1-1 金属单质和非金属单质的比较

类型	原子结构	化学性质	物理性质
金属单质	最外层电子数一般少于4	易失去最外层电子,表现还原性	具有金属光泽,易导电、导热,有可塑性、延展性,常温下是固态(汞除外)
非金属单质	最外层电子数一般大于或等于4	易得到电子,表现氧化性	没有金属光泽,一般不能导电,导热性差

2. 化合物:由不同种元素组成的纯净物叫作化合物。例如:氧化钙是由氧和钙两种不同的元素组成的;硫酸铜是由铜、硫和氧三种不同的元素组成的。

化合物又分为无机化合物和有机化合物。无机化合物又分为氧化物、酸、碱、盐等类别。

说明:①氧化物:由氧元素跟另外一种元素组成的化合物叫作氧化物,如表1-2所示。②酸:电解质电离时所生成的阳离子全部是氢离子的化合物叫作酸,如表1-3所示。③碱:电解质电离时所生成的阴离子全部是氢氧根离子的化合物叫作碱,如表1-4所示。④盐:由金属离子(包括NH_4^+)和酸根离子组成的化合物叫作盐,如表1-5所示。

表1-2 氧化物的分类

分类		定义	举例
成盐氧化物	碱性氧化物	凡能跟酸起反应,生成盐和水的氧化物	Na_2O、Fe_2O_3
	酸性氧化物	凡能跟碱起反应,生成盐和水的氧化物	CO_2、SO_3
	两性氧化物	既能跟酸反应生成盐和水,又能跟碱起反应生成盐和水的氧化物	Al_2O_3
不成盐氧化物		既不能跟酸起反应生成盐和水,也不能跟碱起反应生成盐和水的氧化物	CO、NO

表1-3 酸的分类

根据	分类	举例	命名
是否含氧	含氧酸	H_2SO_3、H_2CO_3	某酸或氢某酸 HCl 俗称盐酸 HNO_3 俗称硝酸
	无氧酸	HCl、H_2S	
含氢原子个数	一元酸	HCl、HNO_3	
	二元酸	H_2SO_4、H_2S	
	三元酸	H_3PO_4	

表1-4 碱的分类

根据	分类	举例	命名
溶解性	可溶性碱	NaOH、$Ba(OH)_2$	氢氧化某 低价碱叫氢氧化亚某
	不溶性碱	$Cu(OH)_2$、$Fe(OH)_2$	

表1-5 盐的分类

根据	分类	举例	命名
酸碱中和是否完全	正盐	NaCl、K_2S $CuSO_4$、$CaCO_3$	某化某 某酸某
	酸式盐	$NaHCO_3$、$KHSO_4$ NaH_2PO_4	某酸氢某 某酸几氢某
	碱式盐	$Cu_2(OH)_2CO_3$	碱式某酸某
是否含氧	含氧酸盐	Na_2SO_4、$FeSO_4$	低价金属盐叫某化亚某、 某酸亚某
	无氧酸盐	$CuCl_2$、FeS	
相同酸根或相同金属离子的盐,常给它统称	钠盐	NaCl、$NaNO_3$	
	铵盐	NH_4Cl、NH_4HCO_3	
	硫酸盐	K_2SO_4、$MgSO_4$	
	碳酸盐	$CaCO_3$、$BaCO_3$	

上述物质的分类,可简单归纳如下：

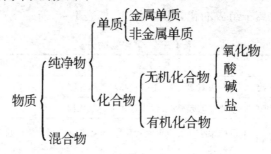

三、物质的变化和性质

(一) 物质的物理变化和化学变化

没有生成其他物质的变化叫作物理变化,例如:水的三态变化、矿石的粉碎等。

生成了其他物质的变化叫作化学变化,例如:钢铁制品生锈、火药爆炸等。

物理变化和化学变化的主要区别是有没有新物质生成。化学变化和物理变化常常同时发生。

(二) 物质的物理性质和化学性质

物质不需要发生化学变化就表现出来的性质叫作物理性质,例如颜色、状态、气味、熔点、沸点、硬度、密度等。

物质在化学变化中表现出来的性质叫作化学性质,例如:镁在空气中燃烧生成氧化镁;碳酸铵受热分解会产生刺激性气味的气体等。

【例题选解】

例1 下列叙述正确的是( )。

A. 水是由氢原子和氧原子组成的

B. 水是由两个氢元素和一个氧元素组成的

C. 氢元素和氧元素组成的物质一定是水

D. 一个水分子是由两个氢原子和一个氧原子构成的

【解析】 A 错。水是指宏观组成,而氢原子和氧原子是微观粒子,不能说明水的宏观组成。可以说水是由氢元素和氧元素组成的。

B 错。元素只有种类之分,没有数量、大小、质量的含义。

C 错。如双氧水(H_2O_2)是由氢元素和氧元素组成的,但 H_2O_2 不是水。

【答案】 D

例2 以下说法正确的是( )。

A. 因为水和冰是聚集状态不同的物质,所以冰与水共存时是混合物

B. 不含杂质的盐酸是纯净物

C. 因为胆矾($CuSO_4 \cdot 5H_2O$)分子中含有硫酸铜和水,所以胆矾是混合物

D. 氧气(O_2)和臭氧(O_3)都是单质

【解析】 本题重点考查对混合物、纯净物等基本概念的理解。A 错。水和冰是由同一种分子 H_2O 构成,因而冰与水共存时仍是纯净物。B 错。盐酸就是氯化氢的水溶液,因而是混合

物。C 错。$CuSO_4 \cdot 5H_2O$ 中的结晶水是胆矾的组成部分,不是游离态的水,即 $CuSO_4$ 与 H_2O 有固定的比例。所以 $CuSO_4 \cdot 5H_2O$ 是纯净物。D 正确。氧气(O_2)和臭氧(O_3)都是由同种元素——氧元素组成的纯净物,因而它们都是单质。

【答案】 D

习题 1-1

一、选择题

1. 下列物质中,属于金属氧化物的是(　　)。
   A. CO_2　　　　B. SO_2　　　　C. $CaCO_3$　　　　D. FeO
2. 下列化合物里氯的化合价为 +5 价的是(　　)。
   A. $AlCl_3$　　　B. $KClO_3$　　　C. $HClO_4$　　　D. NaClO
3. $Na_2CO_3 \cdot 10H_2O$ 属于(　　)。
   A. 混合物　　　B. 单质　　　　C. 溶液　　　　D. 化合物
4. O_2 和 O_3 互为(　　)。
   A. 同素异形体　B. 同位素　　　C. 同系物　　　D. 同分异构体
5. 下列变化中属于化学变化的是(　　)。
   A. 水结成冰　　　　　　　　　　B. 利用液化空气法制备液氮
   C. 用干砂土灭火　　　　　　　　D. 天然气燃烧
6. 下列各组物质按纯净物、强电解质、混合物、两性氢氧化物的顺序排列的是(　　)。
   A. 青铜、冰醋酸、赤铁矿、氧化铝　　B. 液氨、硫酸铜、大理石、氢氧化铝
   C. 臭氧、氨水、十二水硫酸铝钾、氧化铝　D. 苛性钠、氯化钾、活性炭、氢氧化镁
7. 石墨烯和石墨块都是由碳原子构成的物质,下列有关它们的说法错误的是(　　)。
   A. 二者在氧气中完全燃烧,最终产物都是 CO_2
   B. 二者的化学性质相似
   C. 二者都是由碳元素组成的化合物
   D. 二者的物理性质可能不同
8. 下列说法正确的是(　　)。
   A. 分子是构成一切物质的基本微粒
   B. 原子是化学变化中的最小微粒
   C. 能在水溶液中产生 H^+ 的化合物一定是酸
   D. 酸式盐是指溶于水显酸性的一类盐

二、填空题

1. 下列物质:Na_2CO_3、CO、$Mg(OH)_2$、H_2SO_4、K_2S、H_2S、NO、Na_2O、N_2O_5、Na_2HPO_4、$Cu_2(OH)_2CO_3$、Al_2O_3、$BaCl_2$、SO_3、CrO_3 属于氧化物的是　①　,属于酸性氧化物的是　②　,属于碱性氧化物的是　③　,属于两性氧化物的是　④　,属于不成盐氧化物的是　⑤　,属于酸的是　⑥　,属于碱的是　⑦　,属于盐的是　⑧　,属于酸式盐的是　⑨　,属于碱式盐的是　⑩　,属于正盐的是　⑪　。
2. 地壳里含量最多的非金属元素是　①　,金属元素是　②　。

【参考答案】

一、1. D 2. B 3. D 4. A 5. D 6. B 7. C 8. B

二、1. ①CO、NO、Na_2O、N_2O_5、Al_2O_3、SO_3、CrO_3；②N_2O_5、SO_3、CrO_3；③Na_2O；④Al_2O_3；⑤CO、NO；⑥H_2SO_4、H_2S；⑦$Mg(OH)_2$；⑧Na_2CO_3、K_2S、Na_2HPO_4、$Cu_2(OH)_2CO_3$、$BaCl_2$；⑨Na_2HPO_4；⑩$Cu_2(OH)_2CO_3$；⑪Na_2CO_3、K_2S、$BaCl_2$

2. ①氧；②铝

第二节　化学用语和化学量

一、化学基本定律

(一) 质量守恒定律

参加化学反应的各物质的质量总和,等于反应后生成的各物质的质量总和。

(二) 阿伏加德罗定律

在相同的温度和压强下,相同体积的任何气体都含有相同数目的分子。

二、化学用语

(一) 元素符号

在化学上,采用不同的符号表示各种元素,这种符号叫作元素符号。

说明:①有的元素用一个大写字母表示,有的元素用一个大写字母和一个或几个小写字母表示。②元素符号表示一种元素,还表示这种元素的一个原子。

我们以氯的元素符号 Cl 为例来说明元素符号上附加数字或标记所表示的各种意义。见表 1-6。

表 1-6　元素符号的意义

符号	意　义
Cl	氯元素或一个氯原子
2Cl	2 个氯原子
Cl_2	氯气的分子式；氯气的 1 个分子；氯气分子由 2 个氯原子构成
$_{17}Cl$	氯原子的核电荷数为 17
^{35}Cl	氯原子的质量数为 35
$^{37}_{17}Cl$	质量数为 37 的氯原子(氯的一种同位素)
$\overset{-1}{Cl}$	氯元素的化合价为 -1 价
Cl^-	带有一个单位负电荷的氯离子
$:\overset{.}{\underset{.}{Cl}}\cdot$	氯原子的电子式,7 个小黑点表示氯原子的最外层有 7 个电子
$[:\overset{.}{\underset{\times}{Cl}}:]^-$	氯离子的电子式,表示氯原子得到一个电子后最外层有 8 个电子,整个微粒带有一个单位的负电荷

（二）化学式

用元素符号来表示物质组成的式子，叫化学式。

说明：①各种物质的化学式是通过实验得出的；②一种物质只有一个化学式；③化学式的书写要遵循一定的规则。

单质化学式的写法 氧气、氢气、氯气、溴、碘等单质的 1 个分子里含有 2 个原子，它们的化学式就是其分子式，分别是 O_2、H_2、Cl_2、Br_2、I_2。

氦、氖、氩、氪、氙等稀有气体的分子都是由单原子构成的，所以通常就用元素符号 He、Ne、Ar、Kr、Xe 来表示它们的化学式。

金属单质和固体非金属单质（碘除外）的结构比较复杂，习惯上就用元素符号来表示它们的化学式，如铁(Fe)、铜(Cu)、磷(P)、硫(S)等。

化合物化学式的写法 先写出组成该化合物的元素符号（习惯上把金属元素符号写在左侧，非金属元素符号写在右侧），然后在各元素符号右下角用一个阿拉伯数字标出该化合物中所含各元素的原子数。例如，水的化学式是 H_2O，氧化镁的化学式是 MgO，硫酸铝的化学式是 $Al_2(SO_4)_3$。

（三）化合价

一种元素一定数目的原子跟其他元素一定数目的原子化合的性质，叫作这种元素的化合价。化合价有正价和负价。一些常见元素的化合价见表 1-7。

表 1-7　一些常见元素的化合价

元素名称	元素符号	常见的化合价	元素名称	元素符号	常见的化合价
钾	K	+1	氢	H	+1
钠	Na	+1	氟	F	-1
银	Ag	+1	氯	Cl	-1, 0, +1, +3, +4, +5, +7
钙	Ca	+2	溴	Br	-1
镁	Mg	+2	碘	I	-1
钡	Ba	+2	氧	O	-2
锌	Zn	+2	硫	S	-2, +4, +6
铜	Cu	+1, +2	碳	C	+2, +4
铁	Fe	+2, +3	硅	Si	+4
铝	Al	+3	氮	N	-3, +2, +4, +5
锰	Mn	+2, +4, +6, +7	磷	P	-3, +3, +5

在离子化合物里，元素化合价的数值，就是这种元素的一个原子得失电子的数目。

在共价化合物里，元素化合价的数值，就是这种元素的一个原子跟其他元素的原子形成的共用电子对的数目。

说明：①在化合物里，正负化合价的代数和等于零；②在单质中，元素的化合价为零；③许多元素的化合价不是固定不变的，这些元素在不同条件下显示出不同的化合价。

在某些化合物里，往往有两个或两个以上的不同元素的原子紧密地结合在一起，形成原子团。这种原子团也叫根，在许多化学反应里作为一个整体参加反应。根也有化合价，一般称为根价。一些常见原子团的化合价见表 1-8。

表1-8 一些常见原子团的化合价

名称	铵根	氢氧根	硝酸根	硫酸根	亚硫酸根	碳酸根	磷酸根
符号	NH_4^+	OH^-	NO_3^-	SO_4^{2-}	SO_3^{2-}	CO_3^{2-}	PO_4^{3-}
化合价	+1	-1	-1	-2	-2	-2	-3

(四) 电子式

在元素符号周围用小黑点(或×)表示原子最外层电子数目的式子。例如：$\cdot \ddot{\underset{\cdot}{O}} \cdot$、$\cdot \ddot{\underset{\cdot}{N}} \cdot$。

离子化合物和共价化合物的电子式的写法不同。在离子化合物的电子式中，要用方括号表明某元素的原子得到电子形成阴离子，又要在所含各离子右上方标出由于电子得失而带的电荷数。共价化合物是通过共用电子对形成的化合物，不需要用方括号和电荷符号来表示。

离子化合物的电子式，例如：氯化钠($Na^+[\colon\underset{\cdot\cdot}{\overset{\cdot\cdot}{Cl}}\colon]^-$)、溴化镁($[\colon\underset{\cdot\cdot}{\overset{\cdot\cdot}{Br}}\colon]^- Mg^{2+} [\colon\underset{\cdot\cdot}{\overset{\cdot\cdot}{Br}}\colon]^-$)。

共价化合物的电子式，例如：氯化氢($H\colon\underset{\cdot\cdot}{\overset{\cdot\cdot}{Cl}}\colon$)、水($H\colon\underset{\cdot\cdot}{\overset{\cdot\cdot}{O}}\colon H$)。

(五) 化学方程式

用化学式来表示化学反应的式子，叫化学方程式。

说明：①化学方程式的书写必须以事实为根据，不能随便臆造；②要遵循质量守恒定律。

三、化学量

(一) 相对原子质量

以一种碳原子①质量的1/12作为标准，原子的质量跟它相比较所得的数值，就是该种原子的相对原子质量。

说明：一个碳原子质量的1/12是：$1.993 \times 10^{-26} kg \times 1/12 = 1.66 \times 10^{-27} kg$；相对原子质量是一个比值，单位是1。

(二) 相对分子质量

化学式中各原子的相对原子质量的总和就是相对分子质量。

(三) 阿伏加德罗常数

阿伏加德罗常数是指1mol任何粒子的粒子数，符号是N_A、单位为mol^{-1}。国际上规定，1mol粒子集合体所含的粒子数与0.012kg ^{12}C中所含的碳原子数相同，约为6.02×10^{23}个。

(四) 物质的量

表示含有物质粒子的数量，每摩尔物质含有阿伏加德罗常数(6.02×10^{23})个微粒，单位为摩尔(mol)，符号为n。

(五) 摩尔质量

1摩尔物质的质量叫作该物质的摩尔质量，单位是克/摩尔(g/mol)。

物质的量、物质的质量和摩尔质量之间的关系：

$$\frac{物质的质量(克)}{摩尔质量(克/摩尔)} = 物质的量(摩尔)$$

---

① 这种碳原子指的是原子核内有6个质子和6个中子的碳原子。

（六）气体摩尔体积

气体的摩尔体积是指1mol物质的气体所占的体积。在标准状况下（指压强为101325Pa和温度为0℃），1mol的任何气体所占的体积都约是22.4L，这个体积叫作气体摩尔体积。

在标准状况下，气体的体积、质量和摩尔质量之间的关系如下：

$$气体体积（升）= \frac{气体的质量（克）}{气体的摩尔质量（克/摩尔）} \times 22.4（升/摩尔）$$

【例题选解】

例1 将25.6g KOH 和 $KHCO_3$ 的混合物在250℃时于密闭容器中加热，待充分反应后冷却并排除气体，发现混合物的质量减少4.9g，则原混合物中 KOH 和 $KHCO_3$ 的组成为（ ）。

A. KOH 的质量 < $KHCO_3$ 的质量

B. KOH 的质量 > $KHCO_3$ 的质量

C. KOH 的质量 = $KHCO_3$ 的质量

D. KOH 和 $KHCO_3$ 以任意质量比混合

【解析】 250℃时，KOH 不反应，而 $KHCO_3$ 发生分解反应：$2KHCO_3 \xrightarrow{250℃} K_2CO_3 + H_2O\uparrow + CO_2\uparrow$。根据质量守恒定律，反应前后混合物质量应保持25.6g，而实际上反应后混合物质量减少4.9g，由化学方程式及题意可知，此4.9g为反应后从容器中排除 CO_2 气体的质量（因在密闭容器中加热，且冷却后只排除了气体）。不妨设 $KHCO_3$ 的质量为 x 克，依据化学方程式进行计算：

$$2\ KHCO_3 \xrightarrow{\Delta} K_2CO_3 + H_2O + CO_2\uparrow$$
$$2 \times 100 \qquad\qquad\qquad 44$$
$$x \qquad\qquad\qquad\qquad 4.9$$

列方程：$\frac{2\times100}{44}=\frac{x}{4.9}$，解得：$x=22.27$g。因此，25.6g $-$ 22.27g $=$ 3.33g。

因为在加热过程中，可能发生下列反应：

$$KOH + KHCO_3 =\!=\!= K_2CO_3 + H_2O$$
$$2KOH + CO_2 =\!=\!= K_2CO_3 + H_2O$$

则 KOH 的质量应小于3.33g。

【答案】 A

例2 用氢气还原某二价金属的氧化物使其成为单质。若每40g该氧化物需要1g氢气，则该金属的相对原子质量为（ ）。

A. 40　　　　B. 56　　　　C. 64　　　　D. 24

【解析】 设二价金属氧化物的化学式为RO，设金属R的相对原子质量为M。据题意可写出反应的化学方程式：

$$RO + H_2 \xrightarrow{\Delta} R + H_2O$$
$$M+16 \quad\ 2$$
$$40 \qquad\quad 1$$

得方程：$\frac{M+16}{2}=\frac{40}{1}$

解得：$M=64$

【答案】 C

习题 1-2

一、选择题

1. 下列有关说法正确的是（　　）。
   A. 6.02×10^{23} 个氢原子的质量约为 $1.0 g \cdot mol^{-1}$
   B. Na 的摩尔质量是 $23 g \cdot mol^{-1}$
   C. 1mol 水的质量是 $18 g \cdot mol^{-1}$
   D. 22.4L 氯气的摩尔质量是 $71 g \cdot mol^{-1}$

2. 等质量的 SO_2 和 SO_3 相比较，下列判断正确的是（　　）。
   ①含有的氧原子个数之比为 5:6　　②含有的氧原子个数之比为 6:5
   ③含有的硫原子个数之比为 5:4　　④含有的硫原子个数相等
   A. ①和③　　B. ①和④　　C. ②和④　　D. ②和③

3. 在标准状况下，物质的量相等的气体，它们的（　　）相等。
   ①质量　　②体积　　③密度　　④分子数
   A. ①和②　　B. ②和③　　C. ②和④　　D. ①和③

4. 设 N_A 为阿伏伽德罗常数，下列说法正确的（　　）。
   A. 1mol 水含有 $0.5N_A$ 个 H 原子
   B. $2N_A$ 个 H 原子的质量为 2.0g
   C. $0.5N_A$ 个 H_2 分子所占有的体积是 11.2L
   D. $2N_A$ 个 H 原子含有的电子总数为 N_A 个

5. 某化合物化学式为 H_nRO_{2n}，则 R 的化合价为（　　）。
   A. $+n$　　B. $+2n$　　C. $-3n$　　D. $+3n$

二、填空题

1. 在一切化学反应里，反应前后　①　的种类没有改变；　②　的数目也没有改变。所以化学反应前后各物质的　③　必然相等。

2. 32g O_2 与_____g CO 具有相同的氧原子数。

3. 标准状况下，CO 和 CO_2 混合气体的体积为 6.72L，质量为 12g。该混合气体中 CO 的物质的量为　①　；CO_2 的质量分数为　②　；CO 和 CO_2 的质量之比为　③　；体积之比为　④　；该混合气体的摩尔质量为　⑤　；密度为　⑥　（密度值保留到小数点后三位，单位为 $g \cdot L^{-1}$）。

4. 0.6mol O_2 的质量是　①　g，它所含的氧原子数是　②　，与质量为　③　g 的 O_3 所含的氧原子个数相等。（阿伏加德罗常数以 N_A 表示）

5. 金属 R 的氧化物化学式为 R_mO_n，则其氯化物的化学式为　①　。a 克二价金属 M 与稀硫酸完全反应，生成 w 克氢气，则 M 的相对原子质量为　②　。

三、判断题（下列说法，正确的在括号中画"√"，错误的在括号中画"×"）

1. 1mol 任何气体的体积都约是 22.4L。（　　）

2. H_2SO_4 的相对分子质量是 98g。（　　）

3. 镁原子的相对原子质量是 24。（　　）

4. 28g N_2 中含 6.02×10^{23} 个氮原子。（　　）

5. CO_2 的摩尔质量是 44。（   ）
6. 用镁、铁分别跟足量的稀硫酸反应,要产生等质量的氢气,则镁、铁的质量比为 3∶7。（   ）
7. 在标准状况下,18g 水的体积大于 1g H_2 所占的体积。（   ）

【参考答案】
一、1. B 2. A 3. C 4. B 5. D
二、1. ①原子;②原子;③总质量
2. 56
3. ①0.075;②82.5%;③7∶33;④1∶3;⑤40;⑥1.786g·L^{-1}
4. ①19.2;②1.2N_A;③19.2
5. ①$RCl_{2n/m}$;②$2a/w$
三、1. ×;2. ×;3. √;4. ×;5. ×;6. √;7. ×

【难题解析】
二、3. 考查对化学概念和术语的理解及熟练程度。

标准状况指 0℃ 和 1 个大气压强。在标准状况下 1mol 任何气体所占体积均约为 22.4L;脱离标准状况后,1mol 任何气体所占体积可能约为 22.4L,也可能不是 22.4L。同温同压下,1mol 任何气体具有相同的物质的量和体积。

①设该混合气体中 CO 的物质的量为 $x$mol,由题意知该混合气体的物质的量为 $6.72/22.4 = 0.3$mol,则该混合气体中 CO_2 的物质的量为 $(0.3 - x)$mol,有 $x·M_{CO} + (0.3 - x)·M_{CO_2} = 28x + 44(0.3 - x) = 12$,解得 $x = 0.075$mol,该混合气体中 CO_2 的物质的量为 $(0.3 - 0.075) = 0.225$mol。

②该混合气体中 CO_2 的质量分数为 $[(0.225 × 44)/12] × 100\% = 82.5\%$;③CO 和 CO_2 的质量之比为 $(0.075 × 28)/(0.225 × 44) = 2.1/9.9 = 7/33$;④体积之比为二者物质的量之比,为 $0.075/0.225 = 1/3$;⑤该混合气体的摩尔质量为 $M = m/n = 12/0.3 = 40.0$g·mol^{-1};⑥密度为 $\rho = 12/6.72 = 1.786$g·L^{-1}。

5. 考查化学概念之间的相互联系及运算。

①O 元素化合价一般为 -2,由此可知在化学式 R_mO_n 中 R 元素的化合价为 $2n/m$,而 Cl 元素的化合价一般为 -1,因此 R 元素的氯化物的化学式为 $RCl_{2n/m}$。

②由题意写出化学反应方程式,设金属 M 的相对原子质量为 x

$$M + H_2SO_4 = MSO_4 + H_2\uparrow$$

    1   1

a/xmol $w/2$mol

$a/x = w/2$,解得 $x = 2a/w$。

第三节　化学反应与分类

一、化学反应的四种基本类型

根据反应物和生成物的种类和数目可分为化合、分解、置换和复分解四种反应类型。

（一）化合反应

由两种或两种以上的物质生成另一种物质的反应，叫作化合反应。

例如：$N_2 + 3H_2 \xrightleftharpoons[\text{催化剂}]{\text{高温、高压}} 2NH_3$

$2FeCl_2 + Cl_2 =\!=\!= 2FeCl_3$

$CaO + SiO_2 \xrightarrow{\text{高温}} CaSiO_3$

常见的化合反应有以下三种情况：

单质$_1$ + 单质$_2$ ——→ 化合物

单质 + 化合物$_1$ ——→ 化合物$_2$

化合物$_1$ + 化合物$_2$ ——→ 化合物$_3$

（二）分解反应

由一种物质生成两种或两种以上其他物质的反应。

例如：$2KMnO_4 \xrightarrow{\triangle} K_2MnO_4 + MnO_2 + O_2\uparrow$

$H_2CO_3 \xrightarrow{\triangle} H_2O + CO_2\uparrow$

$Cu(OH)_2 \xrightarrow{\triangle} CuO + H_2O$

常见的分解反应有难溶碱的分解、含氧酸与含氧酸盐的分解、某些氧化物的分解等。

（三）置换反应

由一种单质跟一种化合物生成另一种单质和另一种化合物的反应。

例如：$2Na + 2H_2O =\!=\!= 2NaOH + H_2\uparrow$

$Zn + CuSO_4 =\!=\!= Cu + ZnSO_4$

$Fe + H_2SO_4(\text{稀}) =\!=\!= FeSO_4 + H_2\uparrow$

$O_2 + 2H_2S =\!=\!= 2H_2O + 2S\downarrow$

$H_2 + CuO \xrightarrow{\triangle} Cu + H_2O$

常见的置换反应有金属跟水的反应、金属跟非氧化性酸的反应、金属间的置换、非金属跟无氧酸及其盐、非金属跟氧化物的反应，金属跟酸或盐的置换反应由金属活动顺序来判断。

$$\underrightarrow{\text{K Ca Na Mg Al Zn Fe Sn Pb (H) Cu Hg Ag Pt Au}}_{\text{金属活动性由强逐渐减弱}}$$

在金属活动顺序表中，金属的位置越靠前，金属原子越容易失去电子，其活动性越强。排在前面的金属，能把排在后面的金属从它的盐溶液里置换出来；排在氢前面的金属能置换出酸里的氢，排在氢后面的金属不能置换出酸里的氢。

（四）复分解反应

由两种化合物互相交换成分，生成另外两种化合物的反应。

例如：$NaCl + AgNO_3 =\!=\!= NaNO_3 + AgCl\downarrow$

$(NH_4)_2CO_3 + H_2SO_4 =\!=\!= (NH_4)_2SO_4 + CO_2\uparrow + H_2O$

$CuSO_4 + 2NaOH =\!=\!= Na_2SO_4 + Cu(OH)_2\downarrow$

$Ba(OH)_2 + 2HCl =\!=\!= BaCl_2 + 2H_2O$

常见的复分解反应有盐跟酸、盐跟碱、盐跟盐之间的反应以及中和反应。复分解反应发生的条件是：①有沉淀析出；②有气体放出；③有水生成（有难电离的物质生成）。

二、氧化还原反应

(一) 概念

凡有元素化合价升降的化学反应叫作氧化还原反应。物质失去电子(所含元素化合价升高)的反应是氧化反应;物质得到电子(所含元素化合价降低)的反应是还原反应。失去电子的物质(所含元素化合价升高的物质)是还原剂;得到电子的物质(所含元素化合价降低的物质)是氧化剂。氧化剂得到电子被还原,还原剂失去电子被氧化。氧化和还原必然同时发生。

(二) 表示法

1. 双线桥表示法:用带箭头的横线表示同一种元素的原子或离子得失电子的结果(双线桥)。箭头由反应物指向生成物,横线上注明得失电子的数目。

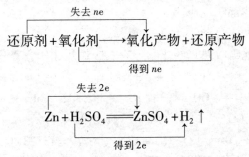

2. 单线桥表示法:用带箭头的横线表示电子得失的情况(单线桥)。箭头由还原剂指向氧化剂,横线上注明电子转移的数目。

$$\text{还原剂} + \text{氧化剂} \xrightarrow{ne} \text{氧化产物} + \text{还原产物}$$

$$2\text{Na} + \text{Cl}_2 \xrightarrow{2e} 2\text{NaCl}$$

(三) 氧化还原反应方程式的配平

1. 原则:氧化还原反应中的氧化剂得电子总数与还原剂失电子总数相等。
2. 配平步骤:以铜跟稀硝酸反应生成硝酸铜、一氧化氮和水为例。

(1) 先写出反应物和生成物的化学式,并列出发生氧化和还原反应元素的正负化合价。

$$\overset{0}{\text{Cu}} + \text{H}\overset{+5}{\text{N}}\text{O}_3 \longrightarrow \overset{+2}{\text{Cu}}(\text{NO}_3)_2 + \overset{+2}{\text{N}}\text{O} + \text{H}_2\text{O}$$

(2) 列出元素的化合价的变化。

$$\overset{0}{\text{Cu}} + \text{H}\overset{+5}{\text{N}}\text{O}_3 \longrightarrow \overset{+2}{\text{Cu}}(\text{NO}_3)_2 + \overset{+2}{\text{N}}\text{O} + \text{H}_2\text{O}$$

化合价升高 2;化合价降低 3

(3) 使化合价的升高和降低的总数相等。

$$3\overset{0}{\text{Cu}} + 2\text{H}\overset{+5}{\text{N}}\text{O}_3 \longrightarrow 3\overset{+2}{\text{Cu}}(\text{NO}_3)_2 + 2\overset{+2}{\text{N}}\text{O} + \text{H}_2\text{O}$$

化合价升高 2×3;化合价降低 3×2

(4) 用观察法配平其他物质的系数。按照金属原子(离子)、非金属原子(原子团)、水的顺序逐一配平。

在上述反应里,有 6 个 NO_3^- 没有参与氧化还原反应,所以 HNO_3 的系数应是 $2+6=8$;H_2O 的系数应是 4,因为有 2 个 NO_3^- 还原成 NO,其中 4 个氧原子跟 HNO_3 中氢离子结合成水。配平后,把单线改成等号。

$$3Cu + 8HNO_3(稀) = 3Cu(NO_3)_2 + 2NO\uparrow + 4H_2O$$

三、吸热反应和放热反应

(一) 概念

化学上把放出热量的化学反应叫作放热反应;把吸收热量的化学反应叫作吸热反应。化学反应过程中放出或吸收的热都叫反应热。

(二) 热化学方程式

表明化学反应所放出或吸收热量的化学方程式叫作热化学方程式。

例如:$C(固) + O_2(气) = CO_2(气) + 393.5kJ$

或写为 $C(固) + O_2(气) = CO_2(气)$;$\Delta H = -393.5kJ/mol$

$C(固) + H_2O(气) = CO(气) + H_2(气) - 131.3kJ$

或写为 $C(固) + H_2O(气) = CO(气) + H_2(气)$;$\Delta H = 131.3kJ/mol$

说明:热化学方程式的书写规则:①生成物分子式后用"+"号表示放热,"-"号表示吸热,或 ΔH 为正值表示吸热,ΔH 为负值表示放热;②要注明各物质的聚焦状态,固、液、气可分别用符号 s、l、g 表示;③热化学方程式中的系数,只表示反应物和生成物的计量系数而不代表分子数,因此,它可以是整数,也可以是分数。

中和热是指酸碱发生中和反应生成 1mol 液态 H_2O 时产生的热量。中和热均为 57.3kJ/mol。

四、离子反应

(一) 概念

有电解质电离的离子参加的反应称为离子反应。

(二) 离子方程式

用实际参加反应的离子的符号来表示离子反应的式子叫作离子方程式。

说明:离子方程式与一般化学方程式不同。离子方程式不仅表示一定物质间的某个反应,而且表示了所有同一类型的离子反应。

书写离子方程式的步骤:以硝酸钡溶液跟硫酸钠溶液反应为例。

1. 写出反应的化学方程式

$$Ba(NO_3)_2 + Na_2SO_4 = BaSO_4\downarrow + 2NaNO_3$$

2. 把易溶于水、易电离的物质写成离子形式;把难溶的物质或难电离的物质(如水)以及气体等仍用化学式表示。

$$Ba^{2+} + 2NO_3^- + 2Na^+ + SO_4^{2-} = BaSO_4\downarrow + 2Na^+ + 2NO_3^-$$

3. 删去方程式两边不参加反应的离子。

$$Ba^{2+} + SO_4^{2-} = BaSO_4\downarrow$$

4. 检查离子方程式两边各元素的原子个数和电荷数是否相等。

(三) 离子反应发生的条件

1. 生成难溶的物质,如 $BaSO_4$、$CaCO_3$、$AgCl$ 等。
2. 生成难电离的物质,如 CH_3COOH、H_2O 等。
3. 生成挥发性的物质,如 CO_2、H_2、H_2S 等。

凡具备上述条件之一,这类离子反应就能发生。还有一类离子反应,其特征是反应物之间发生氧化还原反应。如:

$$2Al + 6H^+ = 2Al^{3+} + 3H_2\uparrow$$

$$10Fe^{2+} + 2MnO_4^- + 16H^+ = 10Fe^{3+} + 2Mn^{2+} + 8H_2O$$

五、可逆反应和不可逆反应

(一) 概念

在同一条件下,既能向正反应方向进行,同时又能向逆反应方向进行的反应,叫作可逆反应。反应物几乎全部变成生成物的反应,叫作不可逆反应。

(二) 表示法

可逆反应通常用"⇌"符号连接反应物和生成物的化学式,把必要的条件写在可逆符号的上面或下面。化学方程式从左到右的方向为正反应方向,从右到左的方向为逆反应方向。例如:

$$2SO_2 + O_2 \underset{\triangle}{\overset{催化剂}{\rightleftharpoons}} 2SO_3$$

不可逆反应通常用"="符号连接反应物和生成物的化学式。

【例题选解】

例1 下列说法中正确的是(　　)。

A. H^+ 的氧化性比 Cu^{2+} 强　　　　　　B. H_2O 既可作氧化剂,又可作还原剂

C. Na 既有氧化性又有还原性　　　　　　D. I^- 的还原性比 Br^- 弱

【解析】 在氧化还原反应中,得电子的物质能起氧化其他物质的作用,称为氧化剂。氧化剂具有氧化性,它本身在反应中被还原,其元素的化合价降低。反之,失电子的物质能起还原其他物质的作用,称为还原剂。还原剂具有还原性,它本身在反应中被氧化,其元素的化合价升高。如金属性较强的元素,其原子易失去电子,发生氧化反应,表现还原性,所以活泼金属单质常用作还原剂,而不活泼金属可以被活泼金属从其化合物中置换出来。需要注意的是活泼金属原子易失去电子被氧化为阳离子,表现还原性;不活泼金属离子较易得到电子被还原为金属原子,表现氧化性。与金属相反,非金属较强的元素,表现氧化性,作氧化剂。活泼非金属置换较不活泼的非金属离子,活泼非金属单质作氧化剂,较不活泼非金属离子作还原剂。

需要记住:金属阳离子的氧化能力大小的顺序与金属活动顺序表相反,而非金属阴离子还原能力大小顺序如下:$S^{2-}>I^->Br^->Cl^->OH^-$ 及其他含氧酸根,还需要知道,非金属阴离子还原能力一般比金属原子的还原能力弱。

A 错。按金属活动顺序表,H 排在 Cu 的前面,说明 H 的还原能力强于 Cu,故 H^+ 的氧化能力应弱于 Cu^{2+}。

B 对。在 H_2O 这种化合物里,氧为 -2 价,有失去电子的可能,可以做还原剂。如:

$$2F_2 + 2H_2O == 4HF + O_2\uparrow$$

氢为 $+1$ 价,有得到电子的可能,可以作为氧化剂。如:

$$2Na + 2H_2O == 2NaOH + H_2\uparrow$$

C 错。金属钠属于活泼金属可以失去电子成为 Na^+,表现为还原性,不能得到电子。因此,Na 不具有氧化性。

D 错。非金属阴离子的还原能力按 $S^{2-} > I^- > Br^- > Cl^- > OH^-$ 顺序递减,所以 I^- 的还原性强于 Br^-。

【答案】 B

例2 能正确表示下列反应的离子方程式是(　　)。

A. 在硫酸铜溶液中加入氢氧化钡溶液:$Ba^{2+} + SO_4^{2-} == BaSO_4\downarrow$

B. 硫化亚铁溶于稀硝酸:$3FeS + NO_3^- + 10H^+ == 3Fe^{3+} + NO\uparrow + 3H_2S\uparrow + 2H_2O$

C. 石灰石跟盐酸反应:$CO_3^{2-} + 2H^+ == CO_2\uparrow + H_2O$

D. 碳酸氢镁溶液中加入氢氧化钠溶液:$Mg^{2+} + 2HCO_3^- + 4OH^- == Mg(OH)_2\downarrow + 2CO_3^{2-} + 2H_2O$

【解析】 用离子方程式来表达实际进行的化学反应,常见的有以离子互换形式进行的复分解反应,还有以离子参加的氧化还原反应以及某些盐类的水解反应。对于离子互换反应,应先按离子互换反应的三个条件检查,看反应能否进行,然后按质量守恒定律,看反应式是否配平。对于有离子参加的氧化还原反应,应先看反应能否发生,然后按配平原则,不仅要求参加反应的原子数配平,而且要求得失电子数、离子电荷也要配平。对于某些盐类的水解反应,要注意强碱弱酸盐水解呈碱性,强酸弱碱盐水解呈酸性,水解反应式一般用"$\rightleftharpoons$"符号连接反应物和生成物。

A 错。应是:$Cu^{2+} + SO_4^{2-} + Ba^{2+} + 2OH^- == BaSO_4\downarrow + Cu(OH)_2\downarrow$

B 错。因为 H_2S 是强还原剂,易被氧化为单质硫。应是:$FeS + 4H^+ + NO_3^- == Fe^{3+} + NO\uparrow + S\downarrow + 2H_2O$

C 错。因为在离子方程式的书写中,气体、难电离物、难溶物,在反应前后出现均应写成化学式形式,可溶强电解质均应写成离子形式。石灰石为不溶物应写化学式。应是:$CaCO_3 + 2H^+ == Ca^{2+} + CO_2\uparrow + H_2O$

【答案】 D

例3 下列反应中,所通入的气体既是氧化剂又是还原剂的是(　　)。

A. 将 SO_2 通入氢硫酸中　　　　　　B. 将 NO_2 通入水中

C. 将 Cl_2 通入溴化钾溶液中　　　　D. 将 NH_3 通入稀硝酸溶液中

【解析】 (1)解此题首先要写出发生反应的化学方程式,然后再根据反应过程中是否有化合价的变化及化合价的升降,来判断参加反应的气体是否既是氧化剂又是还原剂。

(2)具体分析本题的四个选项。

A 错。氢硫酸就是 H_2S 气体的水溶液。通入 SO_2 后发生反应的化学方程式为

$$2H_2\overset{}{S} + \overset{+4}{S}O_2 == 2H_2O + 3\overset{0}{S}\downarrow$$

(化合价降低)

此反应中,SO_2 中 S 元素的化合价降低,所以 SO_2 是氧化剂。

B 对。将 NO_2 通入水中,发生反应的化学方程式为

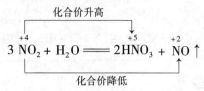

从反应式可知,NO_2 中 N 元素的化合价在反应过程中既有升高,又有降低,所以在此反应中,NO_2 既是氧化剂又是还原剂。即 B 为本题的正确选项。

C 错。将 Cl_2 通入 KBr 溶液,发生反应的化学方程式为

$$2KBr + \overset{0}{Cl_2} = 2K\overset{-1}{Cl} + Br_2$$

(化合价降低)

此反应中 Cl 元素的化合价降低,所以 Cl_2 是氧化剂。

D 错。将 NH_3 通入 HNO_3 溶液中,发生反应的化学方程式为 $NH_3 + HNO_3 = NH_4NO_3$。此反应中无化合价变化,所以不是氧化还原反应。

【答案】 B

习题 1-3

一、选择题

1. 某反应的离子方程式是 $Ca^{2+} + CO_3^{2-} = CaCO_3\downarrow$,此反应属于(　　)。
   A. 化合反应　　　　B. 置换反应　　　　C. 复分解反应　　　　D. 氧化还原反应

2. 实现下列变化,需要加入还原剂的是(　　)。
   A. $MnO_2 \longrightarrow KMnO_4$　　B. $N_2 \longrightarrow NO$　　C. $Cu^{2+} \longrightarrow Cu$　　D. $FeCl_2 \longrightarrow FeCl_3$

3. 已知反应:①$Zn + 2HCl(稀) = ZnCl_2 + H_2\uparrow$,②$H_2 + CuO \xrightarrow{高温} H_2O + Cu$,③$Zn + CuSO_4 = Cu + ZnSO_4$,下列说法正确的是(　　)。
   A. 反应①中 Zn 被氧化
   B. 反应②中 $ZnCl_2$ 是还原产物
   C. 氧化性由强到弱的顺序为 $Zn > H_2 > Cu$
   D. 反应③中 Cu 是氧化产物

4. 能正确表示下列反应的离子方程式的是(　　)。
   A. 实验室制氨气:$NH_4^+ + OH^- \xrightarrow{\triangle} NH_3\uparrow + H_2O$
   B. 向 $NaHCO_3$ 溶液中滴入少量的澄清石灰水:$2HCO_3^- + Ca^{2+} + 2OH^- = CaCO_3\downarrow + CO_3^{2-} + 2H_2O$
   C. 酸性 $KMnO_4$ 溶液与 H_2O_2 反应:$2MnO_4^- + 3H_2O_2 + 6H^+ = 2Mn^{2+} + 4O_2\uparrow + 6H_2O$
   D. 碳酸钙与醋酸反应:$CaCO_3 + 2H^+ = Ca^{2+} + H_2O + CO_2\uparrow$

5. 实验室一般用浓盐酸和 MnO_2 制备氯气,化学反应方程式为 $MnO_2 + 4HCl(浓) \xrightarrow{\triangle} MnCl_2 + Cl_2\uparrow + 2H_2O$,有关该反应的说法正确的是(　　)。
   A. 每生成 1mol Cl_2 转移 4mol 电子
   B. 反应中 HCl 充当氧化剂
   C. 每生成 1mol Cl_2,就有 2mol HCl 被氧化
   D. 反应中 MnO_2 充当还原剂

6. 下列各组离子,可在强酸性条件下大量共存且形成无色溶液的是( )。
   A. Fe^{2+}、Na^+、Cl^-、OH^-
   B. H^+、Na^+、Cl^-、SO_4^{2-}
   C. Mg^{2+}、NH_4^+、NO_3^-、OH^-
   D. Cu^{2+}、K^+、HCO_3^-、S^{2-}

7. 在 $3Cu + 8HNO_3(稀) = 3Cu(NO_3)_2 + 2NO\uparrow + 4H_2O$ 的反应中,氧化剂与还原剂物质的量之比是( )。
   A. 3∶8   B. 8∶3   C. 3∶2   D. 2∶3

二、填空题

1. 在 $KMnO_4 + 5FeCl_2 + 8HCl = MnCl_2 + 5FeCl_3 + KCl + 4H_2O$ 反应中,___①___ 是氧化剂,___②___ 是还原剂;___③___ 是氧化产物,___④___ 是还原产物;有 ___⑤___ 个电子从 ___⑥___ 转移到 ___⑦___,它发生了 ___⑧___ 反应。

2. 化学反应 $O_2 + 2H_2S = 2H_2O + 2S\downarrow$,每生成 1mol S 转移 _____ mol 电子。

3. 已知反应①$2Al + 3H_2O(沸水) = Al_2O_3 + 3H_2\uparrow$,②$2Fe + 3H_2O(水蒸气) \xlongequal{} Fe_2O_3 + 3H_2\uparrow$,③$2Al + Fe_2O_3 \xlongequal{高温} 2Fe + Al_2O_3$,则 Al、$H_2$、Fe 三种单质的还原性由强到弱的顺序是_____(请用">"连接)。

三、写出与下列离子方程式相对应的化学方程式

1. $H^+ + OH^- = H_2O$
2. $NH_4^+ + OH^- = NH_3\uparrow + H_2O$
3. $Ag^+ + Br^- = AgBr\downarrow$
4. $2Fe^{3+} + Fe = 3Fe^{2+}$
5. $2Fe^{3+} + Cu = 2Fe^{2+} + Cu^{2+}$
6. $Fe + Cu^{2+} = Fe^{2+} + Cu$
7. $2Fe^{3+} + H_2S = 2Fe^{2+} + 2H^+ + S\downarrow$
8. $Cl_2 + 2Br^- = 2Cl^- + Br_2$
9. $2H^+ + CO_3^{2-} = CO_2\uparrow + H_2O$
10. $Cu^{2+} + S^{2-} = CuS\downarrow$

四、写出下列化学反应的离子方程式

1. 二氧化氮溶于水
2. 向 $FeCl_2$ 溶液中通入适量 Cl_2
3. Na_2S 溶液与盐酸反应
4. 铝溶解于烧碱溶液中
5. 铁粉全部溶解于 $CuCl_2$ 和 $FeCl_3$ 的混合溶液中
6. 向 $AlCl_3$ 溶液中滴加氨水
7. 向偏铝酸钠溶液中滴加过量盐酸
8. 铜与浓硝酸反应

【参考答案】

一、1. C 2. C 3. A 4. B 5. C 6. B 7. D

二、1. ①$KMnO_4$;②$FeCl_2$;③$FeCl_3$;④$MnCl_2$;⑤5;⑥$FeCl_2$;⑦$KMnO_4$;⑧氧化还原

2. 2

3. $Al > Fe > H_2$

三、1. $HCl + NaOH == NaCl + H_2O$

2. $NH_4Cl + NaOH \xrightarrow{\Delta} NaCl + H_2O + NH_3\uparrow$

3. $AgNO_3 + NaBr == AgBr\downarrow + NaNO_3$

4. $2FeCl_3 + Fe == 3FeCl_2$

5. $2FeCl_3 + Cu == 2FeCl_2 + CuCl_2$

6. $Fe + CuCl_2 == FeCl_2 + Cu$

7. $2FeCl_3 + H_2S == 2FeCl_2 + 2HCl + S\downarrow$

8. $2NaBr + Cl_2 == 2NaCl + Br_2$

9. $2HCl + Na_2CO_3 == 2NaCl + H_2O + CO_2\uparrow$

10. $CuCl_2 + Na_2S == CuS\downarrow + 2NaCl$

四、1. $3NO_2 + H_2O == 2H^+ + 2NO_3^- + NO$

2. $2Fe^{2+} + Cl_2 == 2Fe^{3+} + 2Cl^-$

3. $2H^+ + S^{2-} == H_2S\uparrow$

4. $2Al + 2OH^- + 2H_2O == 2AlO_2^- + 3H_2\uparrow$

5. ①$Fe + Cu^{2+} == Fe^{2+} + Cu$；②$Fe + 2Fe^{3+} == 3Fe^{2+}$

6. $Al^{3+} + 3NH_3 \cdot H_2O == Al(OH)_3\downarrow + 3NH_4^+$

7. $AlO_2^- + 4H^+ == Al^{3+} + 2H_2O$

8. $Cu + 4H^+ + 2NO_3^- == Cu^{2+} + 2NO_2\uparrow + 2H_2O$

【难题解析】

一、5. 考查氧化还原反应的概念及运用。

A. 每生成 1mol Cl_2 转移的电子数为 2mol，虽然有 4mol HCl 参与反应，但实际被氧化的 HCl 只有 2mol；B. 反应中 HCl 中的 Cl 元素化合价由 -1 升高到 0，根据"升失氧，降得还"的口诀，HCl 在该反应中被氧化，充当还原剂；D. 反应中 MnO_2 充当氧化剂。正确答案为 C。

7. 解析：考查氧化还原反应的概念及运用。

首先确定化学反应 $3Cu + 8HNO_3(稀) == 3Cu(NO_3)_2 + 2NO\uparrow + 4H_2O$ 氧化剂和还原剂，Cu 化合价在反应中由 0 升高到 +2，N 由 +5 降低到 +2，可以得出 Cu 是还原剂，HNO_3 为氧化剂，但当每生成 2mol NO 时，只有 2mol HNO_3 被还原，所以氧化剂的物质的量为 2mol，而还原剂 Cu 的物质的量为 3mol，氧化剂与还原剂的物质的量之比为 2∶3，选 D。

第四节　溶液

一种物质（或几种物质）的微粒分散到另一种物质里形成的混合物叫作分散系。其中分散成微粒的物质叫作分散质，微粒分布在其中的物质叫作分散剂。溶液是一种分散系，胶体也是一种分散系。

一种或一种以上的物质以分子或离子形式分散到另一种物质里，形成均一的、稳定的混合物，叫作溶液。

一、溶液的组成

溶剂——用来溶解其他物质的物质。

溶质——被溶剂所溶解的物质。

溶液——由溶剂的分子、溶质的分子(或离子)和它们相互作用的生成物(水合离子或水合分子)等物质组成。

用水做溶剂的溶液,叫作水溶液,用酒精做溶剂的溶液叫作酒精溶液。通常不指明溶剂的溶液,一般指的是水溶液。

二、溶解和结晶

(一)溶解

溶质分散到溶剂里形成溶液的过程叫溶解。溶质的溶解过程一般包括物理过程和化学过程,并可伴有吸热或放热。

(二)结晶

溶质从溶液中析出的过程叫结晶。

许多物质从水溶液里析出,形成晶体时,晶体里常结合一定数目的水分子,这样的水分子叫作结晶水,含有结晶水的物质叫作结晶水合物,如 $CuSO_4 \cdot 5H_2O$(胆矾)、$KAl(SO_4)_2 \cdot 12H_2O$(明矾)等。

(三)溶解平衡

溶解和结晶是两个相反的过程,在单位时间里,溶质分子(或离子)扩散到溶液里的数目和回到溶质固体表面的数目相等时,即溶解的速度等于结晶的速度,这种状况叫作溶解平衡。

(四)风化

在室温时和干燥的空气里,结晶水合物失去一部分或全部结晶水的现象叫风化。例如,无色碳酸钠晶体易发生风化失去结晶水而成为白色粉末。

(五)潮解

有些晶体能吸收空气里的水蒸气,在晶体表面逐渐形成溶液,这种现象叫潮解。例如,氯化镁晶体、氢氧化钠晶体易潮解,表面变潮湿。

三、溶解度

(一)饱和溶液和不饱和溶液

一定温度下,在一定量的溶剂里,不能再溶解某种溶质的溶液,叫作这种溶质的饱和溶液;还能继续溶解某种溶质的溶液,叫作这种溶质的不饱和溶液。

饱和溶液和不饱和溶液在条件改变时,可以互相转变。

(二)溶解度

1. 固体溶解度:在一定温度下,某物质在 100g 溶剂里达到饱和状态时所溶解的克数,叫作这种物质在这种溶剂里的溶解度。

2. 气体溶解度:某气体(压强为 101325Pa)在一定温度时溶解在 1 体积的水里达到饱和状态时的气体体积数。

说明:溶解度的大小不仅与溶质和溶剂有关,而且还跟外界条件有关。一般来说,绝大多数固体物质的溶解度随着温度的升高而增大。NaCl 的溶解度随温度的变化不明显,$Ca(OH)_2$ 的溶解度随温度的升高反而减小。气体的溶解度随温度升高显著减小。

压强对气体溶解度有影响。增大压强,气体溶解度增大;减小压强,气体溶解度减小。

四、溶液的浓度

一定量的溶液里所含溶质的量叫作溶液的浓度。

(一)质量分数

用溶质的质量与全部溶液的质量之比来表示的溶液的浓度。

$$质量分数 = \frac{溶质的质量}{溶质质量+溶剂质量} \times 100\%$$

(二)体积比浓度

当用两种液体配制溶液时,通常用液体的体积比来表示溶液的浓度。如 1∶4 的硫酸溶液,是指 1 体积硫酸(一般是指浓度为 98%,密度为 $1.84g/cm^3$ 的硫酸)跟 4 体积水配成的溶液。

(三)物质的量浓度

以 1L 溶液里含溶质的物质的量来表示的溶液的浓度。通常以摩尔/升(mol/L)为单位。

$$摩尔浓度(摩尔/升) = \frac{溶质的物质的量(摩尔)}{溶液的体积(升)}$$

五、胶体溶液的性质

胶体是分散相粒子直径在 1~100nm 之间的一种分散系,胶体分散系分为溶胶和高分子化合物溶液,溶胶是由许多个分子、原子或离子构成的聚集体,分散介质为液态物质。常见的是以水为分散介质的水溶胶。溶胶的特征是:多相性、高分散性和不稳定性,由此导致溶胶在光学、动力学和电学等方面具有独特的性质。

(一)光学性质——丁铎尔现象

1869 年,英国物理学家丁铎尔(Tyndall)发现:在暗室里将一束经聚焦的白光射入溶胶,在与光束垂直的方向上可以看到一条发亮的光柱(图 1-1),这种现象称为丁铎尔现象。

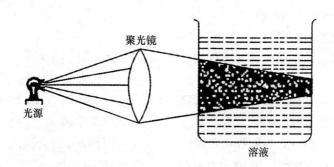

图 1-1 溶胶的丁铎尔现象示意图

在日常生活中,也常会见到丁铎尔现象。例如,阳光从窗户射进屋里,从侧面可以看到空气中的灰尘所产生的光柱。又如,晚上用探照灯向天空搜索时,空中出现了明亮的光柱,也是由于类似的原因所产生的。

丁铎尔现象产生的原因,与分散相粒子的大小和入射光的波长有关。由于溶胶粒子的直径(1~100nm)略小于可见光波长(400~760nm),光波就会环绕着溶胶粒子向各个方向散射,散射出来的光称为散射光或乳光。如果粒子很小(直径小于1nm),则大部分光线直接透射过去,光的散射十分微弱,故真溶液无明显的丁铎尔现象。如果粒子过大(直径大于光的波长),大部分光线发生反射而呈现混浊,所以悬浊液亦无明显的丁铎尔现象。因此,利用丁铎尔现象,常可以区别溶胶与真溶液。

(二)动力学性质

1. 布朗运动

研究表明,溶胶中的分散相粒子在分散介质中不停地做着不规则的折线运动,如图1-2所示。这种运动方式最早由美国植物学家布朗(Brown)在观察悬浮在水中的花粉微粒时发现,故称为布朗运动。

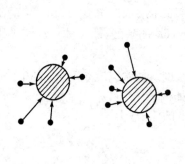
(a) 胶粒受介质分子冲击示意图

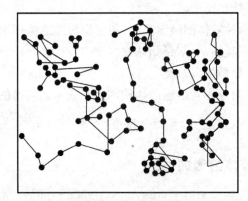
(b) 超显微镜下胶粒的布朗运动

图1-2 布朗运动示意图

布朗运动是由于分散相粒子受到来自周围各方向上的介质分子的撞击,且合力不为零而引起的。布朗运动是溶胶的特征之一。

2. 扩散

溶胶的分散相粒子由于布朗运动,将自动地从高浓度处缓慢地移动至低浓度处,这种现象称为扩散。浓度差越大,扩散越快。

胶粒的扩散,能透过滤纸,但不能透过半透膜,利用胶粒不能透过半透膜这一性质,可除去溶胶中的小分子杂质,使溶胶净化。净化溶胶常用方法是透析(或渗析)。透析时,可将溶胶装入半透膜袋内,放入流动的水中,溶胶中的小分子杂质可透过膜进入溶剂,随水流去。临床上,利用透析原理,用人工合成的高分子膜(如聚甲基丙烯酸甲酯薄膜等)作半透膜制成人工肾,帮助肾脏病患者清除血液中的毒素,使血液净化。例如,用于尿毒症的"血透"疗法,就是将患者的血液引出体外,使血液和透析液在透析器(人工肾)内半透膜两侧接触,通过透析使血液中代谢废物透过膜扩散入透析液中(血液中的蛋白质、红细胞则不能透过),同时也从透析液中扩散入人所需要的营养物质或治疗的药物,达到清除有害物质的作用。

(三)电学性质——电泳

在直流电场作用下,溶胶的分散相粒子在分散介质中的定向移动称为电泳。

观察电泳最简单的方法是在一"U"形管内注入有色溶液,小心地在液面上加入少许水。

使溶胶和水间保持清晰的界面。然后在上层水中插入电极,接触直流电源,可以看到"U"形管中一侧的界面下降,另一侧的界面上升,如图1-3所示。

产生电泳现象,说明溶胶粒子带有电荷,如果带有正电荷(称为正溶胶),电泳时将移向负极;如果带有负电荷(称为负溶胶),电泳时则移向正极。大多数金属氢氧化物溶胶的胶粒带正电荷,为正溶胶;大多数金属硫化物、硅胶、金、银等溶胶的胶粒带负电荷,为负溶胶。

电泳技术在氨基酸、多肽、蛋白质及核酸等物质的分离、鉴定方面有着广泛的应用。例如在临床检验中,应用电泳法分离血清中各种蛋白质,为疾病的诊断提供依据。

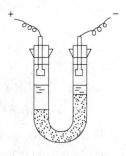

图1-3 电泳示意图

典型例题

例题1 下列各组中的物质,都属于纯净物的是( )。

A. 干冰、冰醋酸　　B. 王水、金刚石　　C. 甘油、汽油　　D. 硬水、硬脂酸

【分析】 纯净物必须由同类分子组成。A中的干冰是CO_2固体形式,冰醋酸也是醋酸的固体形式,两种物质都属于纯净物。B中的王水是由1份浓硝酸和3份浓盐酸组成的混合物。C中的汽油是由低碳烷烃为主的有机物混合而成。D中的硬水含有Ca^{2+}、Mg^{2+}等其他离子,不是纯净物。

【答案】 A

例题2 某非金属R最高化合价含氧酸的组成为H_nRO_{n+2},该酸的相对分子质量为M,则R的相对原子质量为_____,该酸中R的化合价是_____,在R的气态氢化物中R的化合价是_____,该气态氢化物的化学式为_____。

【分析】 要理解化学式、相对分子质量、相对原子质量、化合价等化学用语的意义,掌握一个元素最高正价和最低负价绝对值的和为8的关系。

已知M是相对分子质量,化学式为H_nRO_{n+2},则

$M = n \times 1 + R + 16 \times (n+2) = n + R + 16n + 32$　　所以$R = M - 17n - 32$

根据任何化合物中,正负化合价代数和为零的规律,设R的化合价为x,由H_nRO_{n+2}得

$1 \times n + x = 2 \times (n+2)$　　所以$x = n + 4$

根据R的最高氧化物中R的化合价绝对值和R的气态氢化物中化合价的绝对值之和为8的规律(气态氢化物中R为负价),则R在气态氢化物中的化合价为

$-[8-(n+4)] = -(8-n-4) = -(4-n)$

该气态氢化物的化学式为$H_{4-n}R$。

【答案】 $M-17n-32$;　$n+4$;　$-(4-n)$;　$H_{4-n}R$

例题3 CO与CO_2的混合气体密度是同温同压下CH_4气体的2倍,则CO与CO_2气体的物质的量之比为( )。

A. 3:1　　B. 1:1　　C. 1:3　　D. 1:2

【分析】 在相同条件下,两种气体的密度之比等于其相对分子质量之比,则

$$\frac{\rho_\text{混}}{\rho_{CH_4}} = \frac{\overline{M}}{M_{CH_4}} = 2 \quad \overline{M} = 16 \times 2 = 32$$

设有 x mol CO,y mol CO$_2$,则

$$\frac{28x}{x+y} + \frac{44y}{x+y} = 32 \quad x:y = 3:1$$

【答案】 A

例题 4 下列离子方程式中正确的是( )。

A. 向 FeCl$_2$ 溶液中通入 Cl$_2$:Fe^{2+} + Cl$_2$ =====Fe^{3+} + 2Cl$^-$

B. 向 Ba(OH)$_2$ 溶液中加入硫酸完全中和:OH$^-$ + H$^+$ =====H$_2$O

C. 石灰石与盐酸反应:CaCO$_3$ + 2H$^+$ =====Ca^{2+} + H$_2$O + CO$_2$↑

D. 氨水和醋酸反应:NH$_3$·H$_2$O + H$^+$ =====NH$_4^+$ + H$_2$O

【分析】 判断离子方程式是否书写正确,要从以下几个方面进行检查:①化学式是否正确;②方程式中原子个数是否守恒;③等号两边离子的正负电荷数的代数和是否相等。据此分析本题的四个选项:A 由于等号两边所带的电荷总数不相等,所以 A 不正确。应改为:2Fe^{2+} + Cl$_2$ =====2Fe^{3+} + 2Cl$^-$。

B 不正确,Ba(OH)$_2$ 与 H$_2$SO$_4$ 反应后除了生成难电离的 H$_2$O 之外,还有难溶的物质 BaSO$_4$ 生成。正确写法是:Ba^{2+} + 2OH$^-$ + 2H$^+$ + SO$_4^{2-}$ =====BaSO$_4$↓ + 2H$_2$O。

C 中由于 CaCO$_3$ 是难溶性的物质,所以应写成化学式的形式,因此 C 正确。

D 中由于醋酸是一种弱电解质,在离子方程式中必须写它的化学式。因此正确的写法是:NH$_3$·H$_2$O + CH$_3$COOH =====NH$_4^+$ + CH$_3$COO$^-$ + H$_2$O。

【答案】 C

例题 5 在 2Cu + O$_2$ $\xrightarrow{\text{点燃}}$ 2CuO 中,按照质量守恒定律,下列各组数值中正确的是( )。

A. Cu = 1g　O$_2$ = 4g　CuO = 5g　　B. Cu = 4g　O$_2$ = 1g　CuO = 5g

C. Cu = 2g　O$_2$ = 2g　CuO = 5g　　D. Cu = 2g　O$_2$ = 3g　CuO = 5g

【分析】 质量守恒定律是指参加化学反应的各物质的质量总和,等于反应后生成的各物质的质量总和。理解这条定律的关键是"参加化学反应"这几个字,即指反应掉的各反应物的质量总和,等于反应后各生成物的质量总和。任何没有参加化学反应,也就是"过量"部分的反应物的质量都不能计算在质量总和之中。在 2Cu + O$_2$ $\xrightarrow{\text{点燃}}$ 2CuO 的反应中,每 2mol Cu 可以与 1mol O$_2$ 起反应,生成 2mol CuO。如果用各物质的质量比来表示,则

$$\begin{array}{ccc} 2\text{Cu} & + \quad \text{O}_2 \quad ===== & 2\text{CuO} \\ 2 \times 63.5 & 16 \times 2 & 2 \times (63.5 + 16) \\ 4 & 1 & 5 \end{array}$$

即每 4g Cu 可以与 1g O$_2$ 反应生成 5g CuO。

【答案】 B

例题 6 往下列物质的水溶液中,分别加入澄清石灰水,原溶液中阴离子和阳离子(不包括 H$^+$ 和 OH$^-$)都减少的是( )。

A. (NH$_4$)$_3$PO$_4$　　B. Na$_2$SO$_4$　　C. Cu(NO$_3$)$_2$　　D. Na$_2$CO$_3$

【分析】 首先应知道石灰水是 Ca(OH)$_2$ 的水溶液。在溶液中 Ca(OH)$_2$ 解离成 Ca^{2+} 和 OH$^-$。

A 选项(NH$_4$)$_3$PO$_4$ 在溶液中解离了 NH$_4^+$ 和 PO$_4^{3-}$。加入石灰水后,发生下列反应:

$$\text{NH}_4^+ + \text{OH}^- ===== \text{NH}_3 \cdot \text{H}_2\text{O} \quad 3\text{Ca}^{2+} + 2\text{PO}_4^{3-} ===== \text{Ca}_3(\text{PO}_4)_2\downarrow$$

B 选项加入石灰水后,无明显反应。

C 选项加入石灰水后,有下列反应:$Cu^{2+} + 2OH^- = Cu(OH)_2\downarrow$。

D 选项加入石灰水后,有下列反应:$Ca^{2+} + CO_3^{2-} = CaCO_3\downarrow$。

所以只有 A 选项符合题目要求。

【答案】 A

例题7 已知反应:(1)$2FeCl_3 + 2KI = 2FeCl_2 + 2KCl + I_2$;(2)$2FeCl_2 + Cl_2 = 2FeCl_3$,判断下列物质的氧化能力由强到弱的顺序正确的是(　　)。

A. $Fe^{3+} > Cl_2 > I_2$ 　B. $Cl_2 > Fe^{3+} > I_2$ 　C. $I_2 > Cl_2 > Fe^{3+}$ 　D. $Cl_2 > I_2 > Fe^{3+}$

【分析】 判断氧化性的强弱可根据化学方程式来进行,在同一个化学反应中,氧化剂表现其氧化性,还原剂表现其还原性。因此,为了便于分析,首先用单线桥表示以上两个反应中电子的转移方向和数目,判断出还原剂和氧化剂来。

(1) $2\overset{+3}{Fe}Cl_3 + 2K\overset{-1}{I} = 2\overset{+2}{Fe}Cl_2 + 2KCl + \overset{0}{I_2}$,碘元素化合价升高失去电子,KI 是还原剂,铁元素化合价降低得到电子,$FeCl_3$ 是氧化剂。

(2) $2\overset{+2}{Fe}Cl_2 + \overset{0}{Cl_2} = 2\overset{+3}{Fe}\overset{-1}{Cl_3}$ 中,铁元素化合价升高,$FeCl_2$ 为还原剂,氯元素化合价降低,Cl_2 为氧化剂。

根据题目要求只需比较 Fe^{3+}、Cl_2、I_2 的氧化性就可以了。由反应(1)可知,Fe^{3+} 能够得到 I^- 中的电子,使 I^- 生成 I_2,因此 Fe^{3+} 的得电子能力强于 I_2,即 Fe^{3+} 的氧化性强于 I_2。再由反应(2)可知,Cl_2 能得到 Fe^{2+} 中的电子使之变成 Fe^{3+},因此 Cl_2 的氧化性强于 Fe^{3+}。综上所述,Fe^{3+}、Cl_2、I_2 的氧化性强弱顺序依次为 $Cl_2 > Fe^{3+} > I_2$。

【答案】 B

例题8 在以下的氧化还原反应中

$$3Cl_2 + 6KOH \xrightarrow{\Delta} 5KCl + KClO_3 + 3H_2O$$

若有 2mol 还原剂被氧化,则有_____ mol 氧化剂被还原。

【分析】 从反应方程式

$$3Cl_2 + 6KOH \xrightarrow{\Delta} 5KCl + KClO_3 + 3H_2O$$

可得结论:①Cl_2 既是氧化剂,又是还原剂。②KCl 的系数是 5,$KClO_3$ 的系数为 1,且 KCl 和 $KClO_3$ 中均含 1 个 Cl 原子。由此可知,氧化剂与还原剂的物质的量之比为 5∶1。然后,根据反应中氧化剂与还原剂的物质的量之比进行简单计算:

氧化剂——还原剂

5mol　　　1mol

x　　　　2mol

$\dfrac{5\text{mol}}{x} = \dfrac{1\text{mol}}{2\text{mol}}$　　$x = 10\text{mol}$

【答案】 10

强化训练

一、选择题

1. 下列有关物质分类或归类正确的是____。
①纯净物：蒸馏水、大理石、干冰、苛性钠
②混合物：食用碘盐、硅藻土、空气、磷酸
③碱性氧化物：Al_2O_3、CO_2、CaO、Na_2O
④电解质：HCl、$CaCl_2$、H_2O、KOH
⑤同素异形体：氧和臭氧、红磷和白磷
   A. ①③④   B. ①③⑤   C. ②③⑤   D. ②④⑤

2. 下列过程中，没有发生化学变化的是_____。
   A. 碘的升华   B. 汽油燃烧
   C. 铁生锈   D. 煅烧石灰石制取 CaO

3. Cl 元素具有 −1、0、+1、+3 和 +5 等化合价，其最高价态为 +7。下列含 Cl 物质中的 Cl 只能被还原的是_____。
   A. HCl B. $KClO_4$ C. $HClO_3$ D. $NaClO$

4. 大气中二氧化碳含量增多会引起温室效应(使地球温度升高)，空气中二氧化碳增多的主要原因是_____。
   A. 人与动物的呼吸作用   B. 光合作用
   C. 岩石风化   D. 燃烧含碳燃料

5. 下列叙述正确的是_____。
   A. 1mol O 的质量是 32g/mol   B. OH^- 的摩尔质量是 17g
   C. 1mol H_2O 的质量是 18g/mol   D. CO_2 的摩尔质量是 44g/mol

6. 检验 Cl^- 时，除了使用 $AgNO_3$ 溶液以外，通常还要用到稀 HNO_3，此时稀 HNO_3 的作用是_____。
   A. 防止 CO_3^{2-} 的干扰   B. 防止 Cl^- 的干扰
   C. 防止 Ba^{2+} 的干扰   D. 防止 NO_3^- 的干扰

7. 下列离子方程式书写错误的是_____。
   A. 醋酸和氢氧化钠反应 $CH_3CO_2H + OH^- = CH_3CO_2^- + H_2O$
   B. 铁片插入硫酸铜溶液 $Fe + Cu^{2+} = Cu + Fe^{2+}$
   C. 碳酸钙和稀盐酸反应制取 CO_2 $CO_3^{2-} + 2H^+ = CO_2\uparrow + H_2O$
   D. 氧化铁溶于稀硫酸 $Fe_2O_3 + 6H^+ = 2Fe^{3+} + 3H_2O$

8. 关于 $NaHCO_3$ 性质的说法正确的是_____。
   A. 只能与酸反应，不能与碱反应
   B. 医疗上可用于治疗胃酸过多
   C. 与足量的酸反应时放出的 CO_2 比等质量的 Na_2CO_3 要少
   D. 同温度时，同物质的量浓度的水溶液，$NaHCO_3$ 的 pH 小于 Na_2CO_3 的 pH

9. 在 100mL 的溶液中有 0.1mol $NaCl$ 和 0.1mol $MgCl_2$，此溶液中 Cl^- 的物质的量浓度为

_____。
　　A. 3mol/L　　　　B. 2mol/L　　　　C. 0.3mol/L　　　　D. 0.2mol/L

10. 已知某溶液中存在较多的 H^+、SO_4^{2-}、NO_3^-，则该溶液中还可能大量存在的离子组是_____。
　　A. Na^+、OH^-、Cl^-　　　　　　　　B. Mg^{2+}、Ba^{2+}、Cl^-
　　C. Mg^{2+}、CO_3^{2-}、Cl^-　　　　　　D. Na^+、NH_4^+、Cl^-

11. 下列有关物质的分类或归类正确的是_____。
　①混合物：电石、甲醛、玻璃、碘蒸气
　②化合物：硫酸、醋酸、聚氯乙烯、镁铝合金
　③电解质：NaCl、水、铁粉、黄铜矿石
　④同素异形体：红磷、白磷
　　A. ①③　　　　　B. ③　　　　　C. ②④　　　　　D. ④

12. 下列过程中，只发生了物理变化的是_____。
　　A. 汽油燃烧　　　B. 粮食酿酒　　　C. 汽油挥发　　　D. 食物变馊

13. 下列有关物质的分类或归类正确的是_____。
　①混合物：石灰石、福尔马林、玻璃、水银
　②化合物：$CaCl_2$、纯碱、聚苯乙烯、H_2O_2
　③酸性氧化物：CO_2、CaO、SO_2
　④同素异形体：O_2、O_3
　　A. ①③④　　　B. ①③　　　C. ②③④　　　D. ②④

14. 下列各组物质，按单质、化合物、混合物顺序排列的是_____。
　　A. 水煤气、水蒸气、天然水晶　　　B. 柴油、蔗糖、石灰水
　　C. 臭氧、干冰、漂白粉　　　　　　D. 石墨、金刚石、玛瑙

15. 现有如下物质：①液氮；②卤水；③氧气；④天然气；⑤稀硝酸；⑥石墨。其中属于纯净物的是_____。
　　A. ②③④　　　B. ①③⑥　　　C. ②④⑤　　　D. ④⑤⑥

16. 下列描述不属于复分解反应发生条件的是_____。
　　A. 反应放热　　　　　　　　　　B. 有气体放出
　　C. 有沉淀生成　　　　　　　　　D. 生成水或其他难电离物质

17. 能正确表示下列反应的离子方程式是_____。
A. 碳酸氢钠溶液和足量氢氧化钠溶液反应　$2NaHCO_3 + OH^- \!=\!\!=\! Na_2CO_3 + H_2O$
B. 氯化铵溶液和氢氧化钾溶液加热反应　$NH_4^+ + OH^- \!=\!\!=\! NH_3 + H_2O$
C. 适量碳酸钠溶液和氢氧化钙溶液恰好完全反应　$CO_3^{2-} + Ca^{2+} \!=\!\!=\! CaCO_3$
D. 氢氧化铝溶于稀盐酸　$Al(OH)_3 + 3H^+ \!=\!\!=\! Al^{3+} + 3H_2O$

18. 地壳中含量最多的金属元素与含量最多的非金属元素组成化合物的化学式为_____。
　　A. MgO　　　　B. CO_2　　　　C. Al_2O_3　　　　D. SiO_2

19. 在强碱性溶液中，下列离子组能大量共存且溶液为无色透明的是_____。
　　A. Na^+、K^+、NH_4^+、OH^-　　　　　B. Fe^{2+}、SO_4^{2-}、Mg^{2+}、HCO_3^-
　　C. K^+、Na^+、SO_4^{2-}、Cl^-　　　　　D. Al^{3+}、CO_3^{2-}、Cu^{2+}、Br^-

20. 下列化学变化中,需加入氧化剂才能实现的是_____。
    A. C→CO_2　　　B. CO_2→CO　　　C. CuO→Cu　　　D. H_2SO_4→$BaSO_4$

21. 超导材料为具有零电阻及反磁性的物质,以 Y_2O_3、$BaCO_3$ 和 CuO 为原料经研磨烧结可合成一种高温超导物质 $Y_2Ba_4Cu_6O_x$,假设在研磨烧结过程中各元素的化合价无变化,则 x 的值为_____。
    A. 12　　　B. 13　　　C. 15　　　D. 26

22. 在某碱性溶液中可以大量共存的离子组是_____。
    A. K^+、Na^+、H^+、NO_3^-
    B. Na^+、SO_4^{2-}、Cl^-、CO_3^{2-}
    C. H^+、Mg^{2+}、SO_4^{2-}、NO_3^-
    D. Ag^+、K^+、NO_3^-、Na^+

23. 今有标准状况下 H_2 和 CO_2 的混合气体 11.2L,混合气体的质量为 15.0g,则下列说法正确的是_____。
    A. 该混合气体的摩尔质量为 30g
    B. 该混合气体的密度约为 $1.34g·L^{-1}$
    C. 该混合气体中 H_2 与 CO_2 的质量之比为 1:22
    D. 该混合气体中 H_2 与 CO_2 的物质的量之比为 2:1

24. 化学变化的主要特征是_____。
    A. 颜色、状态发生变化　　　B. 发光、发热、有时有沉淀生成
    C. 有新的物质生成　　　D. 有气体放出

25. 标准状况下,等物质的量的 O_2 和 O_3 具有相同的_____。
    A. 原子数　　　B. 密度　　　C. 质量　　　D. 体积

26. 下列各组物质所含原子数目相等的是_____。
    A. $1.0mol$ CO_2 和 $1.0mol$ H_2O
    B. $0.2mol$ H_2 和 $0.4mol$ O_2
    C. 24g 金属镁和 10g 黄金
    D. $0.2mol$ H_3PO_4 和 $0.1mol$ $KMnO_4$

27. 下列各组物质属于同素异形体的是_____。
    A. 葡萄糖和果糖　　　B. 水银固体和水银蒸气
    C. 干冰和冰　　　D. 红磷和白磷

28. 25℃时,下列各组离子在 OH^- 浓度为 $10^{-2}mol·L^{-1}$ 的溶液中能够大量共存且无色透明的一组是_____。
    A. Cu^{2+}、Na^+、OH^-、NH_4^+
    B. K^+、Mg^{2+}、SO_4^{2-}、NO_3^-
    C. Cl^-、CO_3^{2-}、K^+、Na^+
    D. Al^{3+}、HCO_3^-、Ca^{2+}、Ag^+

二、填空题

1. 氯酸钾与二氧化锰的混合物 15.5g 共热,反应完全后剩余物的质量为 10.7g。则产生氧气的质量为_____g,参加反应的氯酸钾的质量为_____g。

2. 根据下列反应
    A. $H_2SO_3 + I_2 + H_2O === 2HI + H_2SO_4$
    B. $2FeCl_3 + 2HI === 2FeCl_2 + 2HCl + I_2$
    C. $3FeCl_2 + 4HNO_3 === 2FeCl_3 + NO↑ + 2H_2O + Fe(NO_3)_3$
    推断各式中氧化剂的氧化性由强到弱顺序是_____(氧化剂之间用">"连接)。

3. 现有下列物质:①铁(Fe);②氧气(O_2);③盐酸(HCl);④氧化铜(CuO);⑤氢氧化钾

(KOH)。按组成分类,属于单质的是_____;属于氧化物的是_____;属于酸的是_____;属于碱的是_____;属于碱性氧化物的是_____。

4. 已知某气体单质分子由三个原子组成,其一个原子的实际质量为 a 克,设阿伏伽德罗常数为 N_A,则该单质的摩尔质量为_____(用含 a 和 N_A 的式子表示,注意单位)。

5. 同温同压下,等质量的气体 O_2、CH_4、CO_2、SO_2 所占有的体积最大的是_____。

6. 0.5mol 臭氧(O_3)中含有 O_3 的分子数目是_____;含有 O 的原子数目是_____。

7. 根据以下反应方程式:
(1) $2P + 5Br_2 + 8H_2O = 2H_3PO_4 + 10HBr$
(2) $Cl_2 + 2HBr = 2HCl + Br_2$
(3) $2KMnO_4 + 16HCl(浓) = 2KCl + 2MnCl_2 + 5Cl_2\uparrow + 8H_2O$
推断各式中氧化剂的氧化性由强到弱顺序是_____。

8. 现有下列物质:①钠(Na);②氯气(Cl_2);③硫酸(H_2SO_4);④氧化钙(CaO);⑤氢氧化钠(NaOH)。按组成分类,属于单质的是_____;属于氧化物的是_____;属于酸的是_____;属于碱的是_____;属于碱性氧化物的是_____。

9. 在 $Fe_2O_3 + 2Al \xrightarrow{加热} Al_2O_3 + 2Fe$ 的反应中,还原剂是_____(用化学式填写)。

10. 我国古代四大发明之一的黑火药是由硫磺粉、硝酸钾和木炭粉按一定比例混合而成的,爆炸时的化学方程式是 $S + 2KNO_3 + 3C = K_2S + N_2\uparrow + 3CO_2\uparrow$。该反应中还原剂是_____,氧化剂是_____。

三、离子方程式

1. 向氢氧化钠溶液中通入少量 CO_2
2. 向氢氧化钠溶液中通入过量 CO_2
3. 向澄清石灰水中通入过量 CO_2
4. 氨水中通入少量 CO_2
5. 氯气通入水中
6. 实验室用稀氢氧化钠溶液吸收少量氯气
7. Na 与水反应
8. 氯化亚铁溶液中通入适量氯气
9. 烧碱溶液中加入过量二氧化硫
10. 用碳酸钠溶液吸收少量二氧化硫
11. 碳酸钠溶液中加入少量盐酸
12. 碳酸钠溶液中加入过量盐酸

【强化训练参考答案】

一、选择题

1. D 2. A 3. B 4. D 5. D 6. A 7. C 8. BD 9. A 10. D 11. D 12. C
13. D 14. C 15. B 16. A 17. D 18. C 19. C 20. A 21. B 22. B 23. B 24. C
25. D 26. A 27. D 28. C

二、填空题

1. 4.8g；12.25g
2. $HNO_3 > FeCl_3 > I_2$
3. Fe,O_2；CuO；HCl；KOH；CuO
4. $3aN_A$
5. CH_4
6. $3.01×10^{23}$；$9.03×10^{23}$
7. $KMnO_4 > Cl_2 > Br_2$
8. Na,Cl_2；CaO；H_2SO_4；$NaOH$；CaO
9. Al
10. C；S 和 KNO_3

三、方程式

1. $2OH^- + CO_2 = CO_3^{2-} + H_2O$
2. $OH^- + CO_2 = HCO_3^-$
3. $OH^- + CO_2 = HCO_3^-$
4. $2NH_3·H_2O + CO_2 = CO_3^{2-} + H_2O + 2NH_4^+$
5. $Cl_2 + H_2O = H^+ + Cl^- + HClO$
6. $Cl_2 + 2OH^- = ClO^- + Cl^- + H_2O$
7. $2Na + 2H_2O = 2Na^+ + 2OH^- + H_2\uparrow$
8. $2Fe^{2+} + Cl_2 = 2Fe^{3+} + 2Cl^-$
9. $OH^- + SO_2 = HSO_3^-$
10. $2CO_3^{2-} + SO_2 + H_2O = 2HCO_3^- + SO_3^{2-}$
11. $CO_3^{2-} + H^+ = HCO_3^-$
12. $CO_3^{2-} + 2H^+ = CO_2\uparrow + H_2O$

【难题解析】

二、1. 考查质量守恒定律和实验室制备氧气的化学方程式。

$$2KClO_3 \xrightarrow[\text{加热}]{MnO_2} 2KCl + 3O_2\uparrow$$

根据质量守恒定律生成 O_2 的质量为 $15.5-10.7=4.8g$，$n(O_2)=4.8/32=0.15mol$，所以参加反应的 $n(KClO_3)=0.15×(2/3)=0.1mol$，参加反应的 $m(KClO_3)$ 为 $0.10×M(KClO_3)=0.10×122.5=12.25g$。

2. 考查氧化还原反应相关概念。

根据氧化还原反应的通式：氧化剂 + 还原剂 = 氧化产物 + 还原产物，一般情况下，氧化剂的氧化性强于氧化产物的氧化性，还原剂的还原性强于还原产物的还原性。

A. H_2SO_3 + I_2 + H_2O = $2HI$ + H_2SO_4
    还原剂   氧化剂   还原产物 氧化产物

氧化性：$I_2 > H_2SO_4$

B. $2FeCl_3$ + $2HI$ = $2FeCl_2$ + HCl + I_2

氧化剂　　还原剂　　还原产物　　　　氧化产物
　　氧化性：$FeCl_3 > I_2$
C. $3FeCl_2 + 4HNO_3 =\!=\!= 2FeCl_3 + NO\uparrow + 2H_2O + Fe(NO_3)_3$
　还原剂　　氧化剂　　氧化产物　还原产物　　　　氧化产物
　　氧化性：$HNO_3 > FeCl_3$

综上所述，氧化剂的氧化性强弱排列顺序是 $HNO_3 > FeCl_3 > I_2$。可用类似思路和解题方法解答填空题第 7 题。

第二章 物质结构和元素周期律

考试范围与要求

理解元素、核素和同位素的含义;了解原子结构;了解原子序数、核电荷数、质子数、中子数、核外电子数以及它们之间的相互关系;了解原子核外电子排布规律;掌握短周期(第Ⅰ、Ⅱ和Ⅲ周期)元素原子的核外电子排布;了解元素周期表(长式)的结构(周期和族);了解常见金属(如Li、Na、K、Mg、Ca、Al等)和非金属元素(如H、C、N、O、F、Si、P、S、Cl等)在周期表中的位置;以短周期(第Ⅰ、Ⅱ和Ⅲ周期)元素、第一主族(ⅠA)和第七主族(ⅦA)元素为例,了解金属和非金属元素性质的递变规律;了解化学键的定义;了解离子键、共价键的形成;了解化学键的极性和分子的极性;了解分子间作用力和氢键的概念。

第一节 原子结构

一、原子核

(一)原子的构成

原子是由居于原子中心的带正电荷的原子核和核外带负电荷的电子构成的。由于原子核所带电量与核外电子所带电量相等而电性相反,因此,原子作为一个整体不显电性。

原子核是由质子和中子构成的。质子带一个单位的正电荷,中子不带电。因此,核电荷数由质子数决定。质子和中子的相对质量约等于1,而电子的质量很小,仅约为质子质量的1/1836,所以,原子的质量主要集中在原子核上。

在一个原子里,质子、中子、电子三种基本微粒有如下的数量关系:

核电荷数(Z) = 核内质子数 = 核外电子数 = 原子序数

质量数(A) = 质子数(Z) + 中子数(N)

离子所带电荷数 = 质子数 − 核外电子总数

原子的质量数近似等于原子的相对原子质量。

归纳起来,如以 $^A_Z X$ 代表一个质量数为 A,质子数为 Z 的原子,那么,构成原子的粒子间的关系可以表示如下:

$$原子(^A_Z X) \begin{cases} 原子核 \begin{cases} 质子 & Z \text{个} \\ 中子 & (A-Z) \text{个} \end{cases} \\ 核外电子 & Z \text{个} \end{cases}$$

例如:$^{35}_{17}Cl$ 表示质量数为35,质子数为17,中子数为18,核外电子数为17的氯原子。

（二）同位素

质子数相同，中子数不同的同一元素的不同原子互称为同位素。

许多元素都有同位素。例如：^1_1H、^2_1H、^3_1H（氕、氘、氚）是氢的三种同位素；$^{35}_{17}Cl$、$^{37}_{17}Cl$是氯的两种同位素。同一元素的各种同位素虽然质量数不同，但它们的化学性质几乎完全相同。在天然存在的某种元素里，不论是游离态还是化合态，各种同位素所占的原子质量分数一般是不变的。元素实际上是各种稳定同位素的混合物。

（三）元素的相对原子质量

我们平常所说的某种元素的相对原子质量，是按各种天然同位素原子所占的质量分数计算出来的平均值。若以A_1和a_1%分别代表某元素同位素1的质量数和质量分数，A_2和a_2%分别代表同位素2的质量数和质量分数，$\overline{M}$代表该元素的近似相对原子质量，则

$$\overline{M} = A_1 \times a_1\% + A_2 \times a_2\%$$

二、原子核外电子的排布

（一）原子核外电子运动的特征

核外电子的运动与宏观世界物体的运动不同，它没有确定的轨道，我们不能测定或计算出它在某时刻所在的位置，也不能描画它的运动轨道。我们只能指出它在原子核外空间某处出现机会的多少。

（二）电子云

电子在核外空间一定范围内出现，好像带负电荷的云雾笼罩在原子核周围，人们形象地称它为电子云。图2-1就是氢原子的电子云示意图。

（三）原子核外电子的排布

1. 电子层：根据电子的能量差异和通常运动区域离核远近不同，将核

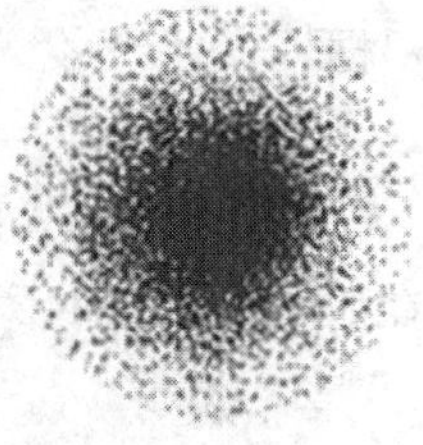

图2-1 氢原子的电子云示意图

外电子分成不同的能级组。把能量最低、离核最近的叫第一层，能量稍高、离核稍远的叫第二层，由里往外依次类推，叫第三、四、五、六、七层。通常用下列符号表示：

电子层符号　K　L　M　N　O　P　Q
电子层数　　1　2　3　4　5　6　7

2. 核外电子分层排布规律

核外电子的分层运动，又叫核外电子的分层排布，其规律是：

（1）各电子层最多容纳的电子数目是$2n^2$。即K层（$n=1$）为$2 \times 1^2 = 2$个；L层（$n=2$）为$2 \times 2^2 = 8$个；M层（$n=3$）为$2 \times 3^2 = 18$个。

（2）最外层电子数目不超过8个（K层为最外层时不超过2个）。

（3）次外层电子数目不超过18个，倒数第三层电子数目不超过32个。

（4）核外电子总是先排布在能量最低的电子层里，然后由里往外，依次排布在能量逐步升高的电子层里，即排满了K层才排L层、排满了L层才排M层。

以上几点互相联系，不能孤立地理解。

3. 原子结构示意图

知道了原子的核电荷数和电子层排布以后，就可以画出原子结构示意图。如钠原子、氯原子、二价镁离子结构示意图如图2-2所示。

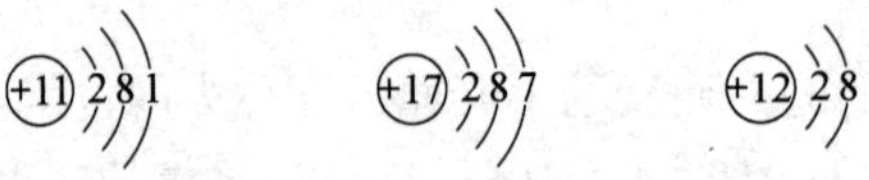

Na原子结构示意图　Cl原子结构示意图　Mg^{2+}结构示意图

图 2-2 某些原子、离子结构示意图

【例题选解】

例 1 元素 A、B，其中 A 的原子序数为 n，A^{2+} 比 B^{2-} 少 8 个电子，则 B 的原子序数是(　　)。

A. $n+8$　　　　B. $n+4$　　　　C. $n+10$　　　　D. $n+6$

【解析】 元素的原子序数 = 原子的核外电子数。因此 A^{2+} 的核外电子数为 $n-2$，B^{2-} 的核外电子数为 $n-2+8=n+6$，则 B 的核外电子数为 $n+6-2=n+4$。

【答案】 B

例 2 某金属元素 M，其原子的质量数为 71，已知 M 离子含有 40 个中子和 28 个电子，由这种离子形成的化合物，其化学式正确的是(　　)。

A. MO_2　　　　B. MBr_2　　　　C. $M(OH)_3$　　　　D. $K_2M_2O_7$

【解析】 质量数 = 质子数 + 中子数。中子数为 40，则 M 原子的质子数 = 核外电子数 = $71-40=31$。已知 M 离子中含 28 个电子，即 M 在形成化合物过程中失去 3 个电子，显 +3 价。根据计算，以上化学式中满足各元素化合价的代数和为零的只有 $M(OH)_3$。

【答案】 C

例 3 元素 A 的原子在 M 电子层上有 2 个价电子，元素 B 的原子在 L 电子层上有 6 个电子，在 A 和 B 形成的稳定化合物中 A 的相对原子质量为 24，则此化合物的相对分子质量为(　　)。

A. 60　　　　B. 88　　　　C. 72　　　　D. 40

【解析】 根据原子核外电子排布的规律：K 层最多排 2 个电子，L 层为次外层时最多排 8 个电子，因此 A 的原子结构可表示为：(+12)2 8 2，是第 12 号元素：金属元素镁，相对原子质量为 24，化合价为 +2 价。B 的原子结构可表示为：(+8)2 6，是第 8 号元素：非金属元素氧，相对原子质量 16，化合价为 -2 价。因此 A、B 形成稳定化合物的化学式为 AB。计算其相对分子质量：$24+16=40$。

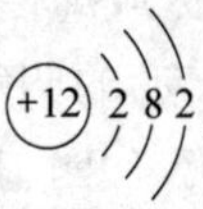

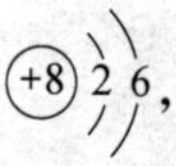

【答案】 D

习题 2-1

一、填空题

1. 决定元素种类的微粒是 ①　　　；同种元素的不同种原子互称 ②　　　。

2. 稀有气体元素原子的最外层都有 ①　　　 个电子(氦除外)，通常认为这种最外层有 ②　　　 个电子的结构是一种 ③　　　 结构。

3. 金属元素的原子的最外层电子数目一般少于 ①　　　 个；非金属元素的原子的最外层电子数目一般多于 ②　　　 个。

4. 画出下列四种微粒的结构示意图,并写出其微粒的符号。
(1)原子核内有 18 个质子的原子_____。
(2)原子核外有 18 个电子的二价阳离子_____。
(3)核外有 10 个电子的 -1 价阴离子_____。
(4)M 层为最外层,且 M 层只比 L 层少一个电子的原子_____。

二、选择题

1. 下列各组化学符号能表示同位素的一组是(　　)。
   A. SO_2,SO_3　　　B. S_4,S_8　　　C. H_2S,D_2S　　　D. $^{32}_{16}S$,$^{35}_{16}S$

2. 铜有两种天然同位素:$^{63}_{29}Cu$、$^{65}_{29}Cu$,铜的相对原子质量为 63.5,则 $^{65}_{29}Cu$ 的质量分数约为(　　)。
   A. 50%　　　B. 75%　　　C. 25%　　　D. 66.7%

3. 某二价金属阳离子核外有 28 个电子,其质量数为 65,则核内中子数为(　　)。
   A. 28　　　B. 39　　　C. 35　　　D. 37

4. 下列各组指定原子序数的元素,既能形成 AB_2 又能形成 AB_3 型酸性氧化物的是(　　)。
   A. 8 和 16　　　B. 11 和 6　　　C. 16 和 11　　　D. 12 和 9

5. 与 Na^+ 离子具有相同质子数和电子数的微粒是(　　)。
   A. NH_4^+　　　B. Ne　　　C. H_3O^+　　　D. F^-

6. 与 Ne 的核外电子排布相同的离子跟与 Ar 的核外电子排布相同的离子所形成的化合物是(　　)。
   A. NaF　　　B. $MgCl_2$　　　C. KCl　　　D. K_2S

三、判断题(正确的画"√",错误的画"×")

1. ^1H、^2H、^3H、H、H^+ 之间的关系是:
(1)化学性质不同的五种氢原子。(　　)
(2)化学性质相似的五种氢原子。(　　)
(3)五种氢元素。(　　)
(4)都属于氢元素。(　　)

2. 元素的相对原子质量等于某种元素一个原子的质量。(　　)

3. 含有相同质子数的分子一定属于同种分子。(　　)

4. 两个原子如果核外电子排布相同,一定是同一种元素。(　　)

5. 除 ^1H 以外,其他原子的原子核均由质子和中子组成。(　　)

6. $^{56}_{26}Fe^{2+}$ 和 $^{56}_{26}Fe^{3+}$ 互为同位素。(　　)

【参考答案】

一、1. ①质子;②同位素

2. ①8;②8;③稳定

3. ①4;②4

4. (1) (+18) 2 8 8,Ar;(2) (+20) 2 8 8,Ca^{2+};(3) (+9) 2 8,F^-;(4) (+17) 2 8 7,Cl

二、1. D　2. C　3. C　4. A　5. AC　6. B

三、1. (1) ×；(2) ×；(3) ×；(4) √
2. ×；3. ×；4. √；5. √；6. ×

第二节　元素周期律

一、元素周期律

元素的性质随着元素原子序数的递增而呈周期性的变化,这个规律叫作元素周期律。

（一）原子序数

按核电荷数由小到大的顺序给元素编号,这种序号叫作该元素的原子序数。

$$原子序数 = 核电荷数$$

（二）元素周期律

1. 核外电子排布的周期性

随着原子序数的递增,元素原子的最外层电子排布呈周期性变化。即每隔一定数目的元素,它的最外层电子数重复出现从 1 到 8 的排布。

2. 原子半径的周期性变化

随着原子序数的递增,元素的原子半径发生周期性变化。对主族元素来说,同一族里,由上到下,半径逐渐增大；同一周期里,从左到右,原子半径逐渐减小。但在各周期的最后一族,稀有气体的原子半径看起来比前一族的相应元素原子半径大,这是由于测定的根据不同造成的。

3. 元素主要化合价的周期性变化

各周期元素的最高正价从 +1（碱金属元素）逐渐递变到 +7（卤族元素）,最后到零（稀有气体元素）；从周期中部（碳族元素）开始出现负价,负价从 -4 逐渐递变到 -1（卤族元素）。

元素主要化合价和原子半径的周期性变化是元素原子核外电子排布的周期性变化的必然结果。这就是元素周期律的实质。

二、元素周期表

根据元素周期律,把现在已知的 112 种元素中电子层数相同的各种元素,按原子序数递增的顺序从左到右排成横行,再把不同横行中最外电子层电子数相同的元素按电子层数递增的顺序由上而下排成纵行。这样得到一个表,叫作元素周期表（见附录）。元素周期表是元素周期律的具体表现形式,它反映了元素之间相互联系的规律。

（一）元素周期表的结构

1. 周期

具有相同的电子层数而又按照原子序数递增的顺序排列的一系列元素称为一个周期。周期序数 = 该周期元素原子的电子层数。周期的划分：

$$周期\begin{cases}短周期\begin{cases}第一周期:2 种元素\\第二、三周期:各有 8 种元素\end{cases}\\长周期\begin{cases}第四、五周期:各有 18 种元素\\第六周期:32 种元素\end{cases}\\不完全周期(第七周期):尚未填满,目前只有 26 种\end{cases}$$

2. 族

周期表中每一纵行称为一族（Ⅷ族除外）。主族的序数＝原子的最外层电子数。族的划分：

族 $\begin{cases}主族：由短周期元素和长周期元素共同构成的族，共7个主族，用ⅠA、ⅡA、ⅢA…表示\\副族：完全由长周期元素构成的族，共7个副族，用ⅠB、ⅡB、ⅢB…表示\\Ⅷ族：在周期表中占三个纵行\\0族：由稀有气体元素构成\end{cases}$

（二）元素的性质和原子结构的关系

1. 元素的金属性和非金属性

金属元素容易失去电子变成阳离子，非金属元素容易得到电子变成阴离子。因此常用金属性表示在化学反应中原子失去电子的能力，用非金属性表示在化学反应中原子得到电子的能力。

2. 同一周期各主族元素性质递变规律

在同一周期中，各元素的原子核外电子层数虽然相同，但从左到右，核电荷数依次增多，原子半径逐渐减小，失电子能力逐渐减弱，得电子能力逐渐增强。这可以从元素的单质跟水或酸起反应置换氢的难易，元素氧化物的水化物（间接或直接生成）——氢氧化物的碱性强弱等来判断元素金属性的强弱。从元素最高价氧化物对应的水化物——含氧酸的酸性强弱，或从跟氢气生成气态氢化物的难易程度，来判断元素非金属性的强弱。

递变规律为：

（1）从左到右金属性逐渐减弱，非金属性逐渐增强。

（2）从左到右最高价氧化物对应的水化物的碱性逐渐减弱，酸性逐渐增强。

（3）从左到右气态氢化物的稳定性逐渐增强。

3. 同一主族各元素性质递变规律

在同一主族的元素中，由于从上到下电子层数增多，原子半径增大，原子核对最外层电子的引力逐渐减弱，原子失电子能力逐渐增强，得电子能力逐渐减弱。可以得到如下结论：

（1）从上到下金属性逐渐增强，非金属性逐渐减弱。同族元素具有相同的化合价。

（2）从上到下最高价氧化物对应的水化物组成相同，性质相似，碱性逐渐增强，酸性逐渐减弱。

（3）从上到下气态氢化物分子式相同，性质相似，稳定性逐渐减弱。

4. 原子结构和化合价的关系

（1）价电子：元素原子参与形成化学键的电子，叫价电子。主族元素原子的最外层电子为价电子。副族元素的化合价与它们的原子的次外层或倒数第三层的部分电子有关，这部分电子也叫价电子。

（2）化合价：主族元素的最高正化合价数等于它所在族的序数。

$$最高正化合价数 = 族的序数 = 价电子数$$

非金属元素的最高正化合价和它的负化合价绝对值的和等于8，即非金属元素的负化合价，等于原子最外层达到8个电子稳定结构所需得到的电子数。

副族和第Ⅷ族元素的化合价比较复杂。一般来说，它们失去电子的最大数目与其族的序数相当。

5. 元素的性质、结构及位置的关系

根据元素在周期表中的位置,可以推断该元素的原子的结构、电子层数和最外层电子数及其主要性质(如元素金属性或非金属性以及强弱情况、化合价、最高价氧化物对应的水化物的酸碱性、气态氢化物的稳定性以及它们的水溶液的酸碱性等)。

【例题选解】

例 1 某元素 R 的最高价氧化物可表示为 R_2O_5,其气态氢化物中 R 占 82.35%,R 的原子核内有 7 个中子。试判断 R 是什么元素,指出它在元素周期表中的位置。

【解析】 由分子式 R_2O_5 可知 R 的最高正化合价为 +5 价,等于其所在的主族序数。那 R 为第ⅤA族的非金属元素。根据非金属元素的最高正化合价和其负化合价的绝对值的和等于 8,可求出 R 的负化合价为 −3 价。因此,其气态氢化物的化学式为 RH_3。

设 R 的相对原子质量为 M,依题意,有

$$\frac{M}{M+1\times 3}\times 100\% = 82.35\%$$

解得 $M=14$。

已知 R 原子核内有 7 个中子,由以上条件可求知质子数为 7,其原子结构示意图为 (+7)2 5,即 R 是第二周期第ⅤA族的氮元素。

例 2 判断下列递变规律叙述是否正确。

(1) O、S、Na、K 原子半径依次增大。

(2) Na、Mg、Al、Si 还原性依次增强。

(3) HF、HCl、H_2S、PH_3 稳定性依次增强。

(4) $Al(OH)_3$、$Mg(OH)_2$、NaOH 碱性依次减弱。

(5) H_4SiO_4、H_3PO_4、H_2SO_4、$HClO_4$ 的酸性依次增强。

【解析】 (1)对。原子半径大小的比较有如下规律:同主族元素从上到下,原子半径逐渐增大,因为 O 和 S 同属于第ⅥA族元素,K 和 Na 同属于第ⅠA族元素,所以 $r_S > r_O$,$r_K > r_{Na}$。同周期元素从左到右原子半径逐渐减小(稀有气体元素除外),Na 和 S 属于同周期元素,所以 $r_{Na} > r_S$。

(2)错。Na、Mg、Al、Si 为同周期元素,同周期元素从左到右,元素的金属性逐渐减弱,即失电子的能力逐渐减弱,还原性依次减弱。

(3)错。气态氢化物的稳定性决定于非金属性的强弱,非金属性越强,气态氢化物越稳定。同主族元素从上到下,非金属性依次减弱,非金属性 F > Cl;同周期元素,从左到右非金属性依次增强,非金属性 P < S < Cl。因此,HF、HCl、H_2S、PH_3 的稳定性应该是依次减弱。

(4)错。金属性越强,最高价氧化物对应的水化物的碱性也就越强。同周期从左到右,金属性依次减弱。因为 Na、Mg、Al 属于同周期,金属性 Na > Mg > Al,所以碱性 NaOH > $Mg(OH)_2$ > $Al(OH)_3$。

(5)对。非金属性越强,最高价氧化物对应的水化物酸性越强。同周期元素从左到右,非金属性依次增强,因为非金属性 Si < P < S < Cl,所以酸性 H_4SiO_4 < H_3PO_4 < H_2SO_4 < $HClO_4$。

习题 2-2

一、填空题

1. 元素的性质随着元素 ① _____ 递增而呈 ② _____ 的变化。这个规律叫作 ③ _____。

2. 元素性质周期性变化是 _____ 呈现周期性变化的必然结果。

3. 元素周期表有 ① _____ 个横行,也就是 ② _____ 个周期。我们把含有元素较少的第一、二、三周期叫 ③ _____;把含有元素较多的第四、五、六周期叫 ④ _____;把第七周期叫 ⑤ _____。

4. 在周期表中,同一周期的元素,在原子结构上的共同点是 ① _____,同一主族元素的原子结构共同点是 ② _____。

5. 同一周期元素从左到右金属性 ① _____,非金属性 ② _____,这是因为 ③ _____,同主族元素从上到下金属性 ④ _____,非金属性 ⑤ _____,这是因为 ⑥ _____。

6. 请绘出具有下列核电荷数的元素的原子结构示意图,注明元素的名称和符号。

   +8　　　　+19　　　　+16　　　　+11　　　　+15
   ① _____　② _____　③ _____　④ _____　⑤ _____

   其中金属性最强的元素是 ⑥ _____,非金属性最强的元素是 ⑦ _____,生成的气态氢化物最稳定的元素是 ⑧ _____。

7. 主族元素 R 的最高价氧化物化学式为 RO_3,则它位于元素周期表的第 ① _____ 族,它的气态氢化物化学式为 ② _____。

8. X 元素原子的 M 层比 K 层少一个电子,Y 元素原子的 L 层比 M 层多 2 个电子,它们形成稳定化合物的化学式是 _____。

二、选择题

1. 下列各组中的元素,按金属性逐渐增强的顺序排列的是( )。
   A. Na、K、Li　　　B. Li、Na、K　　　C. Na、Mg、Al　　　D. Al、K、Ca

2. 通常情况下,下列单质的还原性最强的是( )。
   A. Li　　　B. Mg　　　C. Al　　　D. Na

3. 下列离子化合物中,阴、阳离子的电子层结构相同的是( )。
   A. NaCl　　　B. MgO　　　C. LiCl　　　D. Na_2S

4. 有 A、B 两种元素,A 元素原子的最外层有 6 个电子,B 元素原子的最外层有 3 个电子,它们所形成的化合物的化学式可能是( )。
   A. B_2A_3　　　B. B_3A_2　　　C. A_4B_5　　　D. B_4A_5

5. 下列性质的递变性正确的是( )。
   A. C、F、Mg 的原子半径依次增大
   B. HCl、HBr、HI 的还原性依次减弱
   C. LiOH、NaOH、KOH 的碱性依次增强
   D. H_2SiO_3、H_3PO_4、H_2SO_4 的酸性依次减弱
   E. Cl_2、Br_2、I_2 的氧化性依次增强

6. A、B 两元素同周期,B 与 C 元素同主族。它们的原子核外电子数之和为 42,则按 A、B、C 的顺序依次是( )。

A. Na、K、Mg B. Cl、S、F C. Mg、Na、K D. S、Cl、F

【参考答案】

一、1. ①原子序数；②周期性；③元素周期律

2. 元素原子核外电子排布

3. ①7；②7；③短周期；④长周期；⑤不完全周期

4. ①电子层数相同；②最外层电子数相同

5. ①减弱；②增强；③核电荷数增加,原子半径减小,得电子能力增强,失电子能力减弱；④增强；⑤减弱；⑥原子半径增大,失电子能力增强,得电子能力减弱

6. ① +8 2 6,氧,O；② +19 2 8 8 1,钾,K；③ +16 2 8 6,硫,S；④ +11 2 8 1,钠,Na；⑤ +15 2 8 5,磷,P；⑥K；⑦O；⑧O

7. ①ⅥA；②H₂R

8. Na₂S

二、1. B 2. D 3. B 4. A 5. C 6. CD

【难题解析】

一、7. 考查对元素周期表的熟悉程度。

从化学式 RO₃ 可知元素 R 的最高价态为 +6,因此 R 位于ⅥA,它的气态氢化物化学式为 H₂R。

二、4. 考查原子最外层电子的得失及排布规律。

根据最外层 8 电子稳定结构,A 元素原子最外层有 6 个电子,说明 A 元素原子最多可以失去 6 个电子,最多可以获得 2 个电子,A 元素的最高价态为 +6,最低价态为 −2；B 元素原子最外层有 3 个电子,说明 B 元素原子最多可以失去 3 个电子,最多可以获得 5 个电子,B 元素的最高价态为 +3,最低价态为 −5；由以上可推断出 A 元素和 B 元素所形成的化合物的化学式可能为 A₅B₆ 或 B₂A₃。因此选 A。

第三节 化学键和分子结构

一、化学键

(一) 定义

相邻的两个或多个原子之间强烈的相互作用,叫作化学键。

(二) 化学键的主要类型

1. 离子键

(1) 定义:由阴阳离子间通过静电作用所形成的化学键叫作离子键。活泼金属与活泼非金属化合时,一般形成离子键。离子化合物中都有离子键。

（2）离子键形成的过程，用电子式表示为

$$Na\times + \cdot \ddot{\underset{..}{Cl}}: \longrightarrow Na^+[\overset{..}{\underset{..}{\times}}\overset{}{Cl}:]^-$$

$$:\ddot{Br}\cdot + \times Mg\times + \cdot \ddot{Br}: \longrightarrow [:\ddot{Br}\overset{..}{\times}]^- Mg^{2+}[\overset{..}{\times}\ddot{Br}:]^-$$

（3）离子的半径：阳离子的半径比相应原子的原子半径小，阴离子半径比相应原子的原子半径大，电子层结构相同（层数和各层电子数都相同）的离子，核电荷数越大，半径越小。

2. 共价键

（1）定义：原子间通过共用电子对所形成的化学键，叫作共价键。除稀有气体外的非金属单质、共价化合物、复杂离子（如 NH_4^+、OH^-、SO_4^{2-} 等）都含有共价键。

（2）共价键形成的过程，用电子式表示为：

$$H\cdot + \cdot H \longrightarrow H:H$$

$$H\times + \cdot \ddot{\underset{..}{Cl}}: \longrightarrow H\overset{..}{\times}\overset{}{Cl}:$$

（3）表示共价键性质的物理量

①键能：在 101325Pa 和 298K 时，将 1mol 理想气体分子 AB 拆开为中性原子 A 和 B 时，所需要的能量（单位为千焦/摩（kJ/mol））。键能越大，化学键越牢固，含有该键的分子就越稳定。

②键长：在分子中，两个成键的原子的核间距离叫作键长。一般来说，两个原子之间所形成的键越短，键就越强、越牢固。

③键角：在分子中键和键之间的夹角叫作键角。

（4）配位键：是一类特殊的共价键。共用电子对是由一个原子单方面提供而跟另一个原子共用的共价键。

二、非极性分子和极性分子

（一）非极性键和极性键

1. 非极性键：由同种元素原子形成的共价键，共用电子对不偏向任何一个原子，成键的原子都不显电性，这样的共价键叫作非极性共价键，简称非极性键。

2. 极性键：由不同种元素的原子形成的共价键，共用电子对偏向吸引电子能力强的原子一方，因而吸引电子能力较强的原子就带部分负电荷，吸引电子能力较弱的原子就带部分正电荷，这样的共价键叫作极性共价键，简称极性键。

（二）非极性分子和极性分子

1. 非极性分子：从整个分子看，分子里电荷分布是对称的，正负电荷的"重心"重合，这样的分子叫作非极性分子。

说明：①以非极性键结合而成的双原子分子是非极性分子，如 H_2、O_2、Cl_2 等。②以极性键结合的多原子分子，如果分子的正负电荷"重心"重合，整个分子就不显极性，这样的分子也是非极性分子，如 CH_4、CO_2 等。

2. 极性分子：整个分子的电荷分布不对称，正负电荷"重心"不重合，这样的分子叫作极性分子。

说明：①以极性键结合的双原子分子是极性分子，如 HCl、CO 等。

②以极性键结合的多原子分子,如果分子的电荷分布不对称,这种分子是极性分子,如 H_2O、NH_3、$CHCl_3$ 等。

$$\text{分子}\begin{cases}\text{由极性键构成}\begin{cases}\text{双原子分子——极性分子(如 HCl、CO)}\\\text{多原子分子}\begin{cases}\text{各键方向不对称——极性分子(如 }H_2O\text{、}NH_3\text{ 等)}\\\text{各键方向完全对称——非极性分子(如 }CO_2\text{、}CH_4\text{ 等)}\end{cases}\end{cases}\\\text{由非极性键构成——非极性分子(如 }O_2\text{、}N_2\text{、}H_2\text{ 等)}\end{cases}$$

三、分子间作用力、氢键

(一) 分子间作用力

相邻分子间存在一种把分子聚集在一起的作用力,叫分子间作用力。

分子间作用力比化学键弱得多,它主要影响物质的熔点、沸点、溶解度等物理性质。而化学键主要影响物质的化学性质。

分子间作用力存在于由共价键形成的多数化合物分子之间和绝大多数气态非金属单质分子之间。但像二氧化硅、金刚石等由共价键形成的物质微粒之间不存在分子间作用力。

一般来说,对于组成和结构相似的物质,相对分子质量越大,分子间作用力越大,物质的熔点、沸点越高。例如熔、沸点:$I_2 > Br_2 > Cl_2 > F_2$。

(二) 氢键

已经与电负性很大的原子(F、O、N)形成共价键的氢原子与另一个电负性很大的原子(F、O、N)之间的作用力,叫氢键。氢键比一般分子间作用力强得多,但比化学键弱很多。

氢键会使物质的熔点、沸点显著升高。如 H_2O 的熔点沸点远远高于 H_2S。

【例题选解】

例1 下列各组物质中,化学键类型相同的是( )。

A. HI 和 NaI   B. H_2S 和 CO_2

C. Cl_2 和 CCl_4 D. F_2 和 NaBr

【解析】 对于 A:由于 H 原子和 I 原子通过共用电子对形成共价键,且 I 原子吸引电子的能力比 H 原子强,共用电子对偏向 I 原子一方,因此 H—I 为极性共价键。而金属原子 Na 与非金属原子 I 结合时,Na 原子失去一个电子,变成 Na^+,I 原子得到一个电子变成 I^-,Na^+ 和 I^- 通过静电作用形成离子键,因此二者键型不同。

对于 B:H_2S 和 CO_2 的分子形成过程可用下列电子式表示:

$$H\times + \overset{..}{\underset{..}{S}} + \times H \longrightarrow H\overset{..}{\underset{..}{\overset{\times}{S}\overset{\times}{}}}H$$

$$:\overset{..}{\underset{..}{O}}: + \overset{\times}{\underset{\times}{C}}\overset{\times}{\underset{\times}{}} + :\overset{..}{\underset{..}{O}}: \longrightarrow \overset{..}{\underset{..}{O}}:\overset{\times}{\underset{\times}{C}}\overset{\times}{\underset{\times}{}}:\overset{..}{\underset{..}{O}}$$

即它们的键型相同,都是极性共价键。

对于 C:Cl—Cl 是非极性共价键,C—Cl 是极性共价键,所以它们的键型不相同。

对于 D:F—F 是非极性共价键,Na 与 Br 之间是离子键,所以它们的键型也不相同。

【答案】 B

例2 下列各组物质中,都是由极性键构成为极性分子的一组是( )。

A. H_2S 和 CCl_4 B. CO_2 和 HCl

C. CH_4 和 Br_2 D. NH_3 和 H_2O

【解析】 从整个分子看,分子里电荷分布是对称的,则这样的分子为非极性分子。若整个分子的电荷分布不对称,则这样的分子为极性分子。也就是说分子的极性与原子间形成的化学键及分子空间构型都有关系。CCl_4 中的 C—Cl 键,CH_4 中的 C—H 键均为极性键,但它们的分子空间构型均为正四面体型,是完全对称的,所以 CCl_4 和 CH_4 均为极性键非极性分子。CO_2 中的 C—O 键也为极性键,其分子空间构型为直线型,故其分子中正、负电荷的分布是对称的,分子极性抵消,也为极性键非极性分子。D 中的 NH_3 中 N—H 键为极性键,而分子构型为三角锥形,三个 N—H 键为不对称排列;H_2O 中 H—O 键也为极性键,分子构型为折线型,为不对称排列。所以它们均符合题意。分子的空间构型是通过实验测定出的,我们只需要记住上述几个物质的空间构型。

【答案】 D

例3 下列物质中既含有离子键,又含有极性共价键的是( )。

A. Na_2O_2 B. $BaCl_2$ C. H_2SO_4 D. KOH

【解析】 (1)含有离子键的物质必是离子化合物。离子化合物有强碱类物质、盐类、活泼金属的氧化物和过氧化物。

应该注意的是,强酸如 HCl、H_2SO_4 等,虽然在溶液中能全部电离成离子,但它们却是共价化合物,分子中没有离子键。

(2) A 选项 Na_2O_2 既含有离子键,又含有非极性共价键。Na^+ 与 O_2^{2-} 之间是离子键,O_2^{2-} 中两个氧原子间的化学键是非极性共价键。

B 选项 $BaCl_2$ 是不含氧酸盐,只有离子键,没有共价键。

C 选项没有离子键。

D 选项 NaOH,Na^+ 与 OH^- 之间的化学键是离子键,OH^- 中氧原子与氢原子间的共价键是不同原子间的共价键,即极性共价键。

【答案】 D

习题 2–3

1. 下列微粒中,半径最大的是(   )。

   A. Al^{3+} B. Mg^{2+} C. S^{2-} D. S

2. 有 a、b、c、d 四种主族元素。a、b 元素的阳离子和 c、d 元素的阴离子都具有相同的电子层结构,且 a 的阳离子半径大于 b 的阳离子半径。c 的阴离子所带的负电荷多于 d 的阴离子所带的负电荷。则它们的原子序数由大到小的顺序是(   )。

   A. a > b > c > d   B. c > b > a > d
   C. b > a > d > c   D. b > a > c > d

3. 下列关于 $^{42}_{20}Ca$ 的叙述中错误的是(   )。

   A. 中子数为 20   B. 质子数为 20   C. 电子数为 20   D. 质量数为 42

4. 下列物质中含有共价键的离子晶体是(　　)。

　　A. Cl_2　　　　　　B. H_2S　　　　　　C. $MgCl_2$　　　　　　D. $NaNO_3$

5. 下列叙述不正确的是(　　)。

　　A. 离子化合物中可能有极性键

　　B. 在共价化合物中不可能存在离子键

　　C. 在共价化合物中不可能存在极性键

　　D. 常温常压下的气态物质一定含有共价键

6. 在下列含氧酸中酸性最弱的是(　　)。

　　A. H_3PO_4　　　　B. H_4SiO_4　　　　C. $HClO_4$　　　　D. H_2SO_4

7. 同时含有离子键、共价键、配位键的化合物是(　　)。

　　A. H_2O_2　　　　　B. H_2S　　　　　　C. NH_4Cl　　　　　D. $NaOH$

8. 下列各组微粒中,还原性依次增强的是(　　)。

　　A. I_2、Br_2、Cl_2　　B. Na、Mg、Al　　C. Li、Na、K　　D. P、S、Cl

9. 同周期的 X、Y、Z 三种元素,已知最高价氧化物的水化物酸性由强到弱的顺序是:HXO_4 > H_2YO_4 > H_3ZO_4,下列判断正确的是(　　)。

　　A. 原子半径 X > Y > Z

　　B. 非金属性 X > Y > Z

　　C. 气态氢化物的稳定性按 X、Y、Z 的顺序由弱到强

　　D. 阴离子的还原性依 X、Y、Z 的顺序由强到弱

10. 下列各物质中,化学键类型相同的是(　　)。

　　A. NH_4Cl 和 HCl　　　　　　　　B. H_2 和 SO_2

　　C. CO_2 和 H_2S　　　　　　　　D. $NaCl$ 和 HF

【参考答案】

1. C　2. C　3. A　4. D　5. CD　6. B　7. C　8. C　9. B　10. C

【难题解析】

2. 考查微粒半径的递变规律。

同一主族,从上到下原子、离子半径依次增大;阳离子的半径比相应原子半径小(如 Na^+ < Na);阴离子的半径比相应原子半径大(如 S^{2-} > S);电子层结构相同(层数和各层电子数都相同)的离子,原子序数越大,半径越小(如 S^{2-} > Cl^- > K^+)。选 C。

8. 考查元素周期律。

A. Cl_2、Br_2、I_2 属同一主族,从上到下元素的氧化性依次减弱,还原性依次增强;

B. Na、Mg、Al 属同一周期,从左至右元素的氧化性依次增强,还原性依次减弱;

C. Li、Na、K 属同一主族,随着原子半径的增大,越容易失去电子,因此还原性依次增强;

D. P、S、Cl 属同一周期,从左至右元素的氧化性依次增强,还原性依次减弱。

本题选 C。

典型例题

例题 1　设某元素的原子核内的质子数为 m,中子数为 n,则下列说法正确的是(　　)。

A. 不能由此确定该元素的相对原子质量
B. 这种元素的相对原子质量为 $m+n$
C. 若碳原子质量为 W g,此原子的质量为 $(m+n)W$ g
D. 核内中子的总质量小于质子的总质量

【分析】 $m+n$ 是这种元素原子的质量数。碳原子的质量为 W g。则此元素原子的质量为 $\frac{m+n}{12} \times W$ g,因 m 和 n 为不确定值,中子总质量与质子总质量也无法确定。故应选 A。

【答案】 A

例题 2 下列微粒中与 NH_4^+ 的质子数和电子数都相等的是( )。

A. H_3O^+ B. Na C. Na^+ D. HF

【分析】 NH_4^+ 具有 11 个质子、10 个电子,带有一个正电荷。故 B、D 选项可被排除。A 选项和 C 选项都有 11 个质子、10 个电子。

【答案】 AC

例题 3 与 OH^- 具有相同质子数和电子数的微粒是( )。

A. F^- B. Cl^- C. NH_3 D. NH_2^-

【分析】 质子数即核电荷数,它是元素的基本属性。氧元素的质子数为 8,电子数等于质子数也为 8;氢元素的质子数和电子数都为 1,即 OH^- 的质子数应为 $8+1=9$。因 OH^- 本身带 1 个单位的负电荷,因此 OH^- 的电子数应为 10。只要在备选答案中找出质子数为 9,电子数为 10 的微粒即可。

A 选项中,氟为 9 号元素,质子数为 9,F^- 带一个单位负电荷,故 F^- 的电子数为 10。

B 选项中,氯元素为 17 号元素,质子数为 17,故错误。

C 选项中,NH_3 的质子数为 N 的质子数与 3 个 H 的质子数之和,为 $7+3=10$,故 NH_3 的质子数和电子数均为 10。

D 选项中,NH_2^- 的质子数为 9,NH_2^- 带 1 个负电荷,故 NH_2^- 的电子数为 10。

【答案】 AD

例题 4 有 4 种元素 A、B、C、D,其质子数分别是 x、y、z、m,已知 B、C、D 为同周期元素,其中 B 原子的 M 电子层比 L 电子层电子数少 1 个,D 的 +1 价阳离子的电子层结构与 Ne 原子相同;又知 $x+y+z+m=49$,且 A 原子的质子数与中子数相等,A 原子的质量数与 C 原子的质子数相等,则 A、B、C、D 各为何元素?

【分析】 此题从电子层结构推断元素。Ne 原子在第二周期,D 的 +1 价阳离子的电子层结构与 Ne 相同,可推知 D 为 Na 元素;B 原子的 M 层比 L 层少 1 个,可推知 B 的原子序数为 17,该元素为 Cl;设 A 的质子数为 x,则 C 的质子数为 $2x$,即 $11+17+x+2x=49$,解得 $x=7$,则 A 为 N 元素,C 为 Si 元素。

【答案】 A 为 N;B 为 Cl;C 为 Si;D 为 Na

例题 5 有 A、B、C、D、E 五种元素,A、B、C 为依次(从上到下)相邻的三个周期元素,D、B、E 为依次(从左到右)相邻的主族元素(如右图所示),又知这五种元素原子核所带电荷数总数为 95,则其中 B 元素为( )。

	A	
D	B	E
	C	

A. Na B. S C. P D. Cl

【分析】 选项全是第三周期元素,可知各种元素的分布情况如右图所示。

设 B 原子核电荷数为 x,则 A 为:$x-8$;C 为 $x+18$;D 为 $x-1$;E 为 $x+1$。根据已知:五种元素原子核所带核电荷数总数为 95,则有

$$x+x-8+x+18+x-1+x+1=95$$

解得 $x=17$,B 元素为 Cl。

【答案】 D

例题 6 元素 X、Y、Z 均为短周期元素,且原子序数依次增大。在一定条件下,X 能跟 Y 化合,生成无色无味的气态物质 XY_2。0.1mol Z 的单质跟足量盐酸反应,生成 2.24L(标准状况下)氢气。则 XY_2 的化学式为_____,Y 的原子结构示意图为_____,Z 的元素符号是_____。

【分析】 (1)X、Y 为短周期元素,能相互化合生成无色无味的气态物质 XY_2。首先考虑符合 XY_2 形式的气体只有 CO_2、SO_2 和 NO_2。其中,NO_2 有色又有味,SO_2 无色但有刺激性气味,只有 CO_2 无色无味,所以 X 为 C 元素,Y 为 O 元素。

(2)Z 的单质与盐酸反应,可生成氢气,所以 Z 必是金属元素。用 M 表示该金属,并设其化合价为 x,可写出 Z 与盐酸反应的化学方程式:

$$M + xHCl = MCl_x + \frac{x}{2}H_2\uparrow$$

  1mol $\frac{x}{2}\times 22.4L$

  0.1mol   2.24L

$$\frac{1mol}{0.1mol}=\frac{\frac{x}{2}\times 22.4L}{2.24L} \quad\quad x=2$$

该金属为 C、O 元素之后的短周期元素,所以只能是 Mg。

【答案】 CO_2;(+8) 2 6;Mg

例题 7 下列关于化学键的叙述中正确的是( )。

A. 离子化合物中可能含有共价键   B. 共价化合物中可能含有离子键
C. 离子化合物中只含有离子键   D. 共价化合物中只含有非极性键

【分析】 本题主要考查考生对化学键(共价键、离子键)、共价化合物、离子化合物的概念和它们之间的内在联系的理解。

由阴阳离子通过离子键而结合生成的化合物为离子化合物。离子化合物中的离子可以为简单离子,如 Mg^{2+}、Na^+、Cl^-、S^{2-};也可以为带电的原子团,如 CO_3^{2-}、SO_4^{2-}、NO_3^-、NH_4^+,而这些原子团中都含有共价键,因此 A 选项正确,C 选项错误。

含有离子键的化合物一定是离子化合物,不可能是共价化合物。而共价化合物中含有共价键,有些共价化合物中同时含有极性键和非极性键。因此 B、D 选项均错误。

【答案】 A

强化训练

一、选择题

1. 原子序数 11~17 号的元素,随核电荷数的递增而逐渐变小的是_____。

A. 电子层数　　　　B. 最外层电子数　　　C. 原子半径　　　D. 元素最高化合价

2. 下列粒子中,其质子数和电子数都跟 HS^- 离子相同的是_____。
A. K^+　　　　　B. S^{2-}　　　　　C. Cl^-　　　　　D. Ar

3. 下列各组微粒中,氧化性由弱到强、粒子半径由大到小排列的一组是(　　)
A. C、N、O、F　　B. F、Cl、Br、I　　C. Li、Na、K、Ca　　D. N、P、S、Cl

4. 已知元素的原子序数,可推断元素原子的_____。
①质子数　②中子数　③质量数　④核电荷数　⑤核外电子数
A. ①②③　　　　B. ①④⑤　　　　C. ②③④　　　　D. ③④⑤

5. 同周期 a、b、c 三种元素的阴离子具有相同的电子层结构,且它们的原子序数依次增大。则 a、b、c 三种元素的阴离子半径按依次增大的顺序排列的是_____。
A. a、b、c　　　　B. c、b、a　　　　C. c、a、b　　　　D. b、a、c

6. 下列各组中的元素,按金属性逐渐减弱的顺序排列的是_____。
A. Na、K、Mg　　B. Na、Mg、Al　　C. Li、Na、K　　D. Na、K、Ca

7. 下列关于物质性质变化的比较顺序错误的是(　　)
A. 酸性:HF > HCl > HBr　　　　　B. 金属性:K > Na > Li
C. 原子半径:F < Cl < Br　　　　　D. 氧化性:Br < Cl < F

8. 下列各组物质中,都能与稀盐酸反应并且前者反应程度比后者反应程度剧烈的一组是_____。
A. Fe 和 Cu　　　B. Mg 和 Ag　　　C. Mg 和 Al　　　D. MgO 和 Na_2O

9. 下列各组元素性质递变情况描述错误的是_____。
A. Li、Be、B 原子最外层电子数依次增多
B. P、S、Cl 元素最高正化合价依次升高
C. B、C、N、O、F 原子半径依次增大
D. Li、Na、K、Rb 的金属性依次增强

10. 氯的原子序数为17,^{35}Cl 是氯的一种原子,下列说法正确的是_____。
A. ^{35}Cl 原子所含质子数为18
B. $1/18$ mol $^1H^{35}Cl$ 分子所含中子数约为 6.02×10^{23}
C. 气体 $^{35}Cl_2$ 的摩尔质量为70
D. 3.5g 的气体 $^{35}Cl_2$ 的体积为2.24L

11. 19 世纪中叶,门捷列夫的突出贡献是_____。
A. 提出原子学说　　B. 发现元素周期律　　C. 提出分子学说　　D. 发现氧气

12. 某元素原子最外层电子层上只有两个电子,该元素_____。
A. 一定是金属元素　　　　　　　　B. 一定是ⅡA族元素
C. 一定是过渡元素　　　　　　　　D. 可能是金属也可能不是金属

13. 甲、乙是元素周期表中同一主族的两种元素,若甲的原子序数为 x,则乙的原子序数不可能是_____。
A. $x+2$　　　　B. $x+4$　　　　C. $x+8$　　　　D. $x+18$

14. 某元素最高价氧化物对应水化物的化学式是 H_2RO_3,这种元素的气态氢化物的化学式为_____。

A. HR B. H_2R C. RH_3 D. RH_4

15. 下列说法中,正确的是_____。
   A. 在周期表里,主族元素所在的族序数等于原子核外电子数
   B. 在周期表里,元素所在的周期数等于原子核外电子层数
   C. 最外层电子数为 8 的粒子是稀有气体元素的原子
   D. 最外层电子数为 1 的原子都为金属元素的原子

16. 元素 X 的最高价氧化物的化学式为 XO_3,且 X 的气态氢化物中氢元素与 X 元素的质量比为 1∶16,此元素为_____。
   A. S B. N C. P D. Si

17. 短周期元素 X、Y、Z 的原子序数依次增大,X、Y 同周期,X、Z 同主族,X 的最高价态为 +5,Y 的最低价态为 -2,Z 原子具有三个电子层,其最外层电子数为 3。则下列说法正确的是( )
   A. X 可能是 C 元素
   B. Y 可能是 N 元素
   C. X 和 Y 可形成 X_2Y_5 型化合物
   D. Y 和 Z 可形成 ZY_4^- 型阴离子

18. 电子层数相同的三种元素 X、Y、Z,已知最高价氧化物对应水化物的酸性:$HXO_4 > H_2YO_4 > H_3ZO_4$,则下列判断错误的是( )。
   A. 原子半径 X > Y > Z
   B. 气态氢化物稳定性 HX > H_2Y > ZH_3
   C. 非金属性 X > Y > Z
   D. 气态氢化物还原性 HX < H_2Y < ZH_3

19. 下列符号中,既表示一个原子,又表示一种元素,还表示一种物质的是_____。
   A. C_{60} B. 2H C. $2N_2$ D. Fe

20. 一种元素与另一种元素的本质区别是_____。
   A. 原子质量不同
   B. 中子数不同
   C. 质子数不同
   D. 核外电子不同

21. 与元素的化学性质关系最密切的是_____。
   A. 核内质子数 B. 核外电子数 C. 电子层数 D. 最外层电子数

22. 下列所表示的元素最高价氧化物或气态氢化物的分子式正确的_____。
   A. H_2S B. SO_2 C. P_2O_3 D. H_2O

23. 元素性质呈周期性变化的根本原因是_____。
   A. 核外电子排布呈周期性变化
   B. 元素的相对原子质量逐渐增大
   C. 核电荷数逐渐增大
   D. 元素化合价呈周期性变化

24. 某元素的最高价含氧酸的阴离子符号是 RO_3^-,则该元素的气态氢化物的化学式是_____。
   A. HR B. H_2R C. RH_3 D. 不能确定

25. 下列各组微粒半径大小比较,前者小于后者的是_____。
   A. Mg—Na B. S^{2-}—S C. Mg—N D. Al—Al^{3+}

26. 在元素周期表中前四周期的五种元素的位置关系如右图所示,若 B 元素的核电荷数为 Z,则五种元素的核电荷数之和可能为_____。

A. $5Z$

B. $5Z+10$

C. $5Z+1$

D. $5Z+8$

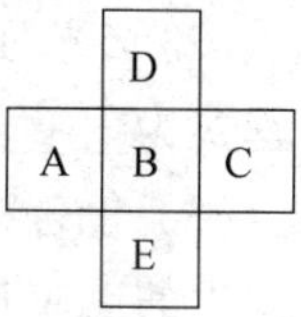

27. 按 C、N、O、F 的顺序,其性质表现为递减的是_____。

A. 最外层电子数　　　　　　B. 原子半径

C. 非金属性　　　　　　　　D. 单质的氧化性

28. 下列说法不正确的是_____。

A. HCl 只具有氧化性,而无还原性

B. KI 中的碘元素只具有还原性,而无氧化性

C. Cl_2 与 NaOH 溶液反应时,前者既是氧化剂又是还原剂

D. F_2 和 H_2O 的反应中,F_2 只作氧化剂

29. 某元素原子的最外层电子数与其电子层数相同,该元素的单质与其和酸反应放出的氢气的物质的量之比为 2∶3,则该元素是_____。

A. Na　　　　B. Mg　　　　C. Al　　　　D. K

30. 在人体所需的十多种微量元素中,有一种称为生命元素的 R 元素,对延长人类寿命起着重要作用。已知 R 元素的原子有四个电子层,其最高价氧化物的分子式为 RO_3,则 R 元素的名称是_____。

A. 硫　　　　B. 砷　　　　C. 硒　　　　D. 硅

二、填空题

1. A、B、C、D 四种元素的核电荷数依次增加,它们离子的电子层数相同,且最外层电子数均为 8。A 原子的 L 层电子数与 K、M 层电子数之和相等,D 原子的 K、L 层电子数之和等于电子总数的一半。回答以下问题:

(1) 四元素的符号依次是 A_____、B_____、C_____、D_____。

(2) 写出最高价氧化物对应水化物的化学式_____、_____、_____、_____;分别比较酸性和碱性的强弱_____。

(3) 写出气态氢化物的化学式_____、_____;比较其稳定性_____。

2. 现有 A、B、X、Y、Z 五种短周期元素,原子序数依次增大。它们的性质或原子结构如下表:

元素	性质或原子结构
A	原子核内只有一个质子
B	单质是空气中含量最多的气体
X	原子的最外层电子数是次外层电子数的 3 倍
Y	短周期元素中原子半径最大的元素
Z	最高正化合价与最低负化合价的代数和为 6

请回答:

(1) X 元素在元素周期表中的位置是_____。

(2) Z 单质通入 Y 的最高价氧化物对应水化物的溶液中,可以得到漂白液,该反应的离子方程式为_____。

(3) 化合物甲由 A 和 B 两种元素组成且质量比为 3:14。甲与 X 单质在催化剂、高温条件下发生的反应是工业上制取硝酸的基础,写出该反应的化学方程式:_____。

3. A、B、C 三种短周期元素的原子具有相同的电子层数,而 B 的核电荷数比 A 大 1,C 的质子数比 B 多 3 个。1mol A 的单质与酸反应,能置换出 1g 氢,这时 A 转化为具有氖原子相同的电子层结构的离子。试问:A 是_____,B 是_____,C 是_____(用元素符号填写)。

4. 砷原子的最外层电子排布式是 $4s^24p^3$,在元素周期表中,砷元素位于_____周期_____族。

5. 元素 X 原子的最外层有 3 个电子,元素 Y 原子的最外层有 6 个电子,这两种元素形成的化合物的化学式可能是_____。

6. 某 +3 价金属阳离子,具有 28 个电子,其质量数为 70,那么它的核内中子数是_____。

7. 元素 X 和 Y 属于同一主族。负二价的元素 X 和氢的化合物在通常状况下是一种液体,其中 X 的质量分数为 88.9%;元素 X 和 Y 可以形成两种化合物。在这两种化合物中,X 的质量分数分别是 50% 和 60%。则:

(1) X、Y 两种元素分别是:_____,_____(写出元素符号)。

(2) X、Y 形成的两种化合物的化学式_____,_____。

(3) X、Y 形成的两种化合物中能使品红溶液褪色的是_____。

8. A、B、C、D、E、F 六种物质的转化关系如下图所示(反应条件和部分产物未标出)。

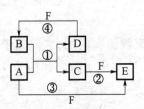

(1) 若 A 为短周期金属单质,D 为短周期非金属单质,且 A 元素的原子序数是 D 的 2 倍,D 元素的原子最外层电子数是 A 的 2 倍,F 的浓溶液与 A、D 反应都有红棕色气体生成,则 A 的原子结构示意图为_____,反应④的化学方程式为_____。

(2) 若 A 是常见的变价金属的单质,D、F 是气态单质,且反应①在水溶液中进行。反应② 也在水溶液中进行,其离子方程式是_____;已知光照条件下 D 与 F 反应生成 B,写出该反应的化学方程式:_____。

(3) 若 A、D、F 都是短周期非金属元素单质,且 A、D 所含元素同主族,A、F 所含元素同周期,则反应①的化学方程式为_____。

9. 有 A、B、C、D 四种短周期元素。A 元素的离子焰色反应呈黄色;B 元素正二价离子结构和 Ne 具有相同的电子层结构;5.8g B 的氢氧化物恰好能与 100mL、2mol/L 的盐酸完全中和。H_2 在 C 单质中燃烧产生苍白色火焰。D 原子的最外层电子数是次外层电子数的 3 倍。元素 C 的最高价氧化物形成的酸的化学式为_____;元素 A 与 D 形成的两种化合物的化学式分别为

_____和_____。

10. 已知 A、B、C 中均含有同一种元素,且 A、B、C、D 的转化关系如下图所示:

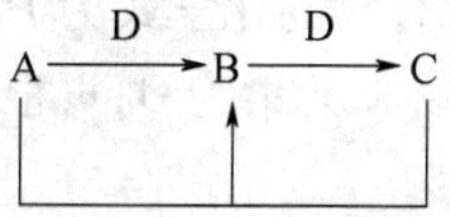

$$A \xrightarrow{D} B \xrightarrow{D} C$$

(1) D 为金属单质,且以上反应均为氧化还原反应,请写出检验 B 中阳离子的一种方法:_____。

(2) 若 A、B、C 为含金属元素的无机化合物,D 为强电解质,则 B 的化学式为_____,D 可能为(写出不同类物质名称)_____或_____,A 到 B 反应的离子方程式为_____或_____。

【强化训练参考答案】

一、选择题

1. C 2. C 3. A 4. B 5. B 6. B 7. A 8. C 9. C 10. B 11. B 12. D 13. B 14. D 15. B 16. A 17. B 18. B 19. D 20. C 21. D 22. A 23. A 24. C 25. A 26. B 27. B 28. A 29. C 30. C

二、填空题

1. (1) S;Cl;K;Ca。

(2) H_2SO_4、$HClO_4$、KOH、$Ca(OH)_2$;酸性 $HClO_4 > H_2SO_4$;碱性 KOH > $Ca(OH)_2$。

(3) H_2S;HCl;HCl > H_2S。

2. (1) 第 VI 主族第二周期。

(2) $Cl_2 + 2OH^- == ClO^- + Cl^- + H_2O$。

(3) $2NH_3 + 4O_2 \xrightarrow[\text{高温}]{\text{催化剂}} N_2O_5 + 3H_2O$。

3. Na;Mg;P

4. 四,五;

5. X_2Y_3;

6. 39;

7. O,S,SO_2,SO_3,SO_2

8. (1) 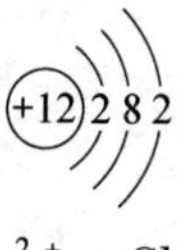 (+12)2 8 2;$C + 4HNO_3(浓) == CO_2\uparrow + 4NO_2\uparrow + 2H_2O$

(2) $2Fe^{2+} + Cl_2 == 2Fe^{3+} + 2Cl^-$;$H_2 + Cl_2 == 2HCl$

(3) $2C + SiO_2 == Si + 2CO\uparrow$

9. $HClO_4$;Na_2O;Na_2O_2

10. (1) 取少量待测液滴加少量硫氰化钾溶液,溶液呈红色;或取少量待测液滴加适量氢氧化钠溶液,产生红褐色沉淀。

(2) $Al(OH)_3$,氢氧化钠、盐酸,$Al^{3+} + 3OH^- == Al(OH)_3\downarrow$;$AlO_2^- + H_2O + H^+ == Al(OH)_3\downarrow$

【难题解析】

7. 考查质量分数的概念以及氧、硫元素的性质。

由题意可知，X 与氢元素形成的化合物的化学式为 H_2X，设元素 X 的相对原子质量为 x，则有 $x \div (2+x) = 0.889$，解得 $x=16$，所以 X 元素为 O，再根据题目已知条件解得 Y 元素的相对原子质量为 32，所以 Y 元素为 S。

第三章　化学反应速率和化学平衡

考试范围与要求

了解化学反应速率的概念；理解化学反应的可逆性；理解化学平衡建立的过程；掌握外界条件(浓度、温度、压强、催化剂等)对反应速率和化学平衡的影响。

第一节　化学反应速率

一、定义

化学反应速率是指各种化学反应进行的快慢程度。

二、化学反应速率的表示方法

化学反应的速率用单位时间(如每秒、每分或每小时等)内反应物或生成物的物质的量(摩尔)的变化来表示,通常用单位时间内反应物浓度的减小或生成物浓度的增大来表示。浓度的单位一般为摩尔/升,反应速率的单位就是摩尔/(升·分)或摩尔/(升·秒)等。

例如,假设在合成氨反应中:

$$N_2 + 3H_2 \rightleftharpoons 2NH_3$$

开始时浓度(摩尔/升)　　　2　　2　　0
2分钟后的浓度(摩尔/升)　1.6　0.8　0.8

则用 N_2 的浓度减量表示反应速率为

$$v_{N_2} = \frac{2-1.6}{2} = 0.2 [mol/(L \cdot min)]$$

用 H_2 的浓度减量表示反应速率为

$$v_{H_2} = \frac{2-0.8}{2} = 0.6 [mol/(L \cdot min)]$$

用 NH_3 的浓度增量表示反应速率为

$$v_{NH_3} = \frac{0.8}{2} = 0.4 [mol/(L \cdot min)]$$

说明:①对同一个化学反应的反应速率,若用不同物质的浓度变化来表示,则其数值可能是不同的。但速率比应等于化学方程式中各物质的系数比。如上例中:$0.2:0.6:0.4 = 1:3:2$。②反应速率都取正值。③用上述方法所求的速率是平均速率。

三、影响反应速率的条件

参加反应物质的性质是决定化学反应速率的主要因素。不同的化学反应,速率不同。对于同一个化学反应来说,它的反应速率还要受到许多外界条件的影响,如浓度、压强、温度和催化剂等。

1. 浓度对化学反应速率的影响

当其他条件不变时,增加反应物的浓度,可以增大反应的速率。

说明:这里反应物的浓度只包括气态反应物和溶液中的反应物的浓度,而不包括固体反应物或纯液态反应物。

2. 压强对化学反应速率的影响

对于气体反应来说,当温度一定时,增大压强,可以增大反应的速率;减小压强,可以使反应速率减小。

说明:压强的改变对固体、液体或溶液的体积影响很小,可以认为压强与它们的反应速率无关。

3. 温度对化学反应速率的影响

温度升高,化学反应速率一般要加快。

说明:经实验测定,温度每升高10℃,反应速率通常增大到原来的2～4倍。

4. 催化剂对化学反应速率的影响

催化剂能改变化学反应速率,而本身的质量和化学性质在化学反应前后都没有改变。

说明:①使用适当的催化剂,能提高或降低化学反应速率;②催化剂是同等程度地改变正、逆反应速率。

【例题选解】

例1 加快化学反应速率可以采取的方法是( )。

A. 减小压强　　　　　　　　B. 减小反应物浓度

C. 降低温度　　　　　　　　D. 升高温度

【解析】 升高温度、增大压强、增加反应物的浓度都可以加快反应速率。减小反应物的浓度,可以使化学平衡向逆反应方向移动,但不能增大反应速率。

【答案】 D

例2 对于反应 $N_2 + 3H_2 \rightleftharpoons 2NH_3$,若分别改变下列条件,对该反应的速率有什么影响?

(1)缩小体积,使压强增大。

(2)体积不变,加入8mol氦气,使压强增大。

【解析】 对于有气体参加的反应,在温度不变的条件下,改变体系的体积,体系的总压强就会发生改变,单位体积内气体的物质的量也随之改变,因此改变压强实质是改变了气体物质的浓度,则对该化学反应的速率有影响;若压强的改变不能使参加反应的气体物质的浓度发生改变,则对该化学反应速率无影响。

【答案】 (1)反应速率加快;(2)对反应速率无影响

第二节　化学平衡

一、化学平衡状态

（一）概念

化学平衡状态是指在一定条件下的可逆反应中，正反应和逆反应的速率相等，反应混合物中各组成成分的质量分数（或体积分数）保持不变的状态。

在可逆反应中，反应开始时，反应物的浓度大，正反应速率大。随着反应的进行，反应物的浓度逐渐减小，正反应速率就相应减小，生成物的浓度逐渐增大，逆反应速率相应增大。反应进行到一定程度时，正反应速率和逆反应速率相等，这时反应物和生成物的浓度不再发生变化，即达到化学平衡状态。

（二）化学平衡的特点

1. 化学平衡是动态平衡，即平衡时，正反应和逆反应的速率相等，但正、逆反应仍在进行，反应没有停止，$v_正$、$v_逆$ 都不等于零。
2. 平衡时，反应混合物中各组分的浓度保持不变，不随时间的变化而变化。
3. 化学平衡的建立与反应的途径无关，不管是从正反应开始或从逆反应开始。
4. 改变影响化学平衡的条件，原化学平衡被破坏，$v_正 \neq v_逆$。反应混合物中各组分的含量也随之发生改变，并在新的条件下建立新的平衡。这个过程叫作化学平衡的移动。

二、影响化学平衡的条件

（一）浓度对化学平衡的影响

在其他条件不变的情况下，增大反应物的浓度，或减小生成物的浓度，都可以使平衡向正反应的方向移动；增大生成物的浓度或减小反应物的浓度，都可以使平衡向逆反应的方向移动。

（二）压强对化学平衡的影响

在其他条件不变的情况下，增大压强，会使化学平衡向着气体体积缩小的方向移动；减小压强，会使平衡向着气体体积增大的方向移动。

说明：①在有些可逆反应里，反应前后气态物质的气体体积没有变化，如：$2HI(气) \rightleftharpoons H_2(气) + I_2(气)$，改变压强不能使平衡发生移动。

②固体物质或液态物质的体积，受压强的影响很小，可以略去不计。

（三）温度对化学平衡的影响

在其他条件不变的情况下，温度升高，会使化学平衡向着吸热反应的方向移动；温度降低会使化学平衡向着放热反应的方向移动。

浓度、压强、温度对化学平衡的影响可以概括成一个原理来表示，这就是勒沙特列原理（化学平衡移动原理）：如果改变影响化学平衡的一个条件（如浓度、压强或温度等），平衡就向能够减弱这种改变的方向移动。

由于催化剂能够同样地增大正反应和逆反应的速率，因此它对化学平衡的移动没有影响，也就是说它不能改变达到平衡状态的反应混合物的组成。但是使用了催化剂，就能够改变反应达到平衡所需的时间。

【例题选解】

例1 在某温度下,反应 $2A \rightleftharpoons B+C$ 达到平衡时,问:①若温度升高,C 的浓度减小,正反应是放热还是吸热反应?②若 A 为气态,增大压强,平衡不发生移动,则 B 和 C 是气态还是固态?③若 B 是气态,减小压强,B 的浓度变小,则 A、C 各是什么物态(固态或气态)?

【解析】 ①温度升高,C 的浓度减小,说明平衡向逆反应方向移动,因为升高温度,平衡向吸热反应方向移动,所以正反应是放热反应。②若 A 是气态,增大压强,平衡不移动,则 B 和 C 都是气态。因为反应前后若气体分子数相等,则改变压强,对此平衡无影响。③若 B 是气态,减小压强,B 的浓度减小,则 A 是气态,而 C 是固态。因为降低压强,平衡向气体体积增大的方向移动。

例2 有一化学反应 $2A+B \rightleftharpoons 2C$ 达到平衡时,如果已知 B 是气体,增大压强时,化学平衡向逆反应方向移动,下述说法正确的是( )。

A. A 是气体,C 是固体 　　　　　B. A、B、C 都是气体

C. A、C 都是固体 　　　　　　　D. A 是固体,C 是气体

【解析】 增大压强时,化学平衡向逆反应方向移动,说明逆反应方向气体总体积缩小。若 B 为气体,则 C 一定是气体,A 则是固体。

【答案】 D

习题 3–2

一、选择题

1. 在可逆反应 $2SO_2(气) + O_2(气) \rightleftharpoons 2SO_3(气)$ 达到化学平衡时,向平衡体系中充入一定量的 $^{18}O_2$,达到新平衡时,^{18}O 的原子存在于( )。

A. O_2 和 SO_2 　　B. SO_3 　　C. O_2 和 SO_3 　　D. SO_2、O_2 和 SO_3

2. 氙和氟按一定比例混合,在一定条件下,可直接反应并达到平衡:$Xe(气) + 2F_2(气) \rightleftharpoons XeF_4(气) + Q$,下列变化中既能加快反应速率又能使平衡向正反应方向移动的是( )。

A. 加压 　　B. 升温 　　C. 减压 　　D. 降温

3. 在一个不传热的固定容积的密闭容器中,可逆反应 $mA(g) + nB(g) \rightleftharpoons pC(g) + qD(g)$,当 $m、n、p、q$ 为任意整数时,达到平衡的标志是( )。

① 体系的压强不再改变

② 体系的温度不再改变

③ 各组分的浓度不再改变

④ 各组分的质量分数不再改变

⑤ 反应速率 $v(A):v(B):v(C):v(D) = m:n:p:q$

⑥ 单位时间内 m mol A 发生断键反应,同时 p mol C 也发生断键反应

A. ③④⑤⑥ 　　　　　　　　　　B. ①③④⑤

C. ②③④⑥ 　　　　　　　　　　D. ①③④⑥

4. 在密闭容器中,反应 $mA(气) + nB(固) \rightleftharpoons pC(气)$ 达平衡后,将容器体积缩小,发现 A 的转化率降低了。则下列表达正确的是( )。

A. $m+n > p$ 　　B. $m > p$ 　　C. $m+n < p$ 　　D. $m < p$

5. 化学反应 $2HI(气) \rightleftharpoons H_2(气) + I_2(气) - Q$ 达到平衡时,如果只将容器的容积扩大 5 倍,则( )。

　　A. 平衡不移动,混合气颜色变深　　　　B. 平衡不移动,混合气颜色不变

　　C. 平衡不移动,混合气颜色变浅　　　　D. 平衡向左移动,混合气颜色变浅

6. 反应 $2SO_2(气) + O_2(气) \rightleftharpoons 2SO_3(气)$ $(\Delta H < 0)$ 达到平衡时,要想使平衡向右移动,应采取的措施是( )。

　　A. 减小压强　　　　　　　　　　　　B. 升高温度

　　C. 增加 SO_2 浓度　　　　　　　　　 D. 加入催化剂

7. 反应 $NH_4HS(固) \rightleftharpoons NH_3(气) + H_2S(气)$ 在某一温度下达到化学平衡,下列各种情况,不能使平衡发生移动的是( )。

　　①移走一部分 NH_4HS 固体　　　　　②其他条件不变,通入 SO_2 气体

　　③压强不变时充入氮气　　　　　　　④容器体积不变时,充入氮气

　　A. ①　　　　B. ①和③　　　　C. ②和④　　　　D. ①和④

二、填空题

1. 在相同条件下,把两粒质量、大小均相同的锌粒分别投入 $0.1mol/L$ 的盐酸和硫酸中,产生 H_2 的速度是 ① 比 ② 快,因为 ③ 。

2. 可逆反应:$CO_2(气) + C(固) \rightleftharpoons 2CO(气) - Q$ 达到平衡后,升高温度,正反应速率增大,逆反应速率 ① ,平衡向 ② 方向移动。若减小压强,平衡向 ③ 方向移动。

3. 在一定温度下,$10L$ 容器中加入 $10mol\ H_2$ 和 $10mol\ N_2$,在反应达到平衡时,有 $6mol\ H_2$ 发生了反应。那么:

(1) 生成了 _____ $mol\ NH_3$。

(2) 平衡时,容器内气体的总物质的量为 _____ mol。

(3) 平衡时,N_2 的浓度为 ① ;H_2 的浓度为 ② ;NH_3 的浓度为 ③ 。

(4) 平衡体系中含 NH_3 的体积分数为 _____ 。

【参考答案】

一、1. D　2. A　3. C　4. D　5. C　6. C　7. D

二、1. ①锌与硫酸反应;②锌与盐酸反应;③硫酸中 H^+ 浓度大于盐酸中的 H^+ 离子浓度

2. ①增大;②正反应;③正反应;

3. (1) 4;(2) 16;(3) ①$0.8mol/L$;②$0.4mol/L$;③$0.4mol/L$;(4) 25%

第三节　合成氨工业

氨的合成是一个气体体积缩小、放热的可逆反应。

$$N_2(气) + 3H_2(气) \rightleftharpoons 2NH_3(气) + 92.4kJ$$

根据勒沙特列原理,从理论上说,采用尽可能低的温度和尽可能大的压强,有利于平衡向生成氨的方向移动。

但温度过低,反应速率太慢,而且催化剂也要在一定的温度下才能发挥催化作用。若压强越大,所需动力就会越大,对材料的强度和设备的制造要求也会越高。故工业上合成氨一般采用500℃左右的温度,$2 \times 10^7 \sim 5 \times 10^7 Pa$ 的压强,并使用铁触媒(以铁为主体的多成分催化剂)进

行反应。在实际生产中,还需要将原料气 N_2、H_2 的体积比控制在 1∶3 的范围内,并将生成的氨及时从混合气体中分离出去,不断地向循环气中补充氮气、氢气。

典型例题

例题 1 在一定条件下,$xA + yB \rightleftharpoons zC$ 的反应达到平衡。

(1)已知 A、B、C 都是气体,在减压后平衡向逆反应方向移动,则 x、y、z 的关系是_____。

(2)已知 A 为固体,B、C 是气体,且 $x + y = z$,在增大压强时,如果平衡发生移动,则一定向_____移动。

(3)已知 A、C 是气体,当其他条件不变时,增大 B 的物质的量时,平衡不移动,则 B 是_____态。

(4)加热后,C 的含量减少,则正反应是_____反应(填吸热或放热)。

【分析】 (1)对于气体反应物和气体生成物分子数不相等的可逆反应来说,其他条件不变时,减小压强,平衡向气体分子数增大的方向移动,所以 $x + y > z$。(2)中 A 为固体,且 $x + y = z$,故增大压强时,平衡向逆反应方向移动。(3)中 A、C 是气体,增大 B 的物质的量对平衡移动没影响,则 B 一定是固体或液体。(4)加热后 C 的百分含量减少,说明逆反应为吸热反应。

【答案】 (1)$x + y > z$;(2)逆反应方向;(3)固体或液体;(4)放热

例题 2 反应 C(固) + H_2O(气) $\rightleftharpoons$ CO(气) + H_2(气) $- Q$ 达到平衡后,若想使 CO 的产率增大,应采用的措施是( )。

A. 增大压强　　　B. 使用催化剂　　　C. 升高温度　　　D. 降低温度

【分析】 本题是使用勒沙特列原理推理求解的典型试题。

达到平衡后,若想使 CO 的产率增大,必须改变条件,使化学平衡正向移动。正反应是吸热反应,故必须升高温度。

【答案】 C

强化训练

一、选择题

1. 合理利用燃料减小污染符合"绿色奥运"理念,下列关于燃料的说法正确的是_____。

A. "可燃冰"是将水变为油的新型燃料

B. 氢气是具有热值高、无污染等优点的燃料

C. 乙醇是比汽油更环保、不可再生的燃料

D. 石油和煤是工厂经常使用的可再生的化石燃料

2. 含有 11.2g KOH 的稀溶液与 1L、0.1mol/L 的 H_2SO_4 溶液反应,放出 11.46kJ 的热量,该反应的中和热用化学方程式表示为_____。

A. $KOH(aq) + H_2SO_4(aq) = K_2SO_4(aq) + H_2O(l)$　　$\Delta H = -11.46\text{kJ/mol}$

B. $2KOH(aq) + H_2SO_4(aq) = K_2SO_4(aq) + 2H_2O(l)$　　$\Delta H = -114.6\text{kJ/mol}$

C. $2KOH(aq) + H_2SO_4(aq) = K_2SO_4(aq) + 2H_2O(l)$　　$\Delta H = 114.6\text{kJ/mol}$

D. $KOH(aq) + \frac{1}{2}H_2SO_4(aq) \rightleftharpoons \frac{1}{2}K_2SO_4(aq) + H_2O(l)$　$\Delta H = -57.3kJ/mol$

3. 下列有关催化剂的说法错误是_____。
   A. 任何化学反应都需要使用催化剂
   B. 催化剂只能改变化学反应速率,而其本身在化学反应前后不发生变化
   C. 催化剂可以加快化学反应速率,也可以减缓化学反应速率
   D. 催化剂能同等程度地改变正、逆反应速率

4. 已知断裂下列 1mol 共价键所需要吸收的能量分别为 H—H 键:436kJ;I—I 键:153kJ;H—I 键:299kJ。下列对反应 $H_2(g) + I_2(g) \rightleftharpoons 2HI(g)$ 的判断中,错误的是(　　)。
   A. 该反应是放出能量的反应
   B. 该反应是氧化还原反应
   C. 该反应是吸收能量的反应
   D. I_2 与 H_2 具有的总能量大于生成的 HI 具有的总能量

5. 在一定温度下的恒容密闭容器中,能说明反应 $X_2(g) + Y_2(g) \rightleftharpoons 2XY(g)$ 已达到平衡的是_____。
   A. 容器内的总压不随时间变化
   B. 容器中气体的平均相对分子质量不随时间变化
   C. XY 气体的物质的量分数不变
   D. X_2 和 Y_2 的消耗速率相等

6. 可逆反应:$3A(g) \rightleftharpoons 3B(?) + C(?)$ ($\Delta H > 0$),随着温度升高,气体平均相对分子质量有变小趋势,则下列判断正确的是_____。
   A. B 和 C 可能都是固体
   B. B 和 C 一定都是气体
   C. 若 C 为气体,则 B 一定是固体
   D. B 和 C 可能都是气体

7. 有一处于平衡状态的反应 $X(g) + 3Y(g) \rightleftharpoons 2Z(g)$　$\Delta H < 0$,为了使平衡向生成 Z 的方向移动,应选择的条件是_____。
   ①高温　②低温　③高压　④低压　⑤加催化剂　⑥分离出 Z
   A. ①③⑤　　　　B. ②③⑤　　　　C. ②③⑥　　　　D. ②④⑥

8. 对可逆反应 $2A(s) + 3B(g) \rightleftharpoons C(g) + 2D(g)$,$\Delta H < 0$,在一定条件下达到平衡,下列有关叙述正确的是_____。
   ①增加 A 的量,平衡向正反应方向移动
   ②升高温度,平衡向逆反应方向移动,v(正)减小
   ③压强增大一倍,平衡不移动,v(正)、v(逆)不变
   ④增大 B 的浓度,v(正) > v(逆)
   ⑤加入催化剂,B 的转化率提高
   A. ①②　　　　B. ④　　　　C. ③　　　　D. ④⑤

9. 将 5.6g 铁粉投入足量的 100mL 2mol/L 稀硫酸中,2min 时铁粉刚好完全溶解。下列有关这个反应的反应速率表示正确的是(　　)。

A. 铁的反应速率 = 0.5 mol/(L·min)

B. 硫酸亚铁的生成速率 = 0.25 mol/(L·min)

C. 硫酸的反应速率 = 0.5 mol/(L·min)

D. 氢气的生成速率 = 0.5 mol/(L·min)

10. 下列叙述正确的是_____。

A. 化学反应除了生成新的物质外,还伴随着能量的变化

B. 物质燃烧不一定都是放热反应

C. 放热的化学反应不需要加热就能发生

D. 吸热反应不加热就不发生

11. 下列说法中正确的是( )。

A. $0.1\,mol·L^{-1}$ 盐酸和 $0.1\,mol·L^{-1}$ 硝酸与相同形状和大小的大理石反应的速率相同

B. 大理石块和大理石粉末与 $0.1\,mol·L^{-1}$ 盐酸反应的速率相同

C. 等量的 Mg 粉、Al 粉和 $0.1\,mol·L^{-1}$ 盐酸反应速率相同

D. $0.1\,mol·L^{-1}$ 盐酸和 $0.1\,mol·L^{-1}$ 硫酸与 $2\,mol·L^{-1}$ NaOH 溶液反应速率相同

12. 用 CH_4 催化还原 NO_x($x=1$ 或 2)可以消除氮氧化物的污染。例如:

① $CH_4(g) + 4NO_2(g) = 4NO(g) + CO_2(g) + 2H_2O(g)$ $\Delta H = -574\,kJ/mol$

② $CH_4(g) + 4NO(g) = 2N_2(g) + CO_2(g) + 2H_2O(g)$ $\Delta H = -1160\,kJ/mol$

下列说法**错误**的是_____。

A. 反应①和②均为放热反应

B. 反应①和②转移的电子数相同

C. 由反应①可推知:$CH_4(g) + 4NO_2(g) = 4NO(g) + CO_2(g) + 2H_2O(l)$
$\Delta H = -a\,kJ/mol, a < 574$

D. 标准状况下 4.48 L CH_4 通过上述反应还原 NO_2 至 N_2,放出的热量为 173.4 kJ

13. 下列反应中,化学反应速率不受反应体系压强变化而变化的是_____。

A. 铁粉和过量稀盐酸反应,放出氢气

B. 氯化钡溶液和硫酸钾溶液相混合,生成白色沉淀

C. 氮气和氢气在催化剂作用下反应生成氨气

D. 石灰石和过量稀硫酸反应制取二氧化碳气体

14. 在一定温度下可逆反应 $A(g) + 3B(g) \rightleftharpoons 2C(g)$ 达到平衡的标志是_____。

A. C 的生成速率和 C 的分解速率都为 0

B. 单位时间生成 n mol A,同时生成 $3n$ mol B

C. A、B、C 的浓度不再发生变化

D. A、B、C 的分子个数比为 1∶3∶2

15. 在密闭容器中下列可逆反应达到平衡,增大压强和升高温度都能使平衡向正反应方向移动的是_____。

A. N_2(气体) + O_2(气体) $\rightleftharpoons$ 2NO(气体) 正反应吸热

B. NH_4HCO_3(固体) $\rightleftharpoons$ NH_3(气体) + H_2O(气体) + CO_2(气体) 正反应吸热

C. $3O_2$(气体) $\rightleftharpoons$ $2O_3$(气体) 正反应吸热

D. $2NO_2$(气体) $\rightleftharpoons$ N_2O_4(气体) 正反应放热

16. 在一密闭容器中,反应 $aA(g) \rightleftharpoons bB(g)$ 达平衡后,保持温度不变,将容器体积增加一倍,当达到新的平衡时,B 的浓度是原来的 60%,则下列说法不正确的是_____。
    A. 平衡向正反应方向移动了
    B. 物质 A 的转化率增大了
    C. 物质 B 的质量分数增加了
    D. $a > b$

17. 在一定温度下,将 1mol N_2 和 3mol H_2 放入恒容密闭容器中,达到平衡时,测得 NH_3 为 0.8mol,如果此时再加入 1mol N_2 和 3mol H_2,达到新平衡时,NH_3 的物质的量_____。
    A. 等于 0.8mol
    B. 等于 1.6mol
    C. 大于 0.8mol 小于 1.6mol
    D. 大于 1.6mol

18. 对可逆反应 $A_2(g) + B_2(g) \rightleftharpoons 2AB(g)$ 在一定条件下,达到平衡状态的标志是_____。
    A. 平衡时容器内各物质的物质的量比为 1:1:2
    B. 平衡时容器内的总压强不随时间而变化
    C. 单位时间内生成 $2n$ mol AB 的同时,生成 n mol 的 B_2
    D. 单位时间内,生成 n mol A_2 的同时,生成 n mol 的 B_2

19. 低温脱硝技术可用于处理废气中的氮氧化物,发生的化学反应为

$$2NH_3(g) + NO(g) + NO_2(g) \xrightarrow[\text{催化剂}]{180℃} 2N_2(g) + 3H_2O(g) \quad \Delta H < 0$$

在恒容的密闭容器中,下列有关说法正确的是_____。
    A. 平衡时,其他条件不变,升高温度可使该反应的平衡常数增大
    B. 平衡时,其他条件不变,增加 NH_3 的浓度,废气中氮氧化物的转化率减小
    C. 单位时间内消耗 NO 和 N_2 的物质的量之比为 1:2 时,反应达到平衡
    D. 其他条件不变,使用高效催化剂,废气中氮氧化物的转化率增大

20. 已知可逆反应 3A(固体)+3B(气体) $\rightleftharpoons$ A_2(气体)+AB_3(气体),正反应吸热。在一定条件下达到化学平衡,要增加 A_2(气体)的产率,下列做法正确的是_____。
    A. 向反应体系中加入过量 AB_3(气体)
    B. 向反应体系中加入过量 B(气体)
    C. 降低反应体系的温度
    D. 降低反应体系中压强

二、填空题

1. a mol N_2 与 b mol H_2 混合,在一定条件下反应达到平衡,生成了 c mol NH_3,则 NH_3 在平衡体系中质量分数为_____。

2. 将等物质的量的 A、B、C、D 四种物质混合,发生如下反应:$aA + bB \rightleftharpoons cC(s) + dD$,当反应进行一定时间后,测得 A 减少了 n mol,B 减少了 $\frac{n}{2}$ mol,C 增加了 $\frac{3n}{2}$ mol,D 增加了 n mol,此时达到化学平衡。请填写下列空白:
    (1)该化学方程式各物质的化学计量数为 $a =$ _____,$b =$ _____,$c =$ _____,$d =$ _____;
    (2)若只改变压强,反应速率发生变化,但平衡不发生移动,该反应中物质 D 的聚集状态为_____;
    (3)若只升高温度,反应一段时间后,测知四种物质其物质的量又达到相等,则该反应为

_____反应(填"放热"或"吸热")。

3. 25℃、101kPa 时,将 1.0g 钠跟足量的氯气反应,生成氯化钠晶体并放出 17.87kJ 的热量,写出生成 1mol 氯化钠的热化学方程式_____。

4. 将等物质的量的 A、B 混合于 2L 的密闭容器中,发生如下反应:$3A(g) + B(g) \rightleftharpoons xC(g) + 2D(g)$,经 5min 后,测得 D 的浓度为 $0.5mol/L$,$c(A):c(B) = 3:5$,C 的平均反应速率为 $0.1mol/(L·min)$。求:(1)此时 A 的浓度 $c(A) =$ _____ mol/L,反应开始前容器中的 A、B 的物质的量:$n(A) = n(B) =$ _____ mol。

(2) B 的平均反应速率:$v(B) =$ _____ $mol/(L·min)$。

(3) x 的值为_____。

5. 化学平衡移动原理可表述为_____。

6. 化学平衡是一种_____平衡;如果改变影响平衡的一个条件,平衡就向能够_____这种改变的方向移动。

【强化训练参考答案】

一、选择题

1. B 2. D 3. A 4. C 5. C 6. D 7. C 8. B 9. C 10. A 11. A 12. C 13. B 14. C 15. C 16. D 17. D 18. C 19. C 20. B

二、填空题

1. $\dfrac{17c}{28a + 2b} \times 100\%$

2. (1) 2;1;3;2   (2) 气态   (3) 放热

3. $Na(s) + \dfrac{1}{2}Cl_2(g) \rightleftharpoons NaCl(s)$ $\Delta H = -411.01 kJ/mol$

4. (1) 0.75,3   (2) 0.05   (3) 2

5. 如果改变影响平衡的一个条件(温度、浓度、压强等),平衡就向能够使这种改变减弱的方向移动。

6. 动态;削弱(或减弱)

【难题解析】

一、6. 考查可逆反应平衡移动和气体平均相对分子质量的概念。

由题干可知该可逆反应 $\Delta H > 0$,正反应吸热,温度升高时平衡向正反应方向进行。气体平均相对分子质量 $M_r =$ 气体总质量/气体总物质的量 $= m_总/n_总$,M_r 变小,则气体的总质量减小或气体的总物质的量增大。

A 选项:若 B、C 均为固体,则只有气体 A,M_r 保持恒定不变,A 错误;

B 选项:若 B、C 均为气体,则气体的总质量保持不变(质量守恒定律),气体总物质的量增大,M_r 变小;如果 B 为气体,C 为固体,则气体的总质量变小,气体总物质的量不变,M_r 也变小。所有 B、C 不一定都是气体,B 错误;

C 选项:若 B 为固体,C 为气体,则气体总质量减小,总物质的量也在减小,M_r 的变化无法确定。C 错误;

D 选项:若 B、C 均为气体,则气体的总质量保持不变(质量守恒定律),气体总物质的量增大,M_r 变小。D 正确。

16. 考查化学平衡移动及相关概念。

先假设体积增加 1 倍时平衡未发生移动,B 的浓度应为原来的 50%,实际平衡时 B 的浓度为原来的 60%,比假设的大,说明平衡向生成 B 的方向移动了,已知物质 A、B 均为气体,根据平衡移动原理(增大平衡时反应容器的体积,相当于减小反应体系压强,平衡向气体体积变大的方向移动),则有 $a<b$ 成立。

因此选项 A、B、C 均正确,D 错误。

17. 考查平衡移动原理。

$N_2(g) + 3H_2(g) \rightleftharpoons 2NH_3(g)$

达到平衡后,再加入 1mol N_2 和 3mol H_2,如果不考虑平衡移动,相当于起始量加入了 $1+1=2$mol N_2 和 $3+3=6$mol H_2,若在此条件下达到平衡,则 NH_3 物质的量应该为 $2\times0.8=1.6$mol,该反应正方向是气体体积减小的反应,再加入 1mol N_2 和 3mol H_2,相当于增大压强,平衡应向正方向移动,当达到新平衡时,NH_3 物质的量肯定会大于 1.6mol。本题选 D。

19. 考查影响平衡移动的因素以及平衡常数的概念。

注意:平衡常数只受温度影响,使用催化剂并不能使化学平衡发生移动。

A 选项:正反应放热,升温时平衡向逆反应方向移动,平衡常数减小,故 A 错误;

B 选项:增大一个反应物浓度,其他反应物的转化率随之增大,故 B 错误;

C 选项:单位时间内消耗 NO 和 N_2 的物质的量之比为 1∶2 时,等于化学计量数之比,反应达到平衡,故 C 正确;

D 选项:使用催化剂平衡不移动,废气中氮氧化物的转化率不变,故 D 错误。

第四章 电解质溶液

考试范围与要求

掌握电解质、强电解质、弱电解质的概念;理解电解质在水溶液中的电离,以及电解质溶液的导电性;理解弱电解质在水溶液中的电离平衡;掌握水的电离、离子积常数(K_w);掌握溶液pH的定义、测定方法,能进行pH的简单计算;理解盐类水解的原理及影响因素;掌握离子反应的概念、离子反应发生的条件;掌握常见离子的检验方法。

理解原电池和电解池的工作原理;能正确书写和配平电极反应方程式和总反应方程式;了解常见化学电源的种类及其工作原理;理解金属发生电化学腐蚀的原因、金属腐蚀的危害、防止金属腐蚀的措施。

第一节 电解质溶液

一、电解质与电离平衡

(一)电解质和非电解质

凡是在水溶液里或熔化状态下能够导电的化合物叫作电解质,在上述情况下都不能导电的化合物叫作非电解质。酸、碱、盐都是电解质,大多数的有机化合物(有机酸、有机碱和有机盐除外)属于非电解质。单质既不是电解质也不是非电解质,它不属于化合物。CO_2 溶于水能导电,其原因是生成了 H_2CO_3,所以 CO_2 不是电解质。

(二)电解质导电的原因

1. 电离:电解质溶于水或受热熔化时,离解成自由移动的离子的过程,叫作电离。

2. 电解质导电的原因

当把电解质溶于水中时,在水分子的作用下,电解质内部的离子键或极性键被破坏,产生了能够自由移动的水合阳离子和水合阴离子,这些能自由移动的水合阳离子和水合阴离子,在外电场的作用下,各按一定的方向移动,并在电极上发生电子的得失而形成电流。固体电解质在熔化状态下的导电同样是由于产生了能自由移动的阴阳离子。

(三)强电解质和弱电解质

在水溶液里全部电离为离子的电解质叫作强电解质,如强酸、强碱和大部分盐类。在水溶液里只有部分电离为离子的电解质叫作弱电解质,如弱酸、弱碱、水等。强电解质和弱电解质的比较见表4-1。

表 4-1 强电解质和弱电解质的比较

电解质	化学键	电离程度	有否电离平衡	电解质在溶液中的存在形式	举例
强电解质	离子键或某些具有极性键的共价化合物	完全电离,不可逆过程	无电离平衡	水合离子	H_2SO_4、NaOH、NaCl
弱电解质	具有极性键的共价化合物	部分电离,可逆过程	有电离平衡	分子、水合离子	CH_3COOH、$NH_3 \cdot H_2O$

(四) 弱电解质的电离平衡

在一定条件(如温度、浓度)下,当弱电解质分子电离成离子的速度与离子重新结合成分子的速度相等时,电离过程就达到了平衡状态,叫作电离平衡。例如,醋酸的电离:

$$CH_3COOH \rightleftharpoons H^+ + CH_3COO^-$$

达到平衡时,溶液中离子浓度不再发生变化。电离平衡是动态平衡。勒沙特列原理适用于电离平衡。

(五) 电离度

1. 定义:当弱电解质在溶液里达到电离平衡时,溶液中已经电离的电解质分子数与原来总分子数(包括已电离的和未电离的)的比值,叫作电离度。常用符号 α 来表示:

$$\alpha = \frac{\text{已电离的电解质分子数}}{\text{溶液中原有电解质的分子总数}} \times 100\%$$

也可以表示为

$$\alpha = \frac{\text{已电离的电解质的物质的量}}{\text{溶液中原有电解质的物质的量}} \times 100\% = \frac{\text{已电离的电解质物质的量浓度}}{\text{溶液中原有电解质的物质的量浓度}} \times 100\%$$

2. 电离度与电解质的关系

一般来说,在相同条件下,电解质越弱,电离度越小。电离度的大小,可以表示弱电解质的相对强弱。例如,25℃时,0.1mol/L CH_3COOH 电离度 $\alpha = 1.34\%$,0.1mol/L HCN 电离度 $\alpha = 0.01\%$,说明 CH_3COOH 比 HCN 电解质相对较强。

3. 电离度与浓度、温度的关系

(1) 同一弱电解质在温度一定时,溶液越稀,电离度越大。因为溶液浓度越小,离子间的距离越大,离子互相碰撞而结合成分子的机会越少。

(2) 同一弱电解质在浓度一定时,温度升高,电离度增大。因为电解质电离时一般需要吸收热量。

二、水的电离和溶液的 pH 值

(一) 水的电离

水是一种极弱的电解质,电离方程式为:

$$H_2O \rightleftharpoons H^+ + OH^-$$

(二) 水的离子积常数

在水中,H^+ 和 OH^- 离子浓度的乘积,在一定温度下总是一个常数,这个常数叫作水的离子积常数,简称为水的离子积,用 K_w 表示。25℃时,纯水中 $[H^+] = [OH^-] = 1 \times 10^{-7}$ mol/L,即 $K_w = [H^+][OH^-] = 1 \times 10^{-14}$。

(三) 溶液的酸碱性和 pH 值

实验表明:在一定温度下,无论是纯水还是酸、碱、盐的稀溶液,都存在 H^+ 和 OH^-,且常温时，$[H^+][OH^-]=1\times10^{-14}$。$[H^+]$ 和 $[OH^-]$ 浓度的大小决定溶液的酸碱性。

常温时：中性溶液 $[H^+]=[OH^-]=1\times10^{-7}$ mol/L

酸性溶液 $[H^+]>[OH^-]$ $[H^+]>1\times10^{-7}$ mol/L

碱性溶液 $[H^+]<[OH^-]$ $[H^+]<1\times10^{-7}$ mol/L

无论是酸性溶液还是碱性溶液，都有水的微量电离。在酸性溶液中，水电离的 $[H^+]$ 近似等于该溶液中的 $[OH^-]$；在碱性溶液中，水电离的 $[OH^-]$ 近似等于该溶液中的 $[H^+]$。

$[H^+]$ 越大，溶液酸性越强，$[OH^-]$ 越大，溶液碱性越强。我们经常要用到一些 H^+ 浓度很小的溶液，为了使用方便，化学上常采用 H^+ 物质的量浓度的负对数来表示溶液酸碱性的强弱，叫作溶液的 pH：

$$pH = -\lg[H^+]$$

pH 与溶液酸碱性的关系为：

中性溶液　pH = 7

酸性溶液　pH < 7　pH 越小，溶液酸性越强

碱性溶液　pH > 7　pH 越大，溶液碱性越强

说明：①pH 适用于 $[H^+]$ 或 $[OH^-]$ < 1mol/L 的溶液；②pH 增大（或减少）1 个单位，$[H^+]$ 便减小（或增大）10 倍。

（四）常用酸碱指示剂的变色范围

测定溶液 pH 的方法很多，通常可用酸碱指示剂、pH 计或 pH 试纸。酸碱指示剂一般是弱有机酸或弱有机碱。指示剂发生颜色变化的 pH 范围叫作指示剂的变色范围，如表 4-2 所示。

表 4-2　常见酸碱指示剂的变色范围

指示剂	变色的 pH 范围		
甲基橙	<3.1 红色	3.1~4.4 橙色	>4.4 黄色
石蕊	<5.0 红色	5.0~8.0 紫色	>8.0 蓝色
酚酞	<8.2 无色	8.2~10 浅红色	>10 红色

（五）pH 的测定方法

（1）pH 试纸：把一小片 pH 试纸放在洁净干燥的表面皿（或玻璃片）上，用玻璃棒蘸取待测液点在试纸中部，待变色后与标准比色片对比，读出相应 pH 值（取整数）。

（2）pH 计：使用 pH 计能直接测定较为精确的溶液的 pH 值。

三、盐类的水解

（一）概念

在溶液中盐的离子跟水所电离出来的 H^+ 或 OH^- 生成弱电解质的反应，叫作盐类的水解。

（二）盐类水解类型及规律

1. 强碱和弱酸所生成盐的水解

醋酸钠可以看作是由强碱（NaOH）和弱酸（CH_3COOH）中和所生成的盐，这种盐水解后使溶液显碱性。

$$CH_3COONa \Longrightarrow CH_3COO^- + Na^+$$
$$+$$
$$H_2O \Longrightarrow H^+ + OH^-$$
$$\Updownarrow$$
$$CH_3COOH$$

离子方程式为 $CH_3COO^- + H_2O \Longrightarrow CH_3COOH + OH^-$

2. 强酸和弱碱所生成盐的水解

氯化铵可以看作是由强酸（HCl）和弱碱（$NH_3 \cdot H_2O$）中和所生成的盐，这种盐水解后使溶液显酸性。

$$NH_4Cl \Longrightarrow NH_4^+ + Cl^-$$
$$+$$
$$H_2O \Longrightarrow OH^- + H^+$$
$$\Updownarrow$$
$$NH_3 \cdot H_2O$$

离子方程式为 $NH_4^+ + H_2O \Longrightarrow NH_3 \cdot H_2O + H^+$

由上述讨论可知，盐类水解的根本原因在于组成盐的离子能跟水电离出来的 H^+ 或 OH^- 结合形成弱电解质。

强酸强碱所生成的盐不水解，溶液呈中性，如 NaCl 等。

弱酸弱碱所生成盐的水解比较复杂，这里不作讨论。

（三）影响水解的因素

水解程度的大小，主要由盐的本性决定，也受温度、浓度和酸度的影响。

1. 温度的影响

盐的水解是中和反应的逆反应：

$$酸 + 碱 \underset{水解}{\overset{中和}{\Longleftrightarrow}} 盐 + 水 + 热$$

中和反应是放热反应，所以水解是吸热反应，因此升高温度能促进盐类的水解。

2. 酸度的影响

增大或减小 H^+ 或 OH^- 的浓度时，可以抑制或促进水解反应的进行。下列水解反应，加酸可以抑制水解，加碱可以促进水解：

$$FeCl_3 + 3H_2O \underset{H^+}{\overset{OH^-}{\Longleftrightarrow}} Fe(OH)_3 + 3HCl$$

3. 浓度的影响

盐溶液浓度越小，越有利于水解的进行。

【例题选解】

例 1 下列物质中，属于电解质并能导电的是（　　）。

A. 金属铜　　　　　　　　　　　　B. 氯化钠晶体
C. 纯醋酸　　　　　　　　　　　　D. 熔化的氯化钙

【解析】 判断某物质是否为电解质，首先要正确理解电解质的定义，有三点必须注意：①电解质是化合物；②在水溶液里或熔化时能电离出自由离子；③在水溶液中或熔化状态下能导电。金属铜虽能导电，但是单质，因而不是电解质；氯化钠晶体和纯醋酸是电解质，但只有在水溶液中或熔化时才能导电,故不合题意。只有熔化的氯化钙是电解质并能导电。

【答案】 D

例2 等物质的量浓度、等体积的 KOH 溶液和 CH_3COOH 溶液混合后,混合溶液中有关离子浓度一定存在的关系是( )。

A. $[K^+] > [CH_3COO^-] > [OH^-] > [H^+]$

B. $[K^+] > [CH_3COO^-] > [H^+] > [OH^-]$

C. $[K^+] > [OH^-] > [CH_3COO^-] > [H^+]$

D. $[K^+] > [OH^-] > [H^+] > [CH_3COO^-]$

【解析】 按题意醋酸与氢氧化钾的物质的量相等,其反应产物 CH_3COOK 属于强电解质,在水溶液中全部电离为 K^+ 和 CH_3COO^-,CH_3COO^- 部分水解,溶液显碱性,$[OH^-] > [H^+]$,由于水解,CH_3COO^- 浓度不可能与 K^+ 相等,即 $[K^+] > [CH_3COO^-]$,OH^- 是由 CH_3COO^- 部分水解产生的,其浓度也不可能大于 CH_3COO^-。

【答案】 A

习题 4-1

一、选择题

1. 下列关于电解质的说法,正确的是( )。

   A. 在水溶液中能够导电的物质
   B. 熔融状态能够导电的物质
   C. 在水溶液或熔融状态能导电的化合物
   D. 在水中能生成离子的物质

2. 把 0.05 mol NaOH 固体分别加入到 100 mL 下列液体中,溶解或反应完全后,溶液的导电能力变化最小的是( )。

   A. 自来水
   B. 0.5 mol/L 盐酸
   C. 0.5 mol/L CH_3COOH 溶液
   D. 0.5 mol/L KCl 溶液

3. 下列叙述中不正确的是( )。

   ①在温度、浓度相同时,一般是电解质越弱电离度越小。
   ②同一种弱电解质溶液越稀,电离度越大,电离的分子数越多,导电能力越强。
   ③电离度增大,相应的离子浓度也一定增大。
   ④电离度不仅跟电解质的本质有关,还与溶液的浓度、温度有关。

   A. ②　　　　B. ②和③　　　　C. ①和④　　　　D. ③

4. 往纯水中分别加入下列物质,不能使水的电离平衡发生移动的是( )。

   A. HCl　　　　B. NaOH　　　　C. $FeCl_3$　　　　D. NaCl

5. 在一定条件下,0.1 mol/L 的某一元弱酸,未电离的分子数与已电离的分子数之比为 45∶1,则其电离度为( )。

   A. 2.17%　　　　B. 2.22%　　　　C. 0.45%　　　　D. 0.22%

6. 在一定温度下,浓度为 0.1 mol/L 的某一元弱酸 HX 的水溶液中,$[H^+] = 10^{-4}$ mol/L,则此溶液中 HX 的电离度为( )。

   A. 1.5%　　　　B. 1.0%　　　　C. 0.1%　　　　D. 0.15%

7. 某温度下,浓度为 0.01 mol/L 的醋酸溶液其电离度为 1%,此溶液的 pH 为( )。

A. 4　　　　　　　B. 5　　　　　　　C. 3　　　　　　　D. 6

8. 若想使氨水中[NH_4^+]增大,可采取的措施是(　　)。

A. 加入 NaOH 溶液　　　　　　　　　B. 降低温度

C. 加盐酸　　　　　　　　　　　　　D. 加入醋酸钾

9. 0.4mol/L 的 CH_3COONa 溶液与等体积的 0.2mol/L 的 HCl 溶液混合后,所得溶液中各离子浓度由大到小的顺序是(　　)。

A. [Na^+]＞[Cl^-]＞[CH_3COO^-]＞[H^+]＞[OH^-]

B. [Na^+]＞[CH_3COO^-]＞[Cl^-]＞[OH^-]＞[H^+]

C. [Na^+]＞[OH^-]＞[Cl^-]＞[CH_3COO^-]＞[H^+]

D. [Na^+]＞[CH_3COO^-]＞[Cl^-]＞[H^+]＞[OH^-]

二、填空题

1. 下列物质中①NaCl 溶液、②NaOH、③H_2SO_4、④Cu、⑤CH_3COOH、⑥$NH_3·H_2O$、⑦CO_2、⑧乙醇、⑨水,_____是电解质;_____是非电解质;_____既不是电解质,也不是非电解质(填序号)。

2. 相同物质的量浓度的 NaOH、$CuSO_4$、Na_2CO_3、Na_2SO_4、$NaHCO_3$、$NaHSO_4$ 和 H_2SO_4 七种溶液,它们的 pH 由小到大的顺序是_____。

3. 将 pH＝1 的 H_2SO_4 溶液 1mL 与 pH＝12 的 NaOH 溶液 9mL 混合后,混合液的 pH 约为_____。

4. 明矾溶解在蒸馏水中常出现浑浊,使它成为澄清溶液的简单方法是　①　。配制明矾溶液不能加热的原因是　②　。

【参考答案】

一、1. C　2. B　3. B　4. D　5. A　6. C　7. A　8. C　9. D

二、1. ②③⑤⑥;⑦⑧;①④

2. H_2SO_4 ＜ $NaHSO_4$ ＜ $CuSO_4$ ＜ Na_2SO_4 ＜ $NaHCO_3$ ＜ Na_2CO_3 ＜ NaOH

3. 3

4. ①加入少量稀硫酸;②加热会使明矾溶液水解程度加大

第二节　原电池及金属的腐蚀和防护

一、原电池

把化学能转变为电能的装置叫作原电池。干电池、蓄电池是应用原电池原理制作而成的,它们都是利用氧化还原反应获得电流的装置。

(一) 原电池的原理和装置

一般说来,两种活泼性不同的物质作为电极浸入一种电解质溶液中并用导线连接即成原电池。如图 4-1 所示的装置就是铜锌原电池。

在图 4-1 中,用导线连接的铜片和锌片,一同浸入了稀硫酸中。因为锌比铜活泼,锌易失电子而被氧化成 Zn^{2+} 进入溶液,电子沿着导线流向铜极,溶液中的 H^+ 离子从铜板获得电子,被还原成氢原子,氢原子结合成 H_2 而放出。电子的定向流动便形成电流。发生的化学反应是:

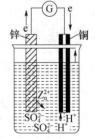

图 4-1　原电池示意图

锌片上　$Zn - 2e = Zn^{2+}$（氧化反应）
铜片上　$2H^+ + 2e = H_2\uparrow$（还原反应）
总反应式为

$$Zn + 2H^+ = Zn^{2+} + H_2\uparrow$$

在原电池中，较活泼的金属（电子流出）的一极叫负极；较不活泼的金属（电子流入）的一极叫正极。负极发生氧化反应，正极发生还原反应。

（二）构成原电池的条件

1. 用两种活泼性不同的物质（通常是金属，也可以是非金属）作电极；
2. 两个电极同时浸入电解质溶液中；
3. 两个电极用导线连接。

（三）原电池原理的应用

1. 比较金属活动性强弱

在原电池中，一般活动性较强的金属作负极，而活动性相对较弱的金属（或导电的非金属）作正极。

2. 加快化学反应速率

由于原电池的形成，导致化学反应速率加快。如锌与稀硫酸反应制氢气时，可向溶液中滴加少量 $CuSO_4$ 溶液，由于 Cu-Zn 原电池的形成，加快了反应的速率。

3. 用于金属的防护

将需要保护的金属制品作原电池的正极而起到保护作用。如在铁质的桥梁或船上，将锌块与铁质相连，使锌成为原电池的负极。

4. 设计制作原电池

设计原电池要满足原电池的三个条件：

（1）必须是能自发进行的氧化还原反应。

（2）找出正、负极材料。负极是失电子物质，正极为比负极活动性差的金属或惰性物质（如石墨等）。

（3）选择合适的电解质溶液。

5. 常见化学电池种类

在化学电池中，根据能否用充电方式恢复电池存储电能的特性，可能分为一次电池（也称原电池）和二电池（又名蓄电池，俗称可充电电池，可以多次重复使用）两大类。一次电池又可分为普通锌锰（中性锌锰）、碱性锌锰、锌汞、锌空、镁锰和锌银六个系列；二次电池主要有镍镉电池、镍氢电池、锂离子电池、碱锰充电电池类型是干电池（包括碱性电池、镍镉电池、镍氢电池和锂离子电池等）。

二、金属的腐蚀和防护

金属腐蚀是指金属或合金跟周围接触到的气体或液体进行化学反应而腐蚀损耗的过程，金属的腐蚀可分为两类：

（一）化学腐蚀

金属跟接触到的物质（一般是非电解质）直接发生化学反应而引起的腐蚀叫作化学腐蚀。例如，化工厂里的氯气跟铁或其他金属直接反应而发生的腐蚀。

$$2Fe + 3Cl_2 \xrightarrow{\text{高温}} 2FeCl_3$$

这类腐蚀的化学反应比较简单,仅仅是铁等金属跟氧化剂之间的氧化还原反应。

(二) 电化腐蚀

不纯的金属(或合金),接触到电解质溶液后所发生的原电池反应,比较活泼的金属原子失去电子而被氧化引起的腐蚀,叫作电化腐蚀。例如,钢铁在潮湿的空气里所发生的腐蚀。由于反应条件不同可分为析氢腐蚀和吸氧腐蚀,在酸性较强的环境中,因正极有氢气($2H^+ + 2e \rightleftharpoons H_2\uparrow$)产生,叫作析氢腐蚀。如果在酸性较弱或中性条件下,正极反应是空气中的氧气获得电子而被还原($2H_2O + O_2 + 4e \rightleftharpoons 4OH^-$),这种腐蚀叫作吸氧腐蚀。

从本质上看,电化腐蚀和化学腐蚀都是铁等金属原子失去电子而被氧化的过程,但是,电化腐蚀过程中有电流产生,化学腐蚀过程中却没有。在一般情况下,这两种腐蚀往往同时发生,只是电化腐蚀比化学腐蚀要普遍得多。

(三) 金属的防护

1. 改变金属的内部组织结构。例如,把铬、镍等加入到普通钢里制成不锈钢,可以增强钢铁抵抗腐蚀的能力。

2. 在金属表面覆盖保护层。例如,在钢铁表面涂油、油漆;覆盖搪瓷、塑料;镀上一层不易腐蚀的金属等。

3. 电化学保护法。利用原电池原理进行金属的防护。例如,在船体的水线以下部分,装上一定量的锌块,发生电化学腐蚀时,被腐蚀的是比较活泼的金属锌,而钢铁得到了保护。

第三节 电解和电镀

一、电解的原理

使电流通过电解质溶液而在阴阳两极引起氧化还原反应的过程叫作电解。

(一) 电解池

借助于电流引起氧化还原反应的装置,也就是把电能转变为化学能的装置,叫作电解池或电解槽,如图 4-2 所示。

跟直流电源的负极相连的电极是电解池的阴极,跟直流电源的正极相连的电极是电解池的阳极。电解时,电解质溶液中的阴离子向阳极移动,在阳极上失去电子而被氧化;阳离子向阴极移动,在阴极上得到电子而被还原,阴阳离子在电极上得失电子的氧化还原过程叫作离子的放电。

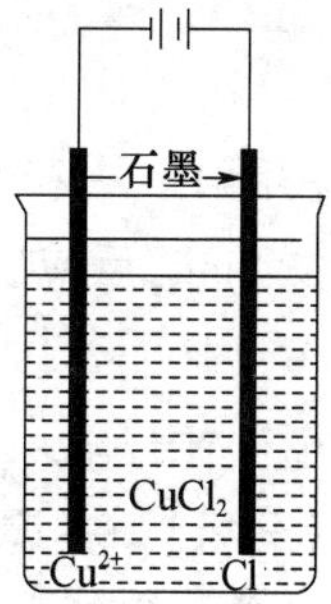

(二) 离子放电顺序

若溶液中共存多种离子,则电解时所有阳离子都向阴极移动,而所有阴离子都向阳极移动。但哪一种阴离子首先在阴极上得到电子,哪一种阳离子首先在阳极上失去电子,都取决于各种离子在电极上放电的相对难易。

图 4-2 $CuCl_2$ 溶液电解装置

以石墨或铂作为电极(惰性电极),一般说来,某些阳离子放电(得电子)的难易顺序是:

$$\xrightarrow{\text{K}^+\ \text{Ca}^{2+}\ \text{Na}^+\ \text{Mg}^{2+}\ \text{Al}^{3+}\ \text{Zn}^{2+}\ \text{Fe}^{2+}\ \text{Sn}^{2+}\ \text{Pb}^{2+}\ \text{H}^+\ \text{Cu}^{2+}\ \text{Hg}^{2+}\ \text{Ag}^+\ \text{Au}^{3+}}_{\text{阳离子得到电子的能力增强}}$$

即:按金属活动顺序,越不活泼的金属的离子越容易得到电子。

某些阴离子放电(失电子)的难易顺序是:

$$\xrightarrow{\text{F}^-\ \text{SO}_4^{2-}\ \text{NO}_3^-\ \text{OH}^-\ \text{Cl}^-\ \text{Br}^-\ \text{I}^-\ \text{S}^{2-}}_{\text{阴离子失去电子的能力增强}}$$

根据离子的放电顺序,就可以判断一般条件下电解的产物。

二、电解的应用

(一)电解饱和食盐水

通电前:$NaCl \rightleftharpoons Na^+ + Cl^-$

$H_2O \rightleftharpoons H^+ + OH^-$

通电后:阳极(石墨)$2Cl^- - 2e \rightleftharpoons Cl_2\uparrow$

阴极(铁)$2H^+ + 2e \rightleftharpoons H_2\uparrow$

总反应为 $2NaCl + 2H_2O \xrightarrow{\text{通电}} 2NaOH + H_2\uparrow + Cl_2\uparrow$

(二)铝的冶炼

$2Al_2O_3 \xrightarrow{\text{通电}} 4Al + 3O_2\uparrow$

(三)电镀

应用电解原理在某些金属表面镀上一薄层其他金属或合金的过程叫电镀。

阳极:镀层金属

阴极:镀件

电镀液:含镀层金属离子的溶液

电极反应:阳极:$M - ne \rightleftharpoons M^{n+}$(进入溶液)

阴极:$M^{n+} + ne \rightleftharpoons M$(沉析在镀件表面)

典型例题

例题 1 中和 10mL 氨水需要用 0.2mol/L 的盐酸 4mL,若在 10mL 此氨水中加入 0.2mol/L 的盐酸 5mL,反应后溶液中各种离子浓度的相对大小是( )。

A. $[H^+] > [NH_4^+] > [Cl^-] > [OH^-]$ B. $[Cl^-] > [NH_4^+] > [H^+] > [OH^-]$

C. $[NH_4^+] > [H^+] > [OH^-] > [Cl^-]$ D. $[Cl^-] > [NH_4^+] > [OH^-] > [H^+]$

【分析】 本题属于过量计算、综合比较推理题,不用计算出反应结果。在等量代换中巧妙推出结论。设氨水的浓度为$[NH_3]$:$NH_3 \cdot H_2O + HCl \rightleftharpoons NH_4Cl + H_2O$

$[NH_3] \times 10mL = 0.2mol/L \times 4mL$(完全中和),则 $[NH_3] \times 10mL < 0.2mol/L \times 5mL$,HCl 过量,故反应后溶液中过量的 HCl 发生电离:$HCl \rightleftharpoons H^+ + Cl^-$

因此溶液中$[H^+] > [OH^-]$。而反应后溶液中的$[Cl^-] > [NH_4^+]$,故反应后各种离子浓度的相对大小是:$[Cl^-] > [NH_4^+] > [H^+] > [OH^-]$

【答案】 B

例题 2 对于具有相同 H^+ 物质的量浓度,同体积的盐酸和醋酸,下列的几种说法,正确的是(   )。

A. 盐酸物质的量浓度大于醋酸物质的量浓度
B. 用水稀释一倍,$[H^+]$ 仍然相等
C. 用碱中和,所用同一种碱溶液的体积相同
D. 与足量的锌充分反应,醋酸产生的 H_2 多

【分析】 本题主要考查强弱电解质的电离,弱电解质的电离平衡移动。

因为盐酸完全电离,醋酸是弱酸少部分电离,其 $[H^+]$ 相同,醋酸的浓度必大于盐酸的浓度(新规定浓度特指物质的量浓度),所以醋酸物质的量必大于盐酸物质的量,和碱中和时,消耗碱的物质的量大,所以 A、C 选项是错误的。弱电解质的电离度随溶液的稀释而增大,部分补偿了因稀释后溶液体积增大所引起的 H^+ 浓度减少,故稀释一倍,$[H^+]$ 的减少不到一半,而盐酸稀释一倍,$[H^+]$ 减少一半,所以 B 选项是错误的。醋酸的物质的量比盐酸大,在和 Zn 反应过程中,由于电离平衡的移动,H^+ 不断地被电离出,可被置换的 H^+ 总量多,产生的 H_2 量也就多。故 D 选项正确。

【答案】 D

例题 3 现有四份浓度均为 0.1mol/L 的下列溶液,其中 pH 值最大的是(   )。

A. Na_2CO_3　　　　B. NH_4Cl　　　　C. $NaHSO_4$　　　　D. Na_2SO_4

【分析】 A 选项中,碳酸钠在水溶液中发生水解:$Na_2CO_3 + H_2O \rightleftharpoons NaHCO_3 + NaOH$,因此溶液显碱性。

B 选项中,氯化铵也能水解:$NH_4Cl + H_2O \rightleftharpoons NH_3 \cdot H_2O + HCl$,因此溶液显酸性。

C 选项中,硫酸氢钠是强电解质,在水中电离出 H^+,是酸性溶液。

D 选项中,硫酸钠是强酸强碱盐,水溶液显中性。

【答案】 A

例题 4 中和一定量的某醋酸溶液时,消耗氢氧化钠 m g。如果先向该醋酸溶液中加入少量的醋酸钠,然后再用氢氧化钠中和,此时可消耗氢氧化钠 n g。则 m 与 n 的关系为(   )。

A. $m > n$　　　　B. $m < n$　　　　C. $m = n$　　　　D. 无法确定

【分析】 因为中和反应是酸和碱的反应生成盐和水的过程,其实质为 $H^+ + OH^- \rightleftharpoons H_2O$。当往醋酸溶液中加入醋酸钠,并不会影响原来醋酸所能够电离出来的 H^+ 的总物质的量,因此不会影响中和反应消耗碱的量。

【答案】 C

例题 5 纯锌和稀硫酸反应较慢,为了使反应速率显著加快,最好的方法是(   )。

A. 再加入少许锌粒　　　　　　　　B. 再加入少许稀硫酸
C. 加入少许硫酸铜溶液　　　　　　D. 加入少许硫酸镁溶液

【分析】 电化学反应比纯化学反应速率要快得多。

若加入少许硫酸铜溶液,首先发生了如下的化学反应:$Zn + CuSO_4 \rightleftharpoons Cu + ZnSO_4$。

反应中置换出的铜附着在锌粒上,浸泡在硫酸溶液中,则锌与稀硫酸的纯化学反应,转化成无数个 Cu – Zn 原电池同时工作,加快了化学反应速率。

【答案】 C

例题 6 某溶液中有 NH_4^+、Mg^{2+}、Fe^{2+} 和 Al^{3+} 四种离子,若向其中加入过量的 NaOH 溶液,

微热并搅拌,再加入过量的盐酸,溶液中大量减少的阳离子是( )。

A. NH_4^+　　　　B. Mg^{2+}　　　　C. Fe^{2+}　　　　D. Al^{3+}

【分析】 本题不仅 NH_4^+ 会减少,而且,当往溶液中加入氢氧化钠时,Fe^{2+} 会生成$Fe(OH)_2$沉淀。$Fe(OH)_2$具有强还原性,容易被空气中的氧气所氧化,转化为$Fe(OH)_3$(题目具备氧化的条件),再加盐酸时,溶解为Fe^{3+}。因此 Fe^{2+} 也会大量减少。

【答案】 AC

例题7 用铂作电极电解一定浓度的下列物质的水溶液。电解结束后,向剩余电解液中加适量水,能使溶液浓度和电解前相同的是( )。

A. $AgNO_3$　　　　B. H_2SO_4　　　　C. $NaOH$　　　　D. $NaCl$

【分析】 本题主要考查学生对电解原理及离子放电顺序的掌握情况。

如果学生对电解哪些物质水溶液等于电解水很清楚的话,马上就可以选取 B、C 为答案。

审题知电极为惰性电极,关键句"向剩余电解质溶液中加水,能使溶液浓度和电解前相同"。那么就要找在电解过程中只消耗水的选项。

A 选项 $AgNO_3$ 溶液电解时,Ag^+ 得电子,不是电解水,不符合题意。

B 选项 H_2SO_4 溶液电解时,H^+ 得电子,OH^- 失电子,实质就是电解水,是本题的一个答案。

C 选项电解 $NaOH$ 溶液时,H^+ 得电子,OH^- 失电子,实质是电解水,也是本题的一个答案。

D 选项电解 $NaCl$ 溶液时,Cl^- 失电子,不是电解水,不符合题意。

【答案】 BC

例题8 用惰性电极电解一定浓度的硫酸铜溶液,通电一段时间后,向所得的溶液中加入 $0.1mol\ Cu(OH)_2$ 后恰好恢复到电解前的浓度和pH。则电解过程中转移的电子数为( )。

A. $0.1mol$　　　　B. $0.2mol$　　　　C. $0.3mol$　　　　D. $0.4mol$

【分析】 电解硫酸铜溶液的化学方程式为:$2CuSO_4 + 2H_2O \xrightarrow{\text{通电}} 2Cu + 2H_2SO_4 + O_2\uparrow$

从上述方程式可以看出,电解硫酸铜过程中,只析出铜和释放出氧气。因此,电解前后只有铜和氧的改变,电解后加入 CuO 就可以使溶液恢复原来状态。但本题提示加入 $Cu(OH)_2$ 后溶液恢复原来状态,说明电解过程中不仅硫酸铜被电解,而且有水被电解(因为硫酸铜被电解完全)。$0.1mol\ Cu(OH)_2$ 可以看作是 $0.1mol$ 的 CuO 和 $0.1mol\ H_2O$,因此电解过程中有 $0.1mol$ 的硫酸铜和 $0.1mol$ 的水被电解。

【答案】 D

强化训练

一、选择题

1. 下列化合物中属于电解质的是_____。

A. H_2　　　　B. $NaCl$　　　　C. N_2　　　　D. O_2

2. 将 pH = 6 的 CH_3COOH 溶液加水稀释 1000 倍后,溶液中的_____。

A. pH = 9　　　　　　　　　　　B. $c(H^+) \approx 10^{-6} mol \cdot L^{-1}$

C. pH ≈ 7　　　　　　　　　　　D. $c(OH^-) \approx 10^{-6} mol \cdot L^{-1}$

3. 在一支 25mL 的酸式滴定管中盛入 0.1mol/L HCl 溶液,其液面恰好在 5mL 刻度处。若把滴定管内溶液全部放入烧杯中,再用 0.1mol/L NaOH 溶液进行中和,则所需 NaOH 溶液的体积是_____。

  A. 大于 20mL   B. 小于 20mL

  C. 等于 20mL   D. 等于 5mL

4. 在 25℃时,0.1mol/L 的硫酸中,水的 K_w 值为_____。

  A. 大于 1.0×10^{-14} B. 小于 1.0×10^{-14}

  C. 等于 1.0×10^{-14} D. 无法确定

5. 室温下,某溶液中水电离出的 H^+ 和 OH^- 的物质的量浓度乘积为 $1 \times 10^{-26} mol/L$,该溶液中一定不能大量存在的是_____。

  A. Cl^- B. HCO_3^- C. Na^+ D. NO_3^-

6. 下列事实可以证明一水合氨是弱电解质的是_____。

①0.1mol/L 的氨水可以使酚酞溶液变红

②0.1mol/L 的氯化铵溶液的 pH 值约为 5

③在相同条件下,氨水溶液的导电性比强碱溶液弱

④铵盐受热易分解

  A. ①②   B. ②③   C. ③④   D. ②④

7. 环境友好型铝－碘电池已研制成功,电解质为 AlI_3 溶液,已知电池总反应为:$2Al + 3I_2 \Longrightarrow 2AlI_3$。下列说法不正确的是_____。

  A. 该电池负极的电极反应:$Al - 3e^- \Longrightarrow Al^{3+}$

  B. 电池工作时,溶液中的铝离子向正极移动

  C. 消耗相同质量金属时,用锂做负极时,产生电子的物质的量比铝多

  D. 该电池可能是一种可充电的二次电池

8. 下列离子方程式书写正确的是_____。

  A. 小苏打中加入过量的石灰水 $Ca^{2+} + 2OH^- + 2HCO_3^- \Longrightarrow CaCO_3\downarrow + CO_3^{2-} + 2H_2O$

  B. 氧化铁可溶于氢碘酸 $Fe_2O_3 + 6H^+ \Longrightarrow 2Fe^{3+} + 3H_2O$

  C. 过量的 $NaHSO_4$ 与 $Ba(OH)_2$ 溶液反应:$Ba^{2+} + SO_4^{2-} \Longrightarrow BaSO_4\downarrow$

  D. 电子工业上用 30% 的氯化铁溶液腐蚀敷在印制线路板上的铜箔:$2Fe^{3+} + Cu \Longrightarrow 2Fe^{2+} + Cu^{2+}$

9. 下列各溶液中的 pH 值相同,物质的量浓度最大的是_____。

  A. $NH_3 \cdot H_2O$ B. $NaOH$ C. KOH D. $Ba(OH)_2$

10. 下列有关金属的说法正确的是_____。

  A. 银器在空气中变暗后一定条件下被还原又会变光亮

  B. 当镀锌铁制品的镀层破损时,镀层不能对铁制品起保护作用

  C. 不锈钢不生锈是因为表面有保护膜

  D. 可将地下输油钢管与外加直流电源的正极相连以保护它不受腐蚀

11. 下列叙述中,错误的是_____。

  A. 虽然固体氯化钠不能导电,但氯化钠是电解质

  B. 纯水的 pH 值随温度的升高而减小

  C. 在醋酸钠溶液中加入少量氢氧化钠,溶液中 $c(OH^-)$ 增大

D. 在纯水中加入少量硫酸铵,可抑制水的电离

12. 0.1mol/L 的 CH_3COOH 溶液中 :$CH_3COOH \rightleftharpoons CH_3COO^- + H^+$,对于该平衡,下列叙述正确的是_____。

　　A. 加入少量 NaOH 固体,平衡向正反应方向移动

　　B. 加水时,平衡向逆反应方向移动

　　C. 加入少量 0.1mol/L 盐酸,溶液中 $c(H^+)$ 减小

　　D. 加入少量 CH_3COONa 固体,平衡向正反应方向移动

13. 下列溶液肯定是酸性的是_____。

　　A. 含 H^+ 的溶液　　　　　　　　　　B. 加酚酞显无色的溶液

　　C. pH＜7 的溶液　　　　　　　　　　D. $[OH^-]<[H^+]$ 的溶液

14. 常温下,用 0.1mol/L 的 HCl 溶液滴定 a mL NaOH 稀溶液,反应恰好完全时,消耗 HCl 溶液 b mL,此时溶液中氢氧根离子的浓度 $c(OH^-)$ 是_____。

　　A. 1×10^{-7}mol/L　　　　　　　　B. 1×10^{7}mol/L

　　C. 0.1mol/L　　　　　　　　　　　D. 1.0mol/L

15. 下列叙述中,可以说明金属甲的活动性比金属乙的活动性强的是_____。

　　A. 在氧化还原反应中,甲原子失去的电子比乙原子失去的电子多

　　B. 同价态的阳离子,甲比乙的氧化性强

　　C. 甲能跟稀盐酸反应放出氢气而乙不能

　　D. 将甲、乙做电极组成原电池时,甲是正极

16. 我国第五套人民币中的一元硬币材料为钢芯镀镍,依据你所掌握的电镀原理,你认为硬币制作时,金属镍应该作_____。

　　A. 正极　　　　B. 负极　　　　C. 阳极　　　　D. 阴极

17. 铁锈的成分中含有铁的氧化物、铁的氢氧化物。研究证明,铁器的生锈与大气中的氧气、水蒸气有关。下列做法中最有利于减缓铁器生锈的是_____。

　　A. 铁锅用完后用水刷洗干净其表面的油污

　　B. 久置不用的铁刀涂抹凡士林在空气中保存

　　C. 将铁壶盛水后保存

　　D. 铁勺、铁铲放在阴湿处保存

18. 常温常压下,物质的量浓度为 1.0mol/L 的下列溶液中 pH 最大的是_____。

A. HCl　　　　B. NaOH　　　　C. $NaHCO_3$　　　　D. NH_4Cl

19. 下列有关电解水的说法正确的是_____。

　　A. 电解水的化学方程式:$2H_2O == 2H_2\uparrow + O_2\uparrow$

　　B. 电解水的化学方程式:$2H_2O \xrightarrow{通电} 2H_2\uparrow + O_2\uparrow$

　　C. 阳极收集到的气体是氢气

　　D. 阴极收集到的气体是氧气

20. 下列物质的水溶液在加热时 pH 变小的是_____。

　　A. 碳酸钠　　　B. 氯化钠　　　C. 氢氧化钠　　　D. 氯化铁

21. 下列对于原电池的描述不正确的是_____。

　　A. 在阳极上发生氧化反应

B. 电池内部由离子输送电荷
C. 在电池外线路上电子由阴极流向阳极
D. 当电动势为正值时电池反应是自发的

22. 关于如下图所示装置的叙述正确的是_____。

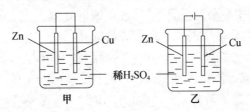

A. 甲乙装置中的锌片都做负极
B. 甲乙装置中的溶液内的 H^+ 在铜片上被还原
C. 甲乙装置中锌片上发生的反应都是还原反应
D. 甲装置中铜片上有气泡生成,乙装置中的铜片质量减小

二、填空题

1. 常温下若将 pH = 3 的 HR 溶液与 pH = 11 的 NaOH 溶液等体积混合,测得混合溶液的 pH ≠ 7,则混合溶液的 pH _____(填">7""<7"或"无法确定")。

2. 按照下图所示接通线路,反应一段时间后,回答下列问题(假设所提供的电能可以保证电解反应的顺利进行,注意图中 C 代表石墨电极):

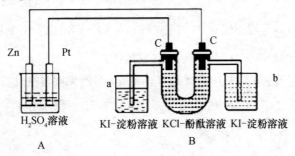

(1) U 形管内发生什么现象? _____。
(2) 写出有关反应的化学方程式:A:_____;a:_____;B_____。
(3) 在 a、b 两烧杯中发生的现象:_____。

3. 某无色溶液,由 Na^+、Ba^{2+}、Al^{3+}、AlO_2^-、Fe^{3+}、CO_3^{2-}、SO_4^{2-} 中的若干种组成。取适量该溶液进行如下实验:① 加入过量盐酸,有气体生成;② 在①所得的溶液中再加入过量碳酸氢铵溶液,有气体生成,同时析出白色沉淀甲;③ 在②所得溶液中加入过量 $Ba(OH)_2$ 溶液,也有气体生成,并有白色沉淀乙析出。原溶液中一定存在的离子是_____。

4. 只用一种化学试剂即可鉴别偏铝酸钠溶液、硅酸钠溶液、鸡蛋白溶液、纯碱溶液和蔗糖溶液五种无色溶液,则该化学试剂为_____。

5. 实验室中常用含 Ca^{2+}、Mg^{2+} 的水制取纯水,可采用的方法是_____。

6. 常温下,将 0.2 mol/L HCl 溶液与 0.2 mol/L MOH 溶液等体积混合,测得混合溶液的 pH = 7,则混合溶液中由水电离出的 $c(H^+)$ _____ 0.2 mol/L HCl 溶液中由水电离出的 $c(H^+)$。(填">""<"或"=")

7. NaX、NaY 和 NaZ 三种溶液具有相同的物质的量浓度,它们的 pH 依次为 7、8 和 9,则这三种盐对应的三种酸 HX、HY 和 HZ 的酸性由弱到强的顺序为_____。

8. 在 Zn、Cu 和稀硫酸形成的原电池体系中,负极是_____,正极是_____,在_____极有氢气放出。

9. 钢铁在潮湿的空气中容易发生腐蚀,这种腐蚀可分为_____腐蚀和_____腐蚀。

10. 用惰性铂电极电解食盐水的化学反应方程式是_____。

11. 常温下,0.1mol/L 的盐酸和 0.1mol/L 的醋酸各 100mL,分别与足量的锌粒反应,产生的气体体积前者_____后者;常温下,0.1mol/L 的盐酸和 pH＝1 的醋酸各 100mL,分别与足量的锌粒反应,产生的气体前者比后者_____。(填">""<"或"＝")

【强化训练参考答案】

一、选择题

1. B 2. C 3. A 4. C 5. B 6. B 7. D 8. D 9. A 10. A 11. D 12. A 13. D 14. A 15. C 16. C 17. B 18. B 19. B 20. D 21. C 22. D

二、填空题

1. <7

2. (1) U 形管左侧管内有黄绿色气体逸出,右侧管内有无色气体逸出,右侧溶液由无色变为红色。

(2) A:$Zn + H_2SO_4 = ZnSO_4 + H_2\uparrow$;a:$2KI + Cl_2 \xrightarrow{电解} 2KCl + I_2$;

B:$2KCl + 2H_2O \xrightarrow{电解} H_2\uparrow + Cl_2\uparrow + 2KOH$

(3) a 烧杯中溶液变蓝,b 烧杯中有无色气体逸出,溶液无明显变化。

3. Na^+、AlO_2^-、CO_3^{2-}

4. 浓 HNO_3 或浓 H_2SO_4

5. 蒸馏

6. $>$

7. $HZ < HY < HX$

8. Zn(或锌),Cu(铜),正

9. 析氢,吸氧

10. $2NaCl + 2H_2O \xrightarrow{通电} 2NaOH + H_2\uparrow + Cl_2\uparrow$

11. ＝,<

第五章 常见元素及其重要化合物

考试范围与要求

掌握常见金属单质的活动性顺序;掌握常见金属元素单质(如 Na、Mg、Al、Ca、Fe、Cu、Zn 等)及其重要化合物的主要性质和应用。

掌握常见非金属元素单质(如 H、C、N、O、F、Si、P、S、Cl 等)及其重要化合物的主要性质和应用。

了解化学与生活、材料、能源、环境、生命、信息技术等的关系;了解"绿色化学"的重要性;了解环境污染的化学因素、危害及防治。了解化学知识和技术在军事上的应用(如军事环境特征、武器装备、火箭推进剂、军事特殊材料、化学毒剂等)。

第一节 氢和水

一、氢

(一) 氢元素在周期表中的位置及其原子结构特点

氢元素位于元素周期表中的第ⅠA族,氢原子核外只有 1 个电子。氢与其他非金属元素以共价键形成化合物,表现出 +1 价。

(二) 氢气的分子结构

氢气分子是由 2 个氢原子以非极性共价键形成的非极性分子。

(三) 氢气的性质

1. 物理性质　氢气是无色、无味、难溶于水、密度最小的气体。

2. 化学性质

(1) 可燃性　纯净的氢气在氧气或空气中能完全燃烧生成水,在氯气中完全燃烧生成氯化氢(点燃之前一定要检验氢气的纯度)。

$$2H_2 + O_2 \xrightarrow{\text{点燃}} 2H_2O \qquad H_2 + Cl_2 \xrightarrow{\text{点燃}} 2HCl$$

(2) 还原性　氢气能夺取许多金属氧化物中的氧而把金属还原出来。

$$WO_3 + 3H_2 \xrightarrow{\Delta} W + 3H_2O$$

3. 氢气的制法

制取氢气
- 实验室：锌和稀硫酸（或锌和稀盐酸） $Zn + H_2SO_4(稀) == ZnSO_4 + H_2\uparrow$
- 工业
  - 电解水 $2H_2O \xrightarrow{直流电} 2H_2\uparrow + O_2\uparrow$
  - 水煤气 $C + H_2O \xrightarrow{高温} CO + H_2$
  - $CO + H_2O \xrightarrow{高温} CO_2 + H_2$
  - 甲烷分解 $CH_4 \xrightarrow{1100℃} C + 2H_2$

4. 氢气的用途

氢气是密度最小的气体,在同温同压下,它的质量相当于空气的$\frac{1}{14}$。探空气球就是填充氢气。节日气球中填充氢气,容易遇火遇热爆炸燃烧,应填充氦气。

氢气在氧气中燃烧能放出大量热,火焰温度可达3000℃。工业上利用氢氧焰来焊接、切割金属,熔融各种石英制品。氢气也是一种新型燃料,液态氢被用作火箭或导弹的高能燃料。

二、水

（一）水的组成和结构

H_2O中氢氧原子个数比为2∶1,质量比为1∶8,电子式 H×Ö×H,结构式 $\overset{O}{\underset{H\ \ H}{\diagup\diagdown}}$（折线型）,键角为104.5°,是极性分子。

（二）水的性质

1. 物理性质　水是无色无味的液体,4℃时密度最大（$\rho=1g/cm^3$）,沸点100℃,熔点0℃。

2. 化学性质

（1）很稳定,加热到1000℃以上才见有少量分解。

（2）水是弱电解质:$2H_2O \rightleftharpoons H_3O^+ + OH^-$（或 $H_2O \rightleftharpoons H^+ + OH^-$）

（3）水与金属、非金属的反应:$3Fe + 4H_2O \xrightarrow{高温} Fe_3O_4 + 4H_2$,水作氧化剂;$2F_2 + 2H_2O == 4HF + O_2$,水作还原剂;$Cl_2 + H_2O \rightleftharpoons HCl + HClO$,水既不是氧化剂,也不是还原剂。

（4）水化反应:$CaO + H_2O == Ca(OH)_2$; $SO_3 + H_2O == H_2SO_4$;

$NH_3 + H_2O \rightleftharpoons NH_3·H_2O$; $CH\equiv CH + H_2O \xrightarrow{催化剂} CH_3CHO$

（5）水解反应:$Na_2CO_3 + H_2O \rightleftharpoons NaHCO_3 + NaOH$

$C_2H_5Cl + H_2O \xrightarrow[\Delta]{NaOH} C_2H_5OH + HCl$

（6）水合反应:$CuSO_4 + 5H_2O == CuSO_4·5H_2O$

（三）水的纯化

天然水 $\xrightarrow{加明矾等净化剂}$ 沉淀 $\rightarrow$ 过滤 $\xrightarrow[杀菌]{消毒(Cl_2)}$ 净水 $\xrightarrow{离子交换或反渗透}$ 纯净水

（四）过氧化氢(H_2O_2)

过氧化氢 H—O—O—H 中有极性键和非极性键,不稳定,易分解:$2H_2O_2 \xrightarrow{MnO_2} 2H_2O + O_2\uparrow$;

既具氧化性又具还原性:$H_2O_2 + H_2S =\!=\!= S\downarrow + 2H_2O$, $5H_2O_2 + 2KMnO_4 + 6HCl =\!=\!= 2MnCl_2 + 2KCl + 8H_2O + 5O_2\uparrow$。

【例题选解】

例1 下列说法不正确的是( )。

A. 氢的原子核内一般没有中子

B. 氢原子的核外只有一个电子

C. 氢原子失去一个电子后,只剩一个质子

D. 氢的原子核有一个质子和一个中子

【解析】 相对原子质量为1的氢原子的结构很特殊,它的原子核内只有一个质子,没有中子。没有中子的原子,氢是唯一的。当氢原子失去核外的一个电子后,氢的原子核就是质子了。

【答案】 D

例2 实验室快速制取氢气,最好的方法应该用( )。

A. 纯锌与稀硫酸 B. 粗锌(含锡等)与稀硫酸

C. 粗锌与稀硝酸 D. 粗锌与浓硫酸

【解析】 锌与非氧化性酸溶液反应放出氢气,与氧化性酸反应不放出氢气,C 中稀硝酸,D 中浓硫酸与锌作用得不到氢气;A、B 两者都能得到氢气,但 B 反应速度较快,因为锌－锡形成原电池,加快了氢气的生成速度。

【答案】 B

习题 5–1

一、选择题

1. 下列关于氢气的说法正确的是( )。

A. 氢气与氧气混合即发生爆炸

B. 液态氢中含有的氢离子,能使石蕊试剂变色

C. 可用铜与稀硫酸反应制取氢气

D. 氢气能在氯气中燃烧

2. 点燃氢气前必须检验氢气的纯度,是因为( )。

A. 氢气有可燃性

B. 氢气有还原性

C. 氢气比空气轻

D. 氢气中混有空气时,点燃会发生爆炸

3. 以下三种金属分别和同一种浓度的稀硫酸反应时,产生氢气的速度从快到慢的顺序是( )。

A. $Fe > Mg > Zn$ B. $Mg > Fe > Zn$

C. $Mg > Zn > Fe$ D. $Zn > Mg > Fe$

4. 电解水时在水中加入少量硫酸或氢氧化钠是为了( )。

A. 得到更多氢气 B. 得到更多氧气

C. 增强水的导电性 D. 防止发生爆炸

5. 有关氢气和氧化铜加热生成水和单质铜的反应,下列说法正确的是(　　)。

　　A. H_2 充当氧化剂　　　　　　B. CuO 充当还原剂

　　C. H_2O 是还原产物　　　　　　D. Cu 为还原产物

6. 常温下,下列各组溶液分别与铝粉反应,都能放出氢气的是(　　)。

　　A. 浓硫酸和稀硝酸　　　　　　B. 浓硝酸和稀硫酸

　　C. 浓盐酸和苛性钠溶液　　　　D. 苛性碱和浓硫酸

7. 在氢气还原氧化铜时,进行如下实验:①加热;②停止加热;③通入氢气;④停止通入氢气。下列操作顺序正确的是(　　)。

　　A. ③①②④　　　B. ③①④②　　　C. ①③②④　　　D. ①③④②

8. 下列实验室制取氢气的操作,不正确的是(　　)。

　　A. 长颈漏斗底部应插入液面以下

　　B. 用排水法收集氢气时把装满水的集气瓶倒立在水槽中备用

　　C. 应均匀加热氢气的发生装置

　　D. 点燃氢气前必须要先验纯

【参考答案】

1. D　2. D　3. C　4. C　5. D　6. C　7. A　8. C

第二节　卤素

一、卤素在周期表中的位置及其原子结构特点

卤素位于元素周期表中的第ⅦA族,包括元素氟(F)、氯(Cl)、溴(Br)、碘(I)、砹(At)。砹为放射性元素。卤素原子最外层价电子数为7,易得到1个电子成 -1 价阴离子,在自然界中均以化合态存在。最高价为 $+7$ 价(F无正价)。

二、卤素单质的化学性质

(一) 均与金属直接化合生成无氧酸盐

$$X_2 + 2Na \xrightarrow{点燃} 2NaX$$

(二) 均与氢气直接化合生成气态氢化物

反应活性 $F_2 > Cl_2 > Br_2 > I_2$。气态氢化物的稳定性 $HF > HCl > HBr > HI$。气态氢化物溶于水生成的氢卤酸的酸性 $HF < HCl < HBr < HI$。

$$X_2 + H_2 = 2HX(反应条件不一样)$$

(三) 均与水反应,且反应活性 $F_2 > Cl_2 > Br_2 > I_2$

$$2F_2 + 2H_2O = 4HF + O_2(爆炸)$$

$$X_2 + H_2O = HXO + HX(X = Cl、Br、I)$$

(四) 卤素间的置换反应

卤素的活泼性为 $F_2 > Cl_2 > Br_2 > I_2$。

$$2NaBr + Cl_2 = 2NaCl + Br_2$$

$$2KI + Br_2 =\!=\!= 2KBr + I_2$$

三、氯气

(一)物理性质

氯气为黄绿色气体,有刺激性气味,易液化,能溶于水。

(二)化学性质

1. **强氧化性** 氯气能氧化几乎所有的金属、氢以及许多处于低价态的化合物。

$$3Cl_2 + 2Fe \xrightarrow{点燃} 2FeCl_3$$

$$H_2 + Cl_2 \xrightarrow{点燃} 2HCl$$

$$2FeCl_2 + Cl_2 =\!=\!= 2FeCl_3$$

2. **与水反应** $Cl_2 + H_2O \rightleftharpoons HClO + HCl$

HClO 是一种强氧化剂,自来水厂用来杀菌消毒。HClO 还能使有色物质氧化褪色,用作漂白剂。

3. **与碱反应** $2Cl_2 + 2Ca(OH)_2 =\!=\!= \underset{漂白粉}{Ca(ClO)_2 + CaCl_2} + 2H_2O$

漂白粉的成分是 $CaCl_2$ 和 $Ca(ClO)_2$,漂白时,有效成分 $Ca(ClO)_2$ 跟稀盐酸或空气里的 CO_2 和水蒸气反应可以生成 HClO,HClO 起漂白作用。

(三)氯气的实验室制法

$$4HCl(浓) + MnO_2 \xrightarrow{\triangle} MnCl_2 + 2H_2O + Cl_2\uparrow$$

四、氯化氢和盐酸

(一)氯化氢

氯化氢为无色、有刺激性气味的气体,极易溶于水,0℃时,1 体积水能溶解约 500 体积氯化氢。液态时不导电,干燥的氯化氢不显酸性。实验室里可用食盐与浓硫酸反应来制取氯化氢:

$$NaCl + H_2SO_4(浓) \xrightarrow{\triangle} NaHSO_4 + HCl$$

(二)盐酸

氯化氢气体溶于水即成盐酸。盐酸为强酸,在水溶液中电离出 H^+ 和 Cl^-,导电性强,能使蓝色石蕊试纸变红,具有酸的通性。

盐酸可用于金属表面除锈,制取葡萄糖、药剂、氯化物、染料等。

五、卤素的几种化合物

(一)氟化钙

氟化钙又叫萤石,是制取 HF 的主要原料:

$$CaF_2 + H_2SO_4(浓) \xrightarrow[铅皿]{\triangle} CaSO_4 + 2HF\uparrow$$

(二)卤化银(AgX)

卤化银不溶于硝酸(AgF 除外)。碘化银可用于人工降雨。溴化银和碘化银都有感光性,在光照下起分解反应,可用于制感光材料。

$$2AgBr \xrightarrow{光照} 2Ag + Br_2\uparrow$$

六、卤族元素的性质及递变规律

元素		氟(F)	氯(Cl)	溴(Br)	碘(I)
	原子与离子半径		由小到大 →		
单质的物理性质	色态	浅黄绿色气体	黄绿色气体	暗红色液体,易挥发	黑紫色固体,易升华
	密度		逐渐增大 →		
	熔沸点		逐渐升高 →		
	单质的氧化性		由强到弱 →		
	离子的还原性		$F^- < Cl^- < Br^- < I^-$		
氢化物与含氧酸	稳定性	HF 很稳定,有腐蚀性,水溶液为弱酸	HCl 稳定,水溶液为强酸	HBr 不稳定,易被氧化,水溶液为强酸	HI 很不稳定,易被氧化,水溶液为强酸
	水溶液酸性		由弱到强 →		
	含氧酸	—	$HClO_4$,$HClO_3$,$HClO$	$HBrO_4$,$HBrO_3$	HIO_4,HIO_3
	含氧酸的强弱		$HClO_4 > HBrO_4 > HIO_4$		
AgX 的稳定性		AgF(白色易溶) > AgCl(白色难溶) > AgBr(浅黄色难溶) > AgI(黄色难溶)			

【例题选解】

例 1 有 A、B、C、D、E 五瓶气体,分别是 Cl_2、HCl、HBr、CO_2、H_2 中的一种。通过观察可以看到 A 瓶中气体为黄绿色,其余四瓶气体为无色。将 B 和 C 瓶瓶盖打开后,可看到空气中有白雾生成。A 瓶和 C 瓶气体混合后,无明显现象。A 和 D 瓶气体混合后见光,发生爆炸。(提示:HBr 在空气中易形成白雾)根据上述实验判断,各瓶中的气体是:A:_____,B:_____,C:_____,D:_____,E:_____。

【解析】 (1)因为 A 瓶中气体为黄绿色,可以判断出 A 瓶中的气体为氯气。

(2)由已知 B 和 C 瓶打开后有白雾,初步判断,这两瓶中分别盛有 HCl 和 HBr 中的一种,又知 A 和 C 混合后无明显反应,可以判断,C 瓶为 HCl,B 瓶为 HBr。

(3)由"A 和 D 瓶气体混合后见光发生爆炸",可以判断 D 瓶为 H_2,进而推断出 E 瓶是 CO_2。

【答案】 A:Cl_2,B:HBr,C:HCl,D:H_2,E:CO_2

例 2 下列对于 I^- 性质的叙述中,正确的是( )。

A. 能发生升华现象 B. 能使淀粉溶液变蓝
C. 易发生还原反应 D. 具有较强的还原性

【解析】 I^- 和 I_2 的性质截然不同,升华现象是 I_2 的性质;使淀粉变蓝是 I_2 的特性,常用于鉴别 I_2 和淀粉;而 I^- 只能失去电子,发生氧化反应,不能发生还原反应(得到电子)。I^- 具有较强的还原性,故 D 选项正确。

【答案】 D

习题 5-2

一、选择题

1. 用 X 代表 F、Cl、Br、I 四种卤族元素，下列属于它们共性反应的是(　　)。
   A. $X_2 + H_2O \Longrightarrow HX + HXO$
   B. $X_2 + H_2 \Longrightarrow 2HX$
   C. $2Fe + 3X_2 \Longrightarrow 2FeX_3$
   D. $X_2 + 2NaOH \Longrightarrow NaX + NaXO + H_2O$

2. 在氯水中存在多种分子和离子，可通过实验的方法加以确定，下列说法中错误的是(　　)。
   A. 加入少量含有 NaOH 的酚酞试液，红色褪去，说明有 H^+ 存在
   B. 加入有色布条后，有色布条褪色，说明有 HClO 分子存在
   C. 氯水呈浅黄色，且有刺激性气味，说明有 Cl_2 分子存在
   D. 加入硝酸酸化的 $AgNO_3$ 溶液产生白色沉淀，说明有 Cl^- 存在

3. 氯水的漂白作用是通过(　　)。
   A. 分解作用　　B. 中和作用　　C. 氧化作用　　D. 吸附作用

4. 下列物质可由金属与盐酸反应直接制得的是(　　)。
   A. $FeCl_3$　　B. $AgCl$　　C. $CuCl_2$　　D. $FeCl_2$

5. 欲除去 Cl_2 中的少量 HCl 气体，可选用(　　)。
   A. 饱和氯水
   B. NaOH 溶液
   C. $Ca(OH)_2$ 溶液
   D. $AgNO_3$ 溶液

6. 欲除去氯化氢气体中的水蒸气，可选用(　　)。
   A. 碱石灰　　B. 浓硫酸　　C. 过氧化钠　　D. 氢氧化钠

7. 下列物质中具有漂白作用的是(　　)。
   A. 干燥氯气　　B. 液氯　　C. 新制氯水　　D. 新制溴水

8. 有关卤素的叙述正确的是(　　)。
   A. 卤素是非金属，不能与其他非金属化合
   B. 卤素与钠反应，得到离子化合物
   C. 卤素的氢化物溶于水都是强酸
   D. 卤化银既不溶于水，也不溶于酸

9. 加热时，发生升华现象的是(　　)。
   A. Br_2(液)　　B. I_2　　C. NH_4Cl　　D. N_2O_4

10. 把氯气通入下列溶液中，再加氯化钡与盐酸的混合物，有白色沉淀生成的是(　　)。
    A. NaI　　B. Na_2SO_4　　C. KBr　　D. Na_2CO_3

11. 将 a、b、c、d 四个集气瓶中装有 Cl_2、H_2、HCl、HBr 中的某一种气体，若将 d 和 a 两瓶气体混合在强光照射后颜色变浅，若将 b 和 a 两瓶气体混合后瓶壁上出现暗红色小液滴，则气体 a 是(　　)。
    A. H_2　　B. HCl　　C. HBr　　D. Cl_2

12. 下列叙述不正确的是(　　)。
    A. 氢氟酸一般储存于塑料瓶中
    B. 用浓硫酸与萤石在铅皿中反应制取氟化氢
    C. 氟化氢无毒
    D. 氟化氢在空气中不会形成白雾

13. 下列比较完全正确的是（　　）。

   A. 离子半径　$I^- > Br^- > Cl^- > F^-$

   B. 离子氧化性　$I^- > Br^- > Cl^- > F^-$

   C. 单质稳定性　$Cl_2 > F_2 > I_2 > Br_2$

   D. AgX 在水中的溶解性　$AgCl < AgBr < AgI < AgF$

14. 下列物质属于混合物的是（　　）。

   A. $Ca(ClO)_2$　　B. 液氯　　C. 氯化氢　　D. 次氯酸溶液

15. 下列物质中含有 Cl^- 的是（　　）。

   A. 液态 HCl　　B. 盐酸　　C. 液态 Cl_2　　D. $HClO_3$

16. 下列物质中不会因见光而分解的是（　　）。

   A. $NaHCO_3$　　B. HNO_3　　C. AgI　　D. HClO

二、填空题

1. 按要求各写出一个化学方程式：

氯元素在反应中：

（1）被氧化_____；

（2）被还原_____；

（3）既被氧化又被还原_____；

（4）既没被氧化又没被还原_____；

（5）由反应物→产物变化过程中，有 1 个氯原子化合价改变 5 价，另有 5 个氯原子改变 1 价_____。

2. 检验 Cl^-、Br^-、I^- 常用的试剂是　①　，检验氯分子常用的试剂是　②　，做碘的升华实验，在试管壁上留下的碘可用　③　洗涤，用于盛放高锰酸钾溶液后的棕色痕迹为 MnO_2，可用　④　洗去。

3. 人工降雨弹头中装入　①　粉末，其作用是　②　；照相时溴化银使底片感光，化学方程式为　③　。

4. 在卤化氢 HF、HCl、HBr、HI 四种气体中，稳定性最大的是　①　，还原性最强的是　②　，水溶液酸性最强的是　③　，H—X 键能最大的是　④　。

【参考答案】

一、1. B　2. A　3. C　4. D　5. A　6. B　7. C　8. B　9. B　10. B　11. D　12. C　13. A　14. D　15. B　16. A

二、1.（1）$MnO_2 + 4HCl(浓) \xrightarrow{\triangle} MnCl_2 + Cl_2\uparrow + 2H_2O$

（2）$2Fe + 3Cl_2 \xrightarrow{点燃} 2FeCl_3$

（3）$Cl_2 + H_2O === HCl + HClO$

（4）$AgNO_3 + HCl === AgCl\downarrow + HNO_3$

（5）$6KOH + 3Cl_2 === 5KCl + KClO_3 + 3H_2O$

2. ①$AgNO_3$ 溶液；②湿淀粉碘化钾试纸；③酒精；④浓盐酸

3. ①AgI；②AgI 使水蒸气迅速凝结而降落；③$2AgBr \xrightarrow{光照} 2Ag + Br_2\uparrow$

4. ①HF；②HI；③HI；④HF

第三节 氧和硫

一、氧族元素在周期表中的位置及其原子结构特点

氧族元素位于元素周期表中的第ⅥA族，包括元素氧（O）、硫（S）、硒（Se）、碲（Te）、钋（Po）。钋为放射性元素。氧族元素的原子最外层价电子数为6，通常易结合2个电子显-2价，也可失去部分或全部最外层电子形成正价化合物。

二、氧气

（一）物理性质

氧气为无色、无味的气体，比空气略重，微溶于水，难液化。

（二）化学性质

1. 与金属的反应　$3Fe + 2O_2 \xrightarrow{点燃} Fe_3O_4$

2. 与非金属的反应　$S + O_2 \xrightarrow{点燃} SO_2$

3. 与化合物的反应　$2CO + O_2 \xrightarrow{点燃} 2CO_2$

（三）氧气的实验室制法

$$2KClO_3 \xrightarrow[\Delta]{MnO_2} 2KCl + 3O_2\uparrow$$

工业上用分离液态空气的方法来制取氧气。在-196℃时，氮气先气化，剩余就是蓝色液态氧气，氧气在-183℃时气化。氧气是人类和其他生物维持生命的必需物质，也是工业生产、人类生活的必要气体。

三、硫及其化合物

（一）硫

1. 物理性质　硫为淡黄色晶体，俗称硫磺，密度大约是水的两倍，不溶于水，微溶于酒精，易溶于二硫化碳，熔点为112.8℃。

2. 化学性质　硫常温下化学性质不活泼，加热则容易与金属、氢气及其他非金属反应。

(1)与金属的反应　$Hg + S == HgS$

(2)与非金属反应　$H_2 + S(气) \xrightarrow{\Delta} H_2S$　　$C + 2S \xrightarrow{高温} CS_2$

（二）硫化氢

1. 物理性质　硫化氢为无色有臭鸡蛋气味的气体，比空气略重，稍溶于水，有剧毒，是一种大气污染物。

2. 化学性质

(1)强还原性：

$$2H_2S + 3O_2(充足) \xrightarrow{点燃} 2H_2O + 2SO_2$$

$$2H_2S + O_2(不充足) \xrightarrow{点燃} 2H_2O + 2S\downarrow$$

$$2H_2S + SO_2 === 2H_2O + 3S\downarrow$$
$$H_2S + X_2(Cl_2、Br_2、I_2) === 2HX + S\downarrow$$

(2) 水溶液为氢硫酸,呈弱酸性,是一个二元弱酸。

(3) 与许多金属离子生成难溶于水的有色沉淀:
$$Pb^{2+} + H_2S === PbS(黑色)\downarrow + 2H^+$$

(4) 不稳定性 $H_2S \xrightarrow{300℃以上} H_2 + S$

3. 实验室制法
$$FeS + 2HCl(稀) === FeCl_2 + H_2S\uparrow$$
$$FeS + H_2SO_4(稀) === FeSO_4 + H_2S\uparrow$$

(三) 二氧化硫

1. 物理性质 二氧化硫又称亚硫酐,为无色、有刺激性气味的有毒气体,易溶于水。

2. 化学性质

(1) 还原性 $SO_2 + Cl_2 + 2H_2O === H_2SO_4 + 2HCl$

(2) 氧化性 $SO_2 + 2H_2S === 3S + 2H_2O$

(3) 溶于水生成亚硫酸,亚硫酸很不稳定,容易分解为水和二氧化硫。
$$H_2O + SO_2 \rightleftharpoons H_2SO_3$$

(4) 具有漂白性,本身能与有色物结合而使其褪去颜色,如能使品红试液褪色等。

3. 实验室制法 $Na_2SO_3 + H_2SO_4(浓) === Na_2SO_4 + SO_2\uparrow + H_2O$

SO_2 是空气污染的主要物质之一。人吸入 SO_2 会发生呼吸系统疾病。酸雨的主要污染物也是 SO_2。人类生产、生活使用大量煤炭,而煤炭中的硫化物燃烧后产生 SO_2,造成空气污染。

(四) 三氧化硫

1. 物理性质 三氧化硫又叫硫酐,为无色易挥发的晶体,熔点为 16.8℃。

2. 化学性质

(1) 溶于水生成硫酸 $SO_3 + H_2O === H_2SO_4$

(2) 是一个酸性氧化物 $SO_3 + 2NaOH === Na_2SO_4 + H_2O$

(五) 硫酸

1. 物理性质 硫酸为无色油状液体,沸点高,不易挥发,能与水以任意比例混合,并放出大量热。

2. 化学性质

(1) 是强酸,具有酸的一切通性。

(2) 浓硫酸有三大特性:

①强氧化性。
$$C + 2H_2SO_4(浓) \xrightarrow{\triangle} CO_2\uparrow + 2H_2O + 2SO_2\uparrow$$
$$2H_2SO_4(浓) + Cu \xrightarrow{\triangle} CuSO_4 + 2H_2O + SO_2\uparrow$$

②吸水性。用作非碱性及非还原性气体的干燥剂。

③脱水性。用作有机反应的脱水剂:
$$C_2H_5OH \xrightarrow[170℃]{浓硫酸} C_2H_4\uparrow + H_2O$$

3. 制法 工业接触法制硫酸主要经过三个阶段：

(1) 二氧化硫的制取及净化(煅烧黄铁矿)：

$$4FeS_2 + 11O_2 \xrightarrow{\text{高温}} 2Fe_2O_3 + 8SO_2$$

(2) 二氧化硫的催化氧化制取三氧化硫：

$$2SO_2 + O_2 \xrightleftharpoons[400℃\sim500℃]{\text{催化剂}} 2SO_3$$

(3) 三氧化硫的吸收及硫酸的生成：

$$SO_3 + H_2O == H_2SO_4$$

实际生产中用98.3%的硫酸来吸收三氧化硫，这样吸收率高，且不易形成酸雾。

H_2SO_4是重要的工业原料之一。可用于制磷酸钙和硫酸铵等化学肥料、制取硫酸盐和挥发性酸、精炼石油、制炸药和农药等。

【例题选解】

例1 有一瓶无色气体，可能含有HCl、H_2S、CO_2、HBr、SO_2中的一种或几种，将其通入氯水中，得到无色透明的溶液，把溶液分成两份，向一份中加入盐酸酸化的$BaCl_2$溶液，出现白色沉淀；向另一份中加入用硝酸酸化的硝酸银溶液，也有白色沉淀。以下结论正确的是(　　)。

①原气体中肯定有SO_2；②原气体中可能有SO_2；③原气体中肯定没有H_2S、HBr；④不能肯定原气体中是否有HCl；⑤原气体中肯定没有CO_2；⑥原气体中肯定没有HCl。

【解析】 将气体通入氯水后如果有H_2S则会产生硫沉淀，有HBr则会出现Br_2的棕色溶液。由无色透明溶液知道混合气体中不含H_2S和HBr，答案③正确。加入盐酸酸化后的$BaCl_2$溶液有白色沉淀说明肯定含有SO_2，$2H_2O + Cl_2 + SO_2 == 2HCl + H_2SO_4$，$BaCl_2 + H_2SO_4 == BaSO_4\downarrow + 2HCl$，故①正确；因为通入的是氯水中，原气体中是否含有$HCl$就不能肯定了。因为$BaCO_3$、$Ag_2CO_3$在酸溶液中得不到沉淀，当含量少时也不一定产生气体，所以说CO_2是否存在也不能肯定。故答案为①③④。

【答案】 ①③④

例2 一种蓝色溶液里可以发生下列反应：

(1) 如果加入$NaOH$溶液，可以产生蓝色沉淀，沉淀受热变成黑色粉末；

(2) 如果加入$BaCl_2$溶液，产生不溶于酸的沉淀；

(3) 如果加入洁净的铁钉，铁钉表面上会出现红色物质。

通过上述反应，判断该蓝色溶液中一定存在的物质。

【解析】 由反应(1)可以判断溶液中有Cu^{2+}存在。Cu^{2+}与OH^-反应生成$Cu(OH)_2$沉淀，沉淀受热分解生成黑色的CuO粉末。由反应(2)可以判断溶液中有SO_4^{2-}存在。SO_4^{2-}与Ba^{2+}反应生成不溶于酸的$BaSO_4$沉淀。反应(3)则进一步说明有Cu^{2+}存在。铁钉与Cu^{2+}发生置换反应，生成红色的铜附着在铁钉表面。

【答案】 该蓝色溶液中一定存在硫酸铜。

习题 5-3

一、选择题

1. 下列各组气体中，能用浓硫酸干燥的是(　　)。

A. H_2S、HCl、CO_2 　　B. H_2、CO_2、HCl　　C. CO_2、SO_2、NH_3　　D. O_2、H_2S、CO_2

2. 关于 H_2S 气体的叙述不正确的是(　　)。

　　A. 有剧毒　　　　B. 有臭鸡蛋味　　　　C. 可排入大气　　　　D. 是大气污染物

3. 下列哪个是黄铁矿的主要成分？(　　)

　　A. FeS_2　　　　B. $CuFeS_2$　　　　C. $CaSO_4\cdot 2H_2O$　　　　D. $Na_2SO_4\cdot 10H_2O$

4. 硫的非金属性不如氧强,但下列叙述中不能说明这一事实的是(　　)。

　　A. $S+O_2 \xrightarrow{\text{点燃}} SO_2$,$O_2$ 是氧化剂,S 是还原剂

　　B. 硫是淡黄色固体,氧气是无色气体

　　C. $H_2S \xrightarrow{300℃} H_2+S$,$2H_2O \xrightarrow{1000℃} 2H_2\uparrow+O_2\uparrow$

　　D. 氢硫酸放置在空气中易变浑浊

5. 关于硫的叙述不正确的是(　　)。

　　A. 俗称硫磺　　　　B. 不溶于水　　　　C. 密度比水小　　　　D. 易溶于 CS_2

6. 接触法制 H_2SO_4 的工业生产中,硫铁矿煅烧前要粉碎,其目的是(　　)。

　　A. 易除去尘粒　　　　B. 减少杂质　　　　C. 升高炉温　　　　D. 充分燃烧

7. 为了检验 SO_2 中是否含有少量的 CO_2 气体杂质,下列操作正确的是(　　)。

　　A. 先通入水中,再通入澄清石灰水中

　　B. 通入品红溶液

　　C. 先通入酸性 $KMnO_4$ 溶液,再通入澄清石灰水

　　D. 通入澄清石灰水

8. 接触法制 H_2SO_4 时,不用水而用浓硫酸吸收 SO_3 的原因是(　　)。

　　A. SO_3 在水中的溶解度小　　　　B. 用水吸收 SO_3 易形成不易吸收的酸雾

　　C. 放出的热使水蒸发　　　　D. 用水吸收生成的硫酸浓度低

9. 工业上以硫铁矿为原料制硫酸所产生的尾气中含有 SO_2,为便于监控,实施环境保护,下列适合测定硫酸尾气中 SO_2 含量的试剂是(　　)。

　　A. 品红溶液　　　　B. 氨水、酚酞试液　　　　C. 碘水、淀粉溶液　　　　D. 以上都可以

10. 下列对浓硫酸的叙述正确的是(　　)。

　　A. 常温下浓硫酸和铁、铝不反应,故可用铁或铝制容器存放浓硫酸

　　B. 浓硫酸和铜片加热反应既表现出强酸性,又表现出强氧化性

　　C. 浓硫酸具有强氧化性、脱水性和吸水性,可以使蔗糖炭化

　　D. 可用浓硫酸干燥新制的氨气

11. 等物质的量浓度的下列溶液中,pH 值最小的是(　　)。

　　A. $NaHCO_3$　　　　B. $Al_2(SO_4)_3$　　　　C. $NaAlO_2$　　　　D. $NaHSO_4$

12. 要使溶液中的 Ba^{2+},Al^{3+},Cu^{2+},Mg^{2+},Ag^+ 等离子逐一形成沉淀析出,选择试剂及加入顺序正确的是(　　)。

　　A. $H_2SO_4 \to HCl \to H_2S \to NaOH \to CO_2$

　　B. $HCl \to H_2SO_4 \to H_2S \to NaOH \to CO_2$

　　C. $NaCl \to Na_2SO_4 \to Na_2S \to NaOH \to CH_3COOH$

　　D. $Na_2S \to Na_2SO_3 \to NaCl \to NaOH \to HCl$

二、填空题

1. 硫的蒸气有橙色的、无色的和棕色的三种,它们都是硫的单质,但每种分子中所含S原子的数目不同,对这三种颜色的硫蒸气进行测定的结果是:标准状况时,橙色蒸气的密度为11.43g/L;无色蒸气与H_2的相对密度为64;棕色蒸气的质量是相同状况时同体积空气质量的6.62倍。(1)橙色硫蒸气的相对分子质量是___①___,化学式为___②___;(2)无色硫蒸气的相对分子质量是___①___,化学式为___②___;(3)棕色硫蒸气的相对分子质量是___①___,化学式为___②___。

2. 某稀酸B与盐A反应,生成无色有刺激性气味的气体C,C可与NaOH反应生成A,C可氧化成D,D溶于水生成B,则A→D的化学式为:A___①___,B___②___,C___③___,D___④___。C与NaOH反应的化学方程式为:___⑤___。

3. 硫酸具有以下A～F的性质:A. 酸性;B. 高沸点难挥发;C. 吸水性;D. 脱水性;E. 强氧化性;F. 溶于水放出大量热。

(1)浓硫酸与铜共热发生反应的化学方程式为_____;实验中往往有大量白色固体析出,可见浓硫酸在该实验中表现出_____性质。(请用A、B、C、D、E、F填空,下同)

(2)实验证明铜不能在低温下与O_2反应,也不能与稀H_2SO_4共热发生反应,但工业上却是将废铜屑倒入热的稀H_2SO_4中并通入空气来制备$CuSO_4$溶液,铜屑在此状态下被溶解的化学方程式为_____;硫酸在该反应中表现出_____性质。

(3)在过氧化氢跟稀硫酸的混合溶液中加入铜片,常温下就生成蓝色$CuSO_4$溶液。写出有关反应的化学方程式:_____;与(2)中的反应条件比较不同的原因是_____。

4. 盛放氢硫酸的试剂瓶,敞口久置空气中,会出现___①___,这是因为___②___,化学方程式为___③___,该反应说明___④___的非金属性比___⑤___强。

5. 接触法制硫酸的三个主要阶段是___①___、___②___、___③___。以上各阶段分别发生反应的化学方程式为___④___、___⑤___、___⑥___。燃烧硫铁矿的设备是___⑦___。使二氧化硫氧化的设备是___⑧___。生成的三氧化硫用水或稀硫酸作吸收剂时容易形成___⑨___,因此工业上用___⑩___来吸收三氧化硫,此设备称为___⑪___。接触法制硫酸的尾气中含有少量的___⑫___等物质,___⑬___是大气污染的主要有害物质之一。

三、问答题

1. 有一白色粉末X,进行如下图的实验:

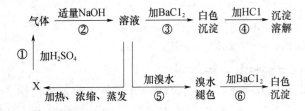

由以上实验现象及结果推测:

(1) X的名称及化学式。

(2) 写出①、②、③、④、⑤、⑥各步反应的化学方程式。

2. 有一种不溶于水的固体物质A,A与氢气反应生成化合物B,A与氧气反应生成化合物C,B和C都是溶于水形成酸性溶液的气体,这两种气体反应后生成固体物质A,将A与铁粉混合后加热,生成不溶于水的黑色物质 D,D 溶于盐酸,产生气体 B,B 能使湿润的蓝色石蕊试纸变红,用化学式表示出 A、B、C、D 各是什么物质。

3. Na_2SO_3 在空气中会因氧化而变质,反应为:$2Na_2SO_3 + O_2 === 2Na_2SO_4$,某学生对一份亚硫酸钠试样进行下列实验,取试样配成水溶液,将溶液分成三份:一份中加入 Br_2 水,振荡,溴水褪色;一份中加入浓硫酸,产生有刺激性气味的气体;一份中加入用 HNO_3 酸化的 $BaCl_2$ 溶液,有白色沉淀产生,同时有气体生成。根据以上实验,该学生得出结论:此 Na_2SO_3 试样已变质。请分析该结论是否正确,说明原因。

4. $BaSO_4$ 和 $BaCO_3$ 都难溶于水,但 $BaCO_3$ 能溶于盐酸,而 $BaSO_4$ 却不能溶于盐酸,为什么?

5. 三元素 A、B、C,最外层电子数之和为 17,质子数之和为 31,A 与 B 同周期相邻,B 与 C 同主族相邻,可知 A 在周期表上位于___①___周期___②___族,B 的原子结构简图是___③___,A 的氢化物与 C 的氢化物等物质的量反应产物的化学式为___④___,其中存在的化学键有___⑤___种。

【参考答案】

一、1. B 2. C 3. A 4. B 5. C 6. D 7. C 8. B 9. C 10. C 11. D 12. B

二、1. (1) ①256;②S_8 (2) ①128;②S_4 (3) ①192;②S_6

2. ①Na_2SO_3;②H_2SO_4;③SO_2;④SO_3;⑤$SO_2 + 2NaOH === Na_2SO_3 + H_2O$

3. (1) $2H_2SO_4(浓) + Cu \xrightarrow{加热} CuSO_4 + SO_2\uparrow + 2H_2O$;ACE

(2) $2Cu + O_2 + 2H_2SO_4 \xrightarrow{加热} 2CuSO_4 + 2H_2O$;A

(3) $Cu + H_2O_2 + H_2SO_4 === CuSO_4 + 2H_2O$;过氧化氢的氧化性比氧气强

4. ①浅黄色沉淀;②空气中的氧气把 H_2S 氧化成单质 S;③$2H_2S + O_2 === 2S + 2H_2O$;④氧;⑤硫

5. ①二氧化硫的制取及净化;②二氧化硫氧化成三氧化硫;③三氧化硫的吸收及硫酸的生成;④$4FeS_2 + 11O_2 \xrightarrow{高温} 2Fe_2O_3 + 8SO_2$;⑤$2SO_2 + O_2 \xrightleftharpoons[\triangle]{V_2O_5} 2SO_3$;⑥$SO_3 + H_2O === H_2SO_4$;⑦沸腾炉;⑧接触室;⑨酸雾;⑩98.3% 浓硫酸;⑪吸收塔;⑫SO_2;⑬SO_3

三、1. (1) 亚硫酸钠,Na_2SO_3

(2) ①$Na_2SO_3 + H_2SO_4 === Na_2SO_4 + H_2O + SO_2\uparrow$;

②$SO_2 + 2NaOH === Na_2SO_3 + H_2O$;

③$Na_2SO_3 + BaCl_2 === BaSO_3\downarrow + 2NaCl$;

④$BaSO_3 + 2HCl === BaCl_2 + SO_2\uparrow + H_2O$;

⑤$Na_2SO_3 + H_2O + Br_2 === Na_2SO_4 + 2HBr$;

⑥$Na_2SO_4 + BaCl_2 === BaSO_4\downarrow + 2NaCl$

2. A:S,B:H_2S,C:SO_2,D:FeS。分析:据题中 A 的氧化物及氢化物溶于水显酸性,可推断 A 为ⅥA~ⅦA族元素。在中学化学知识中含有相同元素的氧化物及氢化物气体之间起反应后能生成该元素单质的只有硫。据硫及其化合物的化学性质可推断出 A 为 S,B 为 H_2S,C 为 SO_2,D 为 FeS。

3. 该结论不正确。因为如要证有 Na_2SO_3 变质被氧化,首要问题是确证含有 Na_2SO_4。但是从题给条件都不能证明含有 SO_4^{2-}。因为加入用 HNO_3 酸化的 $BaCl_2$ 溶液,有白色沉淀生成,并不能确认含有被空气氧化的 Na_2SO_4,当 HNO_3 与 SO_3^{2-} 反应时同样会产生 SO_4^{2-}。

4. 在 $BaSO_4$ 和 $BaCO_3$ 的水溶液中含有下述溶解平衡 $BaSO_4 \rightleftharpoons Ba^{2+} + SO_4^{2-}$,$BaCO_3 \rightleftharpoons Ba^{2+} + CO_3^{2-}$。当加入盐酸后,$CO_3^{2-}$ 可以和 H^+ 反应生成 H_2O 和 CO_2,破坏了 $BaCO_3$ 的溶解平衡,平衡向右移动,$BaCO_3$ 逐渐溶解。$BaSO_4$ 溶解平衡时加入 HCl 不反应,对平衡无影响,所以 $BaSO_4$ 不溶于盐酸。

5. ①第二;②VA;③(+8) 2 6;④NH_4HS;⑤3

【难题解析】

一、12. 考查分步沉淀和离子性质。

将溶液中 Ba^{2+}、Al^{3+}、Cu^{2+}、Mg^{2+} 和 Ag^+ 逐一沉淀析出,不仅要注意选取合适的沉淀剂,还要注意加入次序。本题选 B。选取的沉淀剂及加入次序为 $HCl \rightarrow H_2SO_4 \rightarrow H_2S \rightarrow NaOH \rightarrow CO_2$,本题的难点在于最后两步,当加入 NaOH 时,$Mg^{2+}$ 和 Al^{3+} 都可以被沉淀出来,当加入过量 NaOH 时,生成的 $Al(OH)_3$ 沉淀又被溶解,形成 AlO_2^-,当通入 CO_2 时 AlO_2^- 会再次被沉淀出来,形成 $Al(OH)_3$。涉及的离子反应式如下:$Al^{3+} + 3OH^- \rightleftharpoons Al(OH)_3 \downarrow$,$Al(OH)_3 + OH^- \rightleftharpoons AlO_2^- + 2H_2O$,$AlO_2^- + CO_2 + 2H_2O \rightleftharpoons Al(OH)_3 \downarrow + HCO_3^-$。

第四节 氮和磷

一、氮族元素在周期表中的位置及其原子结构特点

氮族元素位于元素周期表中的第ⅤA族,包括元素有氮(N)、磷(P)、砷(As)、锑(Sb)、铋(Bi)。氮族元素的原子最外层价电子数为5,在化合物中有多种化合价,最低价为 -3 价,最高价为 $+5$ 价。

二、氮及其重要化合物

(一) 氮气

1. 物理性质　氮气为无色、无味气体,难溶于水,比空气稍轻。
2. 化学性质　常温下氮气很稳定,在高温条件下表现出一定的活泼性。

(1) 与氢气的反应　$N_2 + 3H_2 \xrightleftharpoons[催化剂]{高温、高压} 2NH_3$

(2) 与氧气的反应　$N_2 + O_2 \xrightarrow{放电} 2NO$

(3) 与某些金属的反应　$3Mg + N_2 \xrightarrow{点燃} Mg_3N_2$

(二) 氨

1. 物理性质　氨为无色、有刺激性气味的气体,比空气轻,极易溶于水。
2. 化学性质

(1) 水溶液显弱碱性
$NH_3 + H_2O \rightleftharpoons NH_3 \cdot H_2O \rightleftharpoons NH_4^+ + OH^-$

(2) 与酸反应生成铵盐　$2NH_3 + H_2SO_4 \rightleftharpoons (NH_4)_2SO_4$

(3) 与氧气的反应　$4NH_3 + 5O_2 \xrightleftharpoons[\Delta]{催化剂} 4NO + 6H_2O$

3. 实验室制法

$$2NH_4Cl(固) + Ca(OH)_2(固) \xrightarrow{\Delta} CaCl_2 + 2NH_3\uparrow + 2H_2O$$

（三）铵盐

1. 物理性质　多数为无色晶体，易溶于水。
2. 化学性质

（1）受热分解　$NH_4HCO_3 \xrightarrow{\Delta} NH_3\uparrow + CO_2\uparrow + H_2O$

$$(NH_4)_2SO_4 \xrightarrow{\Delta} 2NH_3\uparrow + H_2SO_4$$

$$2NH_4NO_3 \xrightarrow{\Delta} 2N_2\uparrow + 4H_2O + O_2\uparrow$$

（2）与碱反应放出氨气

$$(NH_4)_2SO_4 + 2NaOH \xrightarrow{\Delta} Na_2SO_4 + 2NH_3\uparrow + 2H_2O$$

（四）硝酸

1. 物理性质　硝酸为无色、有刺激性气味的液体，易挥发，有腐蚀性。
2. 化学性质

（1）强酸，具有酸的一切通性。

（2）强氧化性

$$C + 4HNO_3(浓) \xrightarrow{\Delta} CO_2\uparrow + 2H_2O + 4NO_2\uparrow$$

$$Cu + 4HNO_3(浓) = Cu(NO_3)_2 + 2NO_2\uparrow + 2H_2O$$

$$3Cu + 8HNO_3(稀) = 3Cu(NO_3)_2 + 2NO\uparrow + 4H_2O$$

（3）不稳定性　$4HNO_3 \xrightarrow{\Delta \text{或光照}} 2H_2O + 4NO_2\uparrow + O_2\uparrow$

3. 制法

（1）实验室里常用硝酸钠与浓硫酸一起微热（不能强热）来制取硝酸：

$$NaNO_3 + H_2SO_4(浓) \xrightarrow{微热} NaHSO_4 + HNO_3\uparrow（冷凝即得浓硝酸）$$

（2）工业制法即氨的催化氧化法，分为三个步骤：

①氨的催化氧化　$4NH_3 + 5O_2 \xrightarrow[\Delta]{催化剂} 4NO + 6H_2O$

②NO 被空气中的氧气氧化　$2NO + O_2 = 2NO_2$

③NO_2 的吸收及硝酸的生成　$3NO_2 + H_2O = 2HNO_3 + NO$

（五）硝酸盐

1. 物理性质　多数为无色晶体，极易溶于水。
2. 化学性质

（1）与不挥发性强酸反应生成硝酸蒸气。

（2）受热分解而放出氧气。

按金属活动顺序，K～Na 的硝酸盐加热生成亚硝酸盐及氧气：

$$2KNO_3 \xrightarrow{\Delta} 2KNO_2 + O_2\uparrow$$

Mg～Cu 的硝酸盐加热生成金属氧化物、二氧化氮及氧气：

$$2Cu(NO_3)_2 \xrightarrow{\Delta} 2CuO + 4NO_2\uparrow + O_2\uparrow$$

Hg 和 Ag 的硝酸盐加热生成金属单质、二氧化氮及氧气：

$$Hg(NO_3)_2 \xrightarrow[\text{长时间}]{\triangle} Hg + 2NO_2\uparrow + O_2\uparrow$$

三、磷及其重要化合物

（一）磷

1. 物理性质　磷有多种同素异形体，其中白磷与红磷是最重要的两种。白磷为蜡状固体，有剧毒，不溶于水，易溶于二硫化碳。红磷为红棕色粉末状固体，没有毒，不溶于水也不溶于二硫化碳。

2. 化学性质

（1）与氧气的反应　$4P + 5O_2 \xrightarrow{\text{点燃}} 2P_2O_5$

（2）与卤素的反应　$2P + 3Cl_2(\text{不充足}) \xrightarrow{\text{点燃}} 2PCl_3$

$$2P + 5Cl_2(\text{过量}) \xrightarrow{\text{点燃}} 2PCl_5$$

（二）五氧化二磷

五氧化二磷（P_2O_5）又称磷酐，白色粉末状固体，是一种酸性干燥剂。

（三）磷酸及其磷酸盐

1. 磷酸　P_2O_5 与水发生剧烈反应生成偏磷酸或磷酸

$$P_2O_5 + H_2O(\text{冷}) = 2HPO_3(\text{偏磷酸,剧毒})$$

$$P_2O_5 + 3H_2O(\text{热}) = 2H_3PO_4(\text{磷酸,无毒})$$

磷酸为无色透明的晶体，与水能以任何比例混溶。常用的磷酸为无色黏稠的浓溶液，含 83%~98% 的纯磷酸。磷酸为中等强度的三元酸，无氧化性，比硝酸稳定。工业上常用硫酸与磷酸钙反应来制取磷酸。

$$Ca_3(PO_4)_2 + 3H_2SO_4 \xrightarrow{\triangle} 2H_3PO_4 + 3CaSO_4\downarrow$$

2. 磷酸盐　磷酸盐有正盐，如 Na_3PO_4、$(NH_4)_3PO_4$ 等，除了 Na^+、K^+、NH_4^+ 盐外，其他都不溶于水，但溶于酸；磷酸一氢盐，如 Na_2HPO_4、$CaHPO_4$ 等，除了 Na^+、K^+、NH_4^+ 盐外，其他均不溶于水，溶解度比相应的正盐略大；磷酸二氢盐，如 NaH_2PO_4、$NH_4H_2PO_4$ 等，磷酸二氢盐都易溶于水。

【例题选解】

例 1　某元素 R 的气态氢化物为 RH_3，其最高价氧化物中氧的质量分数为 74%，核内质子数等于中子数，则 R 位于第几周期，第几主族？

【解析】　R 的气态氢化物 RH_3 中，R 是 -3 价，最高正价为 +5 价，所以 R 的最高价氧化物的分子式为 R_2O_5，依题意：

$$O\% = \frac{5O}{R_2O_5} \times 100\% = \frac{80}{2R+80} \times 100\% = 74\%$$

解之得 R = 14，因为核内质子数等于核内中子数，所以 R 为氮，位于第二周期第 ⅤA 族。

【答案】　R 位于第二周期第 ⅤA 族。

例 2　甲、乙两个学生分别做实验制取两种含氮的气体，甲学生欲制取 A 气体，乙学生欲制取 B 气体。由于二人均用错了收集气体的方法，结果，甲收集到气体 B，乙收集到气体 A。试判断这两种气体是什么物质？

【解析】 常用的收集气体方法有两大类：排水集气法和排空气(向上或向下)集气法。题中明确指出，甲、乙两人制得气体后，由于收集方法不正确，使所得气体转变成其他气体。这说明，在集气过程中所得气体与水或空气发生了化学反应。在气体物质中，与水在常温下能生成气体的有 NO_2 和 F_2，与空气在通常条件下能反应的气体只有 NO。NO_2 应用向上排空气法收集，若用排水法收集，则与水反应逸出 NO；NO 应用排水法收集，若用排空气法收集，可迅速转化为 NO_2。由此可知，两种气体是 NO 和 NO_2。

【答案】 两种气体是 NO 和 NO_2。

习题 5-4

一、选择题

1. 合理施肥、养护管理是城市绿化建设的一个重要方面。在下列氮肥中，含氮量最高的是(　　)。

A. $CO(NH_2)_2$　　B. NH_4NO_3　　C. NH_4HCO_3　　D. $(NH_4)_2SO_4$

2. 10L 0.1mol/L H_3PO_4 与 10L 0.1mol/L 氨水完全反应，生成盐的化学式是(　　)。

A. $(NH_4)_3PO_4$　　B. $(NH_4)_2HPO_4$　　C. $NH_4H_2PO_4$　　D. 无法判断

3. 下列各种铵盐与过量 NaOH 共热，产生的 NH_3 最多的是(　　)。

A. 66g $(NH_4)_2SO_4$　　　　　　B. 120g NH_4Cl

C. 66g $(NH_4)_2HPO_4$　　　　　D. 120g NH_4NO_3

4. 根据陈述的知识，类推得出的结论正确的是(　　)。

A. CO_2 与 SiO_2 化学式相似，则 CO_2 与 SiO_2 的物理性质也相似

B. 稀硝酸能将木炭氧化成二氧化碳，同理稀硫酸也能将木炭氧化成二氧化碳

C. 磷在足量氧气中燃烧生成一种相应氧化物，则碳在足量氧气中燃烧也生成一种氧化物

D. $NaHCO_3$、$(NH_4)_2CO_3$ 固体受热后均能生成气体，则 Na_2CO_3 固体受热后也能生成气体

5. 关于磷的下列叙述中，不正确的是(　　)。

A. 红磷没有毒性而白磷有剧毒

B. 白磷在空气中加热到 260℃ 可转变为红磷

C. 红磷可用于制造安全火柴

D. 少量的白磷应保存在水中

6. 有关磷酸与偏磷酸的叙述，正确的是(　　)。

A. 两者分子中磷的价态不同　　　　B. 两者的酸酐都是五氧化二磷

C. 两者都可能形成两种酸式盐　　　D. 两者都有剧毒

7. 用磷矿石 $Ca_3(PO_4)_2$ 加工成过磷酸钙的主要目的是(　　)。

A. 增加磷的百分含量

B. 使它转化为较易溶于水的物质，以利于植物吸收

C. 施用时肥分不易流失且有利于改良土壤

D. 使它性质稳定，便于贮存、运输

8. 下列关于 NH_3 的叙述错误的是(　　)。

A. NH_3 极易溶于水

B. 能使湿润的蓝色石蕊试纸变红

C. 实验室常用铵盐和碱石灰共热制备 NH_3

D. 常温时，NH_3 和一端蘸有 HCl 溶液的玻璃棒接触后冒"白烟"

9. 已知反应：①$3Cl_2 + 8NH_3 = N_2 + 6NH_4Cl$；②$3H_2 + N_2 \rightleftharpoons 2NH_3$，判断下列物质的还原能力由大到小的顺序正确的是（ ）。

A. $H_2 > NH_4Cl > NH_3$ B. $NH_3 > NH_4Cl > H_2$

C. $NH_4Cl > NH_3 > H_2$ D. $H_2 > NH_3 > NH_4Cl$

10. 实验室收集下列气体时，一定要用排水法收集的是（ ）。

A. NO   B. Cl_2 C. NO_2 D. NH_3

二、填空题

1. 将红热的铂丝插入盛有浓氨水的锥形瓶内液面的上方，并不断向氨水中通入空气，这时观察到铂丝上的现象是___①___，反应的化学方程式为___②___。此时瓶内的气体逐渐变___③___并有___④___生成。此过程中发生的反应有___⑤___、___⑥___、___⑦___。

2. $(NH_4)_2S$ 中含有___①___键、___②___键和___③___键，属于___④___晶体。将少量 $(NH_4)_2S$ 晶体溶于水配成溶液分装于两支试管中。向一支试管中滴入 NaOH 溶液共热，产生无色气体，该气体使湿润的红色石蕊试纸变蓝，上述反应的离子方程式为___⑤___和___⑥___；向另一支试管中滴入稀 HCl，产生无色气体，将该气体通入盛有 SO_2 的集气瓶中，现象是___⑦___。上述反应的离子方程式为___⑧___和___⑨___。

3. 白磷应保存在___①___中，易溶于___②___；红磷是白磷的___③___，不溶于水也不溶于___④___。

4. 磷酸为中等强度的___①___元酸，无氧化性。工业上常用___②___与___③___反应来制磷酸。反应的方程式为___④___。磷酸盐可分为___⑤___盐、___⑥___盐和___⑦___盐，其中的___⑧___和___⑨___盐除 Na^+、K^+、NH_4^+ 盐外，其他都不溶于水，但溶于酸，磷酸二氢盐易溶于水。

5. 硝酸盐多数为无色晶体，极易溶于水，但加热易分解，分别写出 $NaNO_3$、$Cu(NO_3)_2$、$AgNO_3$ 三种盐加热分解的化学方程式：

(1) _____；(2) _____；(3) _____。

【参考答案】

一、1. A 2. C 3. B 4. C 5. B 6. B 7. B 8. B 9. D 10. A

二、1. ①铂丝继续红热；②$4NH_3 + 5O_2 \xrightarrow[加热]{催化剂} 4NO + 6H_2O$；③红棕色；④白烟；⑤$2NO + O_2 = 2NO_2$；⑥$3NO_2 + H_2O = 2HNO_3 + NO$；⑦$NH_3 + HNO_3 = NH_4NO_3$

2. ①离子；②共价；③配位；④离子；⑤$NH_4^+ + OH^- = NH_3\uparrow + H_2O$；⑥$NH_3 + H_2O \rightleftharpoons NH_4^+ + OH^-$；⑦有黄色固体的瓶壁上析出；⑧$S^{2-} + 2H^+ = H_2S\uparrow$；⑨$2H_2S + SO_2 = 3S\downarrow + 2H_2O$

3. ①水；②CS_2；③同素异形体；④CS_2

4. ①三；②硫酸；③$Ca_3(PO_4)_2$；④$Ca_3(PO_4)_2 + 2H_2SO_4 \xrightarrow{\triangle} 2H_3PO_4 + 3CaSO_4\downarrow$；⑤正；⑥磷酸一氢；⑦磷酸二氢；⑧磷酸一氢；⑨正

5. (1) $2NaNO_3 \xrightarrow{\triangle} 2NaNO_2 + O_2\uparrow$

(2) $2Cu(NO_3)_2 \xrightarrow{\triangle} 2CuO + 4NO_2\uparrow + O_2\uparrow$

(3) $2AgNO_3 \xrightarrow{\triangle} 2Ag + 2NO_2\uparrow + O_2\uparrow$

第五节　碳和硅

一、碳族元素在周期表中的位置及其原子结构特点

碳族元素位于元素周期表中的第ⅣA族,包括元素碳(C)、硅(Si)、锗(Ge)、锡(Sn)、铅(Pb)。碳族元素的原子最外层价电子数为4。化合价最低为-4价,最高为+4价,还有不太稳定的+2价(铅+2价较稳定)。

二、碳及其化合物

(一) 碳

1. 物理性质　碳有多种同素异形体,如金刚石和石墨,它们的某些物理性质差异较大。
2. 化学性质　常温下碳很稳定,高温下表现出一定的活泼性。

(1) 与氧气及非金属反应　$C + O_2(充足) \xrightarrow{点燃} CO_2$

$2C + O_2(不充足) \xrightarrow{点燃} 2CO$

$C + 2S(蒸气) \xrightarrow{高温} CS_2$

(2) 还原性　$2CuO + C \xrightarrow{高温} 2Cu + CO_2\uparrow$

(二) 一氧化碳

1. 物理性质　一氧化碳为无色、无味气体,比空气略轻,难溶于水,有毒。
2. 化学性质

(1) 可燃性　$2CO + O_2 \xrightarrow{点燃} 2CO_2$

(2) 还原性　$Fe_2O_3 + 3CO \xrightarrow{\triangle} 2Fe + 3CO_2$

3. 实验室制法

$$HCOOH \xrightarrow[\triangle]{浓硫酸} CO\uparrow + H_2O$$

(三) 二氧化碳

1. 物理性质　二氧化碳为无色气体,比空气重,溶于水。
2. 化学性质

(1) CO_2为碳酸的酸酐,能使澄清的石灰水变浑浊:

$$CO_2 + Ca(OH)_2 = CaCO_3\downarrow + H_2O$$

(2) 不可燃,可用于灭火。

(3) 没有还原性,高温下氧化性也不明显:

$$CO_2 + 2Mg \xrightarrow{点燃} 2MgO + C$$

3. 实验室制法

$$CaCO_3 + 2HCl(稀) = CaCl_2 + CO_2\uparrow + H_2O$$

（四）碳酸盐

碳酸盐有正盐及酸式盐两种。

1. 物理性质　钠、钾、铵的正盐及酸式盐都易溶于水，钙、镁、钡等的酸式盐可溶于水，其余的难溶于水。

2. 化学性质

（1）受热分解　钾、钠的正盐难分解，其他所有的酸式盐及正盐受热都分解，且酸式盐比正盐更易分解：

$$2NaHCO_3 \xrightarrow{\Delta} Na_2CO_3 + H_2O + CO_2\uparrow$$

$$MgCO_3 \xrightarrow{\Delta} MgO + CO_2\uparrow$$

（2）所有盐遇酸都分解放出 CO_2：

$$Ca(HCO_3)_2 + 2HCl == CaCl_2 + 2H_2O + 2CO_2\uparrow$$

$$Na_2CO_3 + 2HCl == 2NaCl + H_2O + CO_2\uparrow$$

（3）正盐及酸式盐的相互转变：

$$CaCO_3 \underset{\Delta 或 OH^-}{\overset{CO_2 + H_2O}{\rightleftharpoons}} Ca(HCO_3)_2$$

Na_2CO_3 和 $NaHCO_3$ 是重要的钠盐，钠盐一般都溶于水，这是钠盐所共有的性质。

碳酸钠俗名纯碱或苏打，是白色晶体，碳酸钠通常含结晶水，化学式为 $Na_2CO_3 \cdot 10H_2O$。在空气里 $Na_2CO_3 \cdot 10H_2O$ 很容易失去结晶水，表面失去光泽而逐渐发暗，并渐渐破裂成粉末。失水以后的 Na_2CO_3 叫作无水 Na_2CO_3。

碳酸氢钠俗名小苏打，是一种细小的白色晶体。碳酸钠在水中溶解度大于碳酸氢钠在水中的溶解度。

Na_2CO_3 是一种重要的化工产品，有很多用途。Na_2CO_3 被广泛地用于制造玻璃、制皂、造纸、纺织等工业，也可用于制造其他钠的化合物。日常生活中也常用来制洗涤剂。

$NaHCO_3$ 是烤制糕点所用的发酵粉的主要成分之一。在医疗上，它是治疗胃酸过多的一种药。

三、硅及其他合物

（一）硅

1. 物理性质　晶体硅是灰色或黑色、质硬、有光泽的固体。硅是良好的半导体材料。硅元素占地壳总质量的 1/4，仅次于氧。

2. 化学性质　硅的化学性质不活泼，这是由其原子结构决定的。硅原子最外层有 4 个电子，要得到 4 个电子或失去 4 个电子达到 8 个电子的稳定结构都是很困难的。在常温下，除 F_2、HF 和强碱溶液外，其他物质都不跟硅起反应。在加热条件下，能燃烧生成 SiO_2。

$$Si + O_2 \xrightarrow{\Delta} SiO_2$$

（二）二氧化硅

1. 物理性质　纯净的二氧化硅（SiO_2）是原子晶体，硬度大，熔点及沸点高，难溶于水。

2. 化学性质

（1）SiO_2 为酸性氧化物，但不与水反应生成酸：

$$SiO_2 + 2NaOH == Na_2SiO_3 + H_2O$$

（2）与氢氟酸反应　$SiO_2 + 4HF = SiF_4 + 2H_2O$

（三）硅酸

H_2SiO_3叫硅酸,通常又叫偏硅酸(原硅酸为H_4SiO_4),白色粉末,不溶于水,酸性比碳酸弱。硅酸通常由可溶性硅酸盐与酸反应来制取:

$$Na_2SiO_3 + H_2O + CO_2 = Na_2CO_3 + H_2SiO_3 \downarrow$$

（四）硅酸盐

硅酸钠(Na_2SiO_3)是一种重要的硅酸盐,溶于水,水溶液俗称水玻璃。水玻璃常用于建筑上的黏合剂及耐火材料。

（五）硅酸盐工业

用含硅的物质为原料,经过加热制成硅酸盐产品的工业叫硅酸盐工业。如生产水泥、玻璃、陶瓷等产品的工业。

【例题选解】

例1　关于硅的叙述,正确的是(　　)。

①硅和碳单质与碱都不发生反应

②单质硅与金刚石都是正四面体结构的原子晶体

③硅常温下只能与F_2、Cl_2、HF反应

④硅能在氧气中燃烧生成SiO_2

⑤原硅酸与硅酸的酸酐都是SiO_2

【解析】　晶体硅与金刚石相似,是一种具有空间网状结构的原子晶体,但键长、键能不同,因此熔沸点、硬度等也有差异。硅的化学性质跟碳相似,如能在氧气中燃烧,但又不同于碳的特性。硅的化学性质不活泼,在常温下只能与氟气、氢氟酸和强碱溶液反应,高温才能与氧气、氯气反应。原硅酸失水得硅酸,它们的酸酐都是SiO_2。

【答案】　②④⑤

例2　有A、B、C、D四种钠的化合物,可分别发生下列反应:

①$2A \xrightarrow{\triangle} B + H_2O + CO_2 \uparrow$

②$A + C = B + H_2O$

③$2D + 2H_2O = 4C + O_2 \uparrow$

④$2D + 2CO_2 = 2B + O_2$

⑤$B + Ca(OH)_2 = 2C + CaCO_3 \downarrow$

写出A、B、C、D的化学式。

【解析】　由①和②式可知$A = C + CO_2$,B中肯定含有碳元素,B与$Ca(OH)_2$反应生成$CaCO_3$沉淀,再由$A + C = B + H_2O$可初步推知B为Na_2CO_3,从而知A为$NaHCO_3$,由③、④两式中的反应物、生成物可知D为Na_2O_2,C为NaOH,代入上述各方程式验证以上推断正确。

【答案】　A:$NaHCO_3$　B:Na_2CO_3　C:NaOH　D:Na_2O_2

习题 5-5

一、选择题

1. 碳的化合物多是共价化合物的原因是(　　)。
   A. 碳属于非金属　　　　　　　　B. 碳最外层有 4 个电子
   C. 碳是还原剂　　　　　　　　　D. 碳有同素异形体
2. 在自然界中,不呈游离态存在的元素是(　　)。
   A. 硅　　　　　B. 碳　　　　　C. 硫　　　　　D. 铜
3. 金刚石和石墨互为(　　)。
   A. 同位素　　　　　　　　　　　B. 同素异形体
   C. 同一种原子　　　　　　　　　D. 同分异构体
4. 下列晶体中属于原子晶体的单质是(　　)。
   A. SiO_2　　　　B. 干冰　　　　C. 金属铝　　　　D. 单晶硅
5. 下列物质属于分子晶体的是(　　)。
   A. 过氧化钠　　　B. 石英　　　　C. 干冰　　　　　D. 明矾
6. 下列各组物质中属于同种物质的是(　　)。
   A. 干冰和冰　　　B. 石英和水晶　C. 玻璃和水玻璃　D. O_2 和 O_3
7. 二氧化碳是(　　)。
   A. 由非极性键形成的非极性分子　　B. 由极性键形成的非极性分子
   C. 由极性键形成的极性分子　　　　D. 原子晶体
8. 二氧化碳气体中含有少量氯化氢,除去氯化氢最好的试剂是(　　)。
   A. 碳酸氢钠饱和溶液　　　　　　B. 饱和石灰水
   C. 氨水　　　　　　　　　　　　D. 烧碱溶液
9. 下列氢化物的稳定性从强到弱顺序排列的是(　　)。
   A. BH_3、CH_4、NH_3、H_2O　　　　B. H_2O、NH_3、CH_4、BH_3
   C. SiH_4、GeH_4、CH_4、BH_3　　　D. CH_4、GeH_4、BH_3、SiH_4
10. 下列对实验现象的预测错误的是(　　)。
   A. 向 $Ca(OH)_2$ 溶液中通入 CO_2,溶液变浑浊,继续通 CO_2 至过量,浑浊消失,再加入过量 NaOH 溶液,溶液又变浑浊
   B. 向 $Fe(OH)_3$ 胶体中滴加盐酸至过量,开始有沉淀出现,后来沉淀又溶解
   C. 向 $Ca(ClO)_2$ 溶液中通入 CO_2,溶液变浑浊,再加入品红溶液,红色褪去
   D. 向 Na_2SiO_3 溶液中通入 CO_2,溶液变浑浊,继续通 CO_2 至过量,浑浊消失
11. 下列酸中酸性最弱的是(　　)。
   A. H_4SiO_4　　　B. H_3PO_4　　　C. H_2CO_3　　　D. $HClO_4$
12. 下列情况下,两种物质不进行反应的是(　　)。
   A. 二氧化硅与浓硫酸混合　　　　B. 二氧化硅与氢氟酸
   C. 二氧化硅与纯碱混合高温加热　D. 二氧化硅与碳在高温下混合
13. 普通玻璃的主要成分是(　　)。

A. Na_2CO_3、$CaCO_3$、$CaSiO_3$ B. $CaSiO_3$、SiO_2、$CaCO_3$
C. Na_2SiO_3、SiO_2、$CaSiO_3$ D. Na_2CO_3、Na_2SiO_3、SiO_2

14. 下列变化中,与粉刷墙壁的灰浆凝固有关的是(　　)。

A. $CaO + H_2O == Ca(OH)_2$ B. $Ca(OH)_2 + CO_2 == CaCO_3\downarrow + H_2O$

C. $CaCO_3 + CO_2 + H_2O == Ca(HCO_3)_2$ D. $Ca(HCO_3)_2 \xrightarrow{\triangle} CaCO_3\downarrow + CO_2\uparrow + H_2O$

15. 若将含少量盐酸的氯化钙溶液中和至中性,在不用指示剂的条件下,最好选用的下列物质是(　　)。

A. 烧碱溶液　　B. 氨水　　C. 大理石粉末　　D. 纯碱粉末

16. 下列关于一氧化碳的用途有哪些是源于一氧化碳的还原性?(　　)

①作燃料　②跟氢气合成甲醇　③和水蒸气反应制 H_2　④与灼热的 Fe_3O_4 反应

A. 只有①② B. 只有①②③
C. 只有①②④ D. 只有①③④

17. 把二氧化碳和一氧化碳的混合气体 V mL,缓缓地通过足量的过氧化钠固体,体积减少了 1/5,则混合气体中 CO_2 与 CO 的体积之比是(　　)。

A. 1∶4 B. 1∶2 C. 2∶3 D. 3∶2

二、填空题

1. 金刚石和石墨是___①___,金刚石晶体中的每个碳原子以___②___键和相邻的___③___个碳原子结合,键角为___④___,形成___⑤___体的空间网状结构,属于___⑥___晶体,___⑦___导电。石墨晶体中的碳原子排成___⑧___边形,一个个正六边形排成___⑨___网状结构,碳原子形成___⑩___个 C—C 键,键角___⑪___,第四个价电子形成复杂的键,能在层内移动,所以石墨___⑫___导电。

2. (1) Na_2CO_3 固体中混有少量 $NaHCO_3$,除去的方法是___①___,化学方程式是___②___。

(2) $NaHCO_3$ 溶液中混有少量 Na_2CO_3,除去的方法是___①___,化学方程式是___②___。

(3) $NaOH$ 溶液中混有少量的 Na_2CO_3,除去杂质所需加的试剂是___①___,离子方程式是___②___。

3. 120℃时,将 2L H_2O、1L CO、1L O_2、2L CO_2 组成的混合气体依次通过:装有过量 Cu 粉、过量 Na_2O_2,过量炽热炭粉三个反应管(每个反应管充分反应后再进入下一个反应管),最后得到的气体是___①___,体积是___②___。

4. 将盛放 Na_2SiO_3 溶液的容器敞口放置在空气中,溶液中会有___①___生成,反应方程式为___②___。通过这个反应说明硅酸的酸性比碳酸___③___。

【参考答案】

一、1. B 2. A 3. B 4. D 5. C 6. B 7. B 8. A 9. B 10. D 11. A 12. A 13. C 14. B 15. C 16. D 17. C

二、1. ①同素异形体;②共价;③4;④109°28′;⑤正四面;⑥原子;⑦不;⑧六;⑨平面;⑩三;⑪120°;⑫能

2. (1) ①加热;②$2NaHCO_3 \xrightarrow{\triangle} Na_2CO_3 + H_2O + CO_2\uparrow$

(2) ①通入少量 CO_2;②$Na_2CO_3 + H_2O + CO_2 == 2NaHCO_3$

(3) ①$Ca(OH)_2$ 溶液;②$Ca^{2+} + CO_3^{2-} == CaCO_3\downarrow$

3. ①CO;②5L

解法:$2Cu + O_2 \xrightarrow{\triangle} 2CuO$,消耗 O_2 1L。

$$2Na_2O_2 + 2H_2O == 4NaOH + O_2\uparrow$$
$$\quad\quad\quad\quad 2L \quad\quad\quad\quad\quad\quad 1L$$

$$2Na_2O_2 + 2CO_2 == 2Na_2CO_3 + O_2$$
$$\quad\quad\quad\quad 2L \quad\quad\quad\quad\quad\quad\quad\quad 1L$$

过量的铜粉消耗 O_2 1L,Na_2O_2 消耗 H_2O(气)、CO_2(气)各 2L,又生成 O_2 2L。气体再通过过量炽热炭粉,反应如下:

$$2C + O_2 \xrightarrow{\triangle} 2CO$$
$$\quad\quad 2L \quad\quad 4L$$

所以最后气体为 CO,体积为 4 + 1 = 5(L)。

4. ①H_2SiO_3 白色沉淀生成;②$Na_2SiO_3 + H_2O + CO_2 == Na_2CO_3 + H_2SiO_3\downarrow$;③弱

【难题解析】

一、12. 考查 SiO_2 的化学性质。

SiO_2 属于酸性氧化物,具有酸性氧化物的通性,能和强碱(NaOH 等)、碱性氧化物(CaO 等)、强碱弱酸盐(Na_2CO_3 等)发生反应;也能和 HF 反应(刻蚀玻璃);由于 SiO_2 中的 Si 处于最高价态(+4),因此具有氧化性,还能和还原剂(如 C、Al 等)在高温下发生氧化还原反应;但 SiO_2 和酸不反应。本题选 A。

第六节 碱金属

一、碱金属元素在周期表中位置及其原子结构特点

碱金属元素位于元素周期表中的第ⅠA 族,包括元素锂(Li)、钠(Na)、钾(K)、铷(Rb)、铯(Cs)、钫(Fr)。碱金属元素原子最外层价电子数为 1,容易失去 1 个电子形成 +1 价的阳离子。

二、钠及其化合物

(一)钠

1. 物理性质

钠呈银白色,有金属光泽,质软,比水轻,熔点低(97.8℃),通常保存在煤油中。

2. 化学性质

(1) 与氧气的反应 $2Na + O_2 \xrightarrow{点燃} Na_2O_2$

(2) 与非金属的反应 $2Na + S == Na_2S$

(3) 与水的反应 $2Na + 2H_2O == 2NaOH + H_2\uparrow$

(二)氧化钠及过氧化钠

1. 物理性质 氧化钠为白色固体,过氧化钠为淡黄色固体。

2. 化学性质

氧化钠为碱性氧化物,具有碱性氧化物的一切通性,过氧化钠为强氧化剂,具有漂白性。

$$2Na_2O_2 + 2H_2O = 4NaOH + O_2\uparrow$$
$$2Na_2O_2 + 2CO_2 = 2Na_2CO_3 + O_2$$

利用 Na_2O_2 和 CO_2 的反应,在潜水艇中制作氧气。

(三) 氢氧化钠

1. 物理性质

氢氧化钠俗称烧碱、火碱、苛性钠。易潮解的白色固体,易溶于水并放出大量的热,有很强的腐蚀性。实验室中盛装烧碱的试剂瓶不能用玻璃塞,而是用橡胶塞。固体 NaOH 有强吸水性,易潮解,可用作干燥(能干燥中性气体和碱性气体,将 NaOH 固体与 CaO 固体混合,制得的碱石灰是一种常用的干燥剂)。

2. 化学性质

强碱,有碱的通性,能和酸、酸性氧化物以及盐反应。

【例题选解】

例1 试写出下列各步变化的化学方程式:

$$NaCl \xrightarrow{(1)} Na \xrightarrow{(2)} Na_2O_2 \xrightarrow{(3)} NaOH \xrightarrow{(4)} Na_2CO_3 \xrightarrow{(5)} NaHCO_3 \xrightarrow{(6)} CaCO_3$$

【答案】 (1) $2NaCl(熔融) \xrightarrow{直流电} 2Na + Cl_2\uparrow$

(2) $2Na + O_2 \xrightarrow{点燃} Na_2O_2$

(3) $2Na_2O_2 + 2H_2O = 4NaOH + O_2\uparrow$

(4) $2NaOH(过量) + CO_2 = Na_2CO_3 + H_2O$

(5) $Na_2CO_3 + H_2O + CO_2 = 2NaHCO_3$

(6) $Ca(OH)_2 + NaHCO_3 = CaCO_3\downarrow + NaOH + H_2O$

例2 A、B、C、D 四种短周期元素的原子序数依次增大。A、D 同族,B、C 同周期。A、B 组成的化合物甲为气态,其中 A、B 原子个数之比为 4:1。由 A、C 组成的两种化合物乙和丙都是液态,乙中 A、C 原子个数比为 1:1,丙中为 2:1;由 D、C 组成的两种化合物丁和戊都是固态,丁中 D、C 原子数之比为 1:1,戊中为 2:1。写出甲、乙、丙、丁、戊的化学式。写出 B 元素最高价氧化物跟丁反应的化学方程式。

【解析】 因为 A、B、C、D 都是短周期元素,A、B 组成的化合物甲为气态,并且 A、B 原子个数之比为 4:1,即 BA_4,在中学里常见的就是 CH_4,即 A 为氢元素,B 为碳元素;A、C 组成的化合物乙和丙都是液态,并且乙中 A、C 原子个数比为 1:1,丙中为 2:1,与氢形成两种液态化合物的通常短周期元素为氧,一种为 H_2O_2,另一种为 H_2O;由 D、C 组成的两种化合物丁和戊都是固态,并且丁中 D:C 为 1:1,戊中 D:C 为 2:1,即氧分别显负一价和负二价,搜索中学学过的固体化合物,自然想到 D 为 Na,丁为 Na_2O_2,戊为 Na_2O。

【答案】 甲、乙、丙、丁、戊的化学式分别为 CH_4、H_2O_2、H_2O、Na_2O_2、Na_2O;B 元素最高价氧化物为 CO_2,它与丁反应的化学方程式为:

$$2CO_2 + 2Na_2O_2 = 2Na_2CO_3 + O_2$$

例3 X、Y、Z 三种元素的离子结构都和 Ar 具有相同的电子排布,H_2 在 X 单质中燃烧,产生苍白色火焰;Y 元素的气态氢化物是 H_2Y,其最高价氧化物中 Y 的质量分数为 40%;Z 元素的离子具有紫色的焰色反应。由此可知,Y 的元素符号是_____;Y 与 Z 化合时,形成的化学键类型是_____(选填离子键或共价键);X 元素最高价氧化物的水化物的化学式是_____。

【解析】 （1）X、Y、Z 三种元素的离子与 Ar 原子具有相同的电子层结构，就是说这三种离子核外的电子层数、电子数都与 Ar 原子相同，即为 2 8 8。所以，X、Y、Z 一定是第三周期中的非金属元素或第四周期中的金属元素。

（2）H_2 在 X 单质中燃烧产生苍白色火焰，由此可知 X 单质是 Cl_2，也就是 X 元素是第三周期、第ⅦA 族的 Cl 元素。

（3）Y 元素的气态氢化物为 H_2Y，其最高价氧化物的分子式是 YO_3。根据氧化物中 Y 的质量分数为 40% 计算如下：

$$\frac{y}{y+16\times 3}=0.4 \qquad y=32$$

即 Y 元素的相对原子质量是 32，所以 Y 为硫元素，其元素符号是 S。

（4）Z 的焰色反应是紫色，可知 Z 是 K 元素。

Y 与 Z 形成化合物时，即 S 元素与 K 元素形成化合物时的化学键是离子键。X 元素的最高价氧化物的水化物的分子式为 $HClO_4$。因 Cl 为ⅦA 族元素，所以最高化合价是 +7 价。

【答案】 S；离子键；$HClO_4$

习题 5－6

一、选择题

1. 下列物质必须隔绝空气和水蒸气密封保存的是（　　）。
 A. Na B. $NaHCO_3$ C. 红磷 D. NaCl
2. 在呼吸面具和潜水艇里，过滤空气的最佳物质应该是（　　）。
 A. NaOH B. Na_2CO_3 C. Na_2O_2 D. $NaHCO_3$
3. 下列叙述中正确的是（　　）。
 A. Na_2O 与 Na_2O_2 都能与水反应生成碱，所以它们都是碱性氧化物
 B. Na_2O 可以继续被氧化成 Na_2O_2，所以 Na_2O_2 比 Na_2O 稳定
 C. Na_2O 与 Na_2O_2 均具有强氧化性
 D. Na_2O 与 Na_2O_2 都能与 CO_2 反应生成盐和氧气
4. 下列氢氧化物碱性最强的是（　　）。
 A. KOH B. NaOH C. LiOH D. CsOH
5. 向 0.1mol/L NaOH 溶液中通入过量 CO_2 后，溶液中存在的主要离子是（　　）。
 A. Na^+、CO_3^{2-} B. Na^+、HCO_3^- C. HCO_3^-、CO_3^{2-} D. Na^+、OH^-
6. 金属钠长期置于空气中，最后变成（　　）。
 A. Na_2CO_3 B. NaOH C. Na_2O_2 D. Na_2O
7. 在 1 升 0.1 摩/升的 $AlCl_3$ 溶液中，投入过量金属钠，最后溶液中的阴离子主要有（　　）。
 A. Cl^- B. Cl^-、OH^- C. Cl^-、OH^-、AlO_2^- D. OH^-、AlO_2^-
8. 下列物质能与水反应，在反应中水既不是氧化剂又不是还原剂的是（　　）。
 A. 钾 B. 氟气 C. 过氧化钠 D. 水电解成 H_2 和 O_2
9. 下列各组微粒半径之比，其中大于 1 的是（　　）。

A. $\dfrac{r_{K^+}}{r_K}$ B. $\dfrac{r_{Na^+}}{r_{Na}}$ C. $\dfrac{r_K}{r_{Na}}$ D. $\dfrac{r_{Na}}{r_K}$

10. 关于金属钠的性质描述正确的有( )。

①在空气里燃烧,火焰为淡蓝色;②在空气里燃烧,生成白色氧化钠或白色过氧化钠;③很软,可用刀切割;④保存在棕色瓶中;⑤保存在煤油中;⑥是电的良导体,可作电缆芯;⑦钠和钾的合金可作原子反应堆的导热剂。

A. ①③④⑥   B. ③⑤⑦

C. ④⑥⑦   D. ①②⑥⑦

11. 将等物质的量的 Na、Na_2O、Na_2O_2 和 NaOH,分别投入等质量的足量水中,所得溶液中溶质的质量分数最小的是( )。

A. NaOH   B. Na_2O_2 C. Na_2O D. Na

12. 鉴别 Na_2SO_4、K_2SO_4 的方法是( )。

A. 用 $BaCl_2$ 溶液   B. 用 $AgNO_3$ 溶液

C. 加入氨水   D. 在火焰上灼烧

13. 苏打的分子式是( )。

A. $Na_2CO_3 \cdot 10H_2O$ B. $Na_2SO_4 \cdot 10H_2O$

C. Na_2CO_3 D. $Na_2S_2O_3 \cdot 5H_2O$

14. 下列物质,在自然界中自然存在的有( )。

A. 芒硝   B. 烧碱   C. 过氧化钠   D. 钠

二、填空题

1. 切一小片金属钠放在表面皿上,露置在空气中,则银白色光亮的金属钠表面很快___①___,这是因为生成了___②___,化学方程式为___③___;以后又渐渐变成白色固体,这是因为生成了___④___,化学方程式为___⑤___;在潮湿空气中,白色固体又渐渐变成溶液,这是因为___⑥___;再经过较长时间,液体物质又变成白色粉末,这是因为生成了___⑦___,化学方程式为___⑧___;往最后得到的白色粉末中滴加几滴盐酸,有气体产生,此气体是___⑨___,化学方程式为___⑩___。

2. 在饱和的 Na_2CO_3 溶液中通入足量的 CO_2,会有晶体析出,此晶体是___①___,析出晶体的原因是___②___。在饱和食盐水中先通入足量的氨气,再通入足量的 CO_2,会有___③___晶体析出;若在饱和食盐水中通入足量的 CO_2,往往没有晶体析出,原因是___④___。

3. 0.1mol/L 的 $KHCO_3$ 溶液的 pH=8,同浓度的 $NaAlO_2$ 溶液的 pH=11,将两种溶液等体积混合后,可能发生的现象是___①___,其主要原因是___②___。

4. 实验室用下图所示仪器和药品做 CO_2 和 Na_2O_2 反应制 O_2 的实验,试填写下列空白。

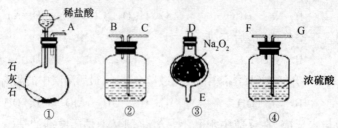

(1)装置②中所盛溶液最好选用_____。

A. 饱和食盐水　　　B. 饱和 $NaHCO_3$ 溶液　　C. 澄清石灰水　　　D. NaCl 溶液

(2) 如果将所制气体按从左到右流向排列装置时,上述各仪器装置连接的正确顺序是(填写装置的编号)_____;装置①②③④之间的仪器接口顺序应为(用接口标识 A、B、C、D、E、F、G 填写)_____。

(3) 装置②的作用是_____;发生反应的离子方程式是_____。

【参考答案】

一、1. A　2. C　3. B　4. D　5. B　6. A　7. C　8. C　9. C　10. B　11. A　12. D　13. C　14. A

二、1. ①失去光泽;②Na_2O;③$4Na + O_2 =\!=\!= 2Na_2O$;④NaOH;⑤$Na_2O + H_2O =\!=\!= 2NaOH$;⑥发生潮解;⑦$Na_2CO_3$;⑧$2NaOH + CO_2 =\!=\!= Na_2CO_3 + H_2O$;⑨$CO_2$;⑩$Na_2CO_3 + 2HCl =\!=\!= 2NaCl + CO_2\uparrow + H_2O$

2. ①$NaHCO_3$;②$NaHCO_3$ 的溶解度小于 Na_2CO_3;③$NaHCO_3$[溶液中先通入氨气,再通二氧化碳,$NH_3 + CO_2 + H_2O =\!=\!= NH_4HCO_3$,$NH_4HCO_3 + NaCl =\!=\!= NaHCO_3$(结晶)$+ NH_4Cl$];④碳酸的酸性比盐酸弱,$CO_2$ 与 NaCl 不反应。

3. ①有白色沉淀生成;②$NaAlO_2$ 的碱性强于 $KHCO_3$ 的碱性,两者发生反应,离子方程式为:$HCO_3^- + AlO_2^- + H_2O =\!=\!= Al(OH)_3\downarrow + CO_3^{2-}$

4. (1)C;(2)①④③②;AGFDECB(3)吸收多余的 CO_2;$CO_2 + Ca^{2+} + 2OH^- =\!=\!= CaCO_3\downarrow + H_2O$

第七节　镁和铝

一、镁和铝在周期表中的位置及其原子结构特点

镁和铝都是第三周期的元素,镁属于第ⅡA族,铝属于ⅢA族。镁和铝的原子最外层价电子数分别为 2 和 3。两者都是较活泼的金属元素,反应中容易失去外层电子而变成阳离子。

二、镁和铝

(一) 物理性质

镁和铝都是密度较小、熔点较低、硬度较小的银白色金属。铝的导电性及延展性较好。

(二) 化学性质

1. 与氧气反应　镁和铝在空气中能燃烧并放出耀眼的白光:

$$2Mg + O_2 \xrightarrow{\text{点燃}} 2MgO \qquad 4Al + 3O_2 \xrightarrow{\text{点燃}} 2Al_2O_3$$

2. 与酸的反应　镁和铝能与稀硫酸、稀盐酸反应放出氢气:

$$2Al + 6HCl =\!=\!= 2AlCl_3 + 3H_2\uparrow$$
$$Mg + H_2SO_4(稀) =\!=\!= MgSO_4 + H_2\uparrow$$

铝对于冷的浓硫酸、浓硝酸表现出钝态。

3. 与碱的反应　镁不能与碱反应,但铝能与强碱溶液反应:

$$2Al + 2NaOH + 2H_2O =\!=\!= 2NaAlO_2 + 3H_2\uparrow$$

注:偏铝酸钠在水溶液中实际上是以 $Na[Al(OH)_4]$(四羟基合铝酸钠)形式存在的。人们

为了方便,习惯上简写为 $NaAlO_2$。

4. 跟某些氧化物起反应

铝热反应:将铝粉(Al)和氧化铁(Fe_2O_3)按物质的量之比为2∶1混合均匀,形成铝热剂。当加热温度超过1250℃时,铝粉剧烈氧化并燃烧,放出大量的热,使反应温度迅速上升到3000℃,熔化生成的铁,可用于焊接铁轨。反应方程式为 $2Al + Fe_2O_3 \xrightarrow{\text{高温}} 2Fe + Al_2O_3$

镁在 CO_2 中点燃,生成氧化镁和C。

$$2Mg + CO_2 \xrightarrow{\text{点燃}} 2MgO + C$$

三、镁和铝的重要化合物

(一)氧化镁和氧化铝

1. 物理性质 氧化镁和氧化铝都是白色固体,熔点都很高,常用作耐火材料。

2. 化学性质

氧化镁为碱性氧化物,具有碱性氧化物的通性,与水缓慢反应生成 $Mg(OH)_2$:

$$MgO + H_2O = Mg(OH)_2$$

氧化铝为两性氧化物,不与水反应。新制备的氧化铝既能与酸反应又能与碱反应:

$$Al_2O_3 + 6HCl = 2AlCl_3 + 3H_2O$$

$$Al_2O_3 + 2NaOH = 2NaAlO_2 + H_2O$$

(二)氢氧化铝

1. 物理性质 氢氧化铝为白色胶状物质,难溶于水。

2. 化学性质 氢氧化铝为两性物质,与酸及碱都能反应:

$$Al(OH)_3 + 3HCl = AlCl_3 + 3H_2O$$

$$Al(OH)_3 + NaOH = NaAlO_2 + 2H_2O$$

3. 制法 实验室里常用铝盐与氨水反应来制取 $Al(OH)_3$:

$$Al_2(SO_4)_3 + 6NH_3 \cdot H_2O = 2Al(OH)_3\downarrow + 3(NH_4)_2SO_4$$

(三)氯化镁及硫酸铝钾

氯化镁($MgCl_2$)是重要的镁盐,它是一种无色、苦味、易溶于水的晶体,在空气中易潮解,是制取镁的重要原料。

硫酸铝钾[$KAl(SO_4)_2$]是一种重要的铝盐,它是一种复盐,水溶液中电离出两种金属离子和一种酸根离子:

$$KAl(SO_4)_2 = K^+ + Al^{3+} + 2SO_4^{2-}$$

十二水合硫酸铝钾[$KAl(SO_4)_2 \cdot 12H_2O$]俗名明矾。它是一种无色晶体,常用作净水剂。

四、硬水及其软化

含有较多 Ca^{2+} 及 Mg^{2+} 的水叫硬水,不含或含少量 Ca^{2+} 和 Mg^{2+} 的水叫软水。含碳酸氢钙或碳酸氢镁的硬水叫暂时硬水,暂时硬水可以通过煮沸的方法使其软化。含有钙和镁的硫酸盐或氯化物的硬水为永久硬水。水的硬度一般为暂时硬度和永久硬度的总和。硬水软化的方法通常有药剂软化法及离子交换法。离子交换法通常是用磺化煤(NaR)作为离子交换剂来交换 Ca^{2+} 及 Mg^{2+},使通过离子交换柱的水不含 Ca^{2+} 及 Mg^{2+}:

$$2NaR + Ca^{2+} = CaR_2 + 2Na^+$$

$$2NaR + Mg^{2+} =\!=\!= MgR_2 + 2Na^+$$

五、镁、铝及其化合物间的相互关系

(一) 镁及其化合物间的相互关系

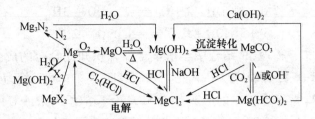

(二) 铝及其化合物间的相互关系

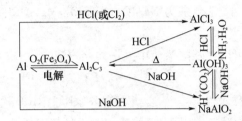

【例题选解】

例1 相同质量的镁条分别在下列气体中充分燃烧,所得固体物质质量最大的是( )。

A. O_2　　　　B. N_2　　　　C. CO_2　　　　D. 空气

【解析】 镁是一种化学性质活泼的金属,可以在 O_2、N_2 和 CO_2 中燃烧,镁在上述气体中燃烧的化学方程式是:

$$2Mg + O_2 \xrightarrow{\text{点燃}} 2MgO \quad 3Mg + N_2 \xrightarrow{\text{点燃}} Mg_3N_2 \quad 2Mg + CO_2 \xrightarrow{\text{点燃}} 2MgO + C$$

相同质量的镁条的物质的量必然相同,为了分析方便,假设 Mg 的物质的量为 1mol,当其在氧气中燃烧时,生成 1mol MgO,质量增至 40g;1mol Mg 在氮气中燃烧时,生成 $\frac{1}{3}$ mol 的 Mg_3N_2,质量增至 33.3g;1mol Mg 在 CO_2 中燃烧时,生成 1mol MgO 和 0.5mol C,质量增至 46g;空气的主要成分是 O_2 和 N_2,燃烧后固体产物质量 m 值应小于 40g,大于 33.3g。由此可见,相同质量镁条在 O_2、N_2、CO_2 和空气中充分燃烧生成固体物质的质量由大到小的顺序是:$CO_2 > O_2 >$ 空气 $> N_2$。

【答案】 C

例2 有一块合金,由三种成分组成,其中一种可用来制照明弹。将此合金进行如下处理:

①将合金放入热的氢氧化钠溶液中,合金部分溶解并产生气体。过滤,得到溶液 A,不溶物 B;

②向 A 中加入适量盐酸,有白色沉淀生成,继续加入盐酸,白色沉淀减少但不完全消失,过滤得到溶液 C,不溶物 D;

③向 C 中加入过量氨水,有白色沉淀 E 生成,E 不溶于氨水,但能溶于烧碱溶液;

④B 可溶于盐酸,生成溶液 F,并放出无色气体,向 F 中加入氨水,生成白色沉淀 G,G 不溶

于氨水,也不溶于烧碱溶液。

根据以上事实,判断此合金的三种成分是什么? A、B、C、D、E、F、G 各是什么物质?

【解析】 合金三种成分中,一种可用来制照明弹,大概推知含 Mg。合金放入热的 NaOH 溶液中,部分溶解并产生气体,则可推知可能含 Al、Si,这两者在浓氢氧化钠溶液中都能放出 H_2。

$$2Al + 2NaOH + 2H_2O = 2NaAlO_2 + 3H_2\uparrow$$

$$Si + 2NaOH + H_2O = Na_2SiO_3 + 2H_2\uparrow$$

综合①、②、③、④各种现象,结合中学所学金属知识知此合金的成分为 Al、Mg、Si;A 为 $NaAlO_2$、Na_2SiO_3 溶液,B 为金属 Mg。在 A 中加入盐酸,产生的白色沉淀为 $Al(OH)_3$ 和 H_2SiO_3;继续加盐酸,$Al(OH)_3$ 溶解为 Al^{3+} 的溶液 C,H_2SiO_3 为不溶物 D,溶液 C 中加入氨水就生成白色沉淀 E[$Al(OH)_3$],E 能溶于烧碱溶液;B 与盐酸反应生成氢气和无色溶液 $MgCl_2$(F),在 F 中加入氨水生成不溶于氨水、也不溶于烧碱溶液的 $Mg(OH)_2$(G)。

【答案】 A、B、C、D、E、F、G 分别为 $NaAlO_2$、Na_2SiO_3;Mg;$AlCl_3$;H_2SiO_3;$Al(OH)_3$;$MgCl_2$;$Mg(OH)_2$。

例 3 下列各组离子,可以在强酸溶液中大量共存的是( )。

A. Na^+、Mg^{2+}、Cl^-、NO_3^- B. Ba^{2+}、Na^+、Cl^-、SO_4^{2-}
C. Fe^{2+}、NH_4^+、NO_3^-、SO_4^{2-} D. K^+、Na^+、HCO_3^-、SO_4^{2-}

【解析】 在强酸溶液中共存,就是在每组给出的 4 种离子之外,再加上 H^+,即要求这 5 种离子之间不发生化学反应,而能在溶液中大量共存。

(1) 在 B 选项中,Ba^{2+} 与 SO_4^{2-} 能发生化学反应,生成难溶物 $BaSO_4$。其反应方程式为

$$Ba^{2+} + SO_4^{2-} = BaSO_4\downarrow$$

$BaSO_4$ 是既不溶于水,又不溶于酸的沉淀。所以 B 选项不符合要求。

(2) 在 C 选项中,因 NO_3^- 在有 H^+ 存在时(此时可看作是硝酸溶液)具有较强的氧化性,而其中的 Fe^{2+} 又有较强的还原性,所以它们之间要发生氧化还原反应,其反应方程式为

$$3Fe^{2+} + NO_3^- + 4H^+ = 3Fe^{3+} + NO\uparrow + 2H_2O$$

由此可知,C 选项也不符合要求。

(3) 在 D 选项中,HCO_3^- 是弱酸的酸式酸根,它不能与 H^+ 共存,因为它们要发生反应,生成难电离的弱酸(此处是碳酸,因碳酸易分解成 CO_2 和 H_2O)。其反应方程式为

$$H^+ + HCO_3^- = H_2O + CO_2\uparrow$$

可见,D 选项也不符合要求。

(4) A 选项中,Na^+、Mg^{2+}、Cl^-、NO_3^- 再加上 H^+,这 5 种离子间不发生反应,可以共存。即 A 为正确选项。

【答案】 A

习题 5-7

一、选择题

1. 下列物质在常温下能用铝制容器保存的是( )。
   A. 盐酸   B. 浓硝酸   C. 火碱   D. 稀硫酸

2. 下列各种微粒,既能和 H^+ 反应,又能和 OH^- 反应的是(　　)。
   A. Al^{3+}　　　　B. AlO_2^-　　　　C. Al_2O_3　　　　D. Fe_2O_3

3. 下列有关金属镁的说法错误的是(　　)。
   A. 金属镁长时间暴露在空气中,在其表面可形成白色的氧化镁膜
   B. 单质镁点燃后可以在氮气中剧烈燃烧
   C. 金属镁着火后不能用二氧化碳灭火器灭火
   D. 室温时单质镁可以和 NaOH 溶液反应放出 H_2

4. 镁和铝都属于(　　)。
   A. 黑色金属　　B. 重金属　　C. 稀有金属　　D. 有色金属

5. 一块镁铝合金溶于盐酸后,加入过量 NaOH 溶液,此时溶液中存在(　　)。
   A. $MgCl_2$　　　B. $NaAlO_2$　　　C. $AlCl_3$　　　D. $Mg(OH)_2$

6. 下列有关金属铝的说法错误的是(　　)。
   A. 金属铝可与稀盐酸反应放出 H_2,可与 NaOH 反应放出 O_2
   B. 纯铝一般可由电解 Al_2O_3 得到
   C. 铝热反应可用于焊接铁轨
   D. 标准状况下,1mol Al 与足量稀盐酸反应,可获得约 33.6L 氢气

7. 下列微粒中离子半径最小的是(　　)。
   A. Na^+　　　B. Mg^{2+}　　　C. Al^{3+}　　　D. F^-

8. 下列微粒中离子氧化性最强的是(　　)。
   A. Cu^{2+}　　　B. Mg^{2+}　　　C. Al^{3+}　　　D. Na^+

9. 铝可与硝酸钠发生反应:$Al + NaNO_3 + H_2O \longrightarrow Al(OH)_3 + N_2\uparrow + NaAlO_2$,有关叙述正确的是(　　)。
   A. 该反应的氧化剂是水
   B. 若反应过程中转移 5mol e^-,则生成标准状况下 N_2 的体积为 11.2L
   C. 该反应的氧化产物是 N_2
   D. 当消耗 1mol Al 时,生成标准状况下 N_2 的体积为 22.4L

10. 常温下,将 Na、Mg、Al 各 46g,分别投入到 1L 1mol/L 的盐酸中,完全反应后产生 H_2 最多的是(　　)。
    A. Na　　　　B. Mg　　　　C. Al　　　　D. 一样多

11. 点燃镁条,不能在下列气体中继续燃烧的是(　　)。
    A. O_2　　　B. N_2　　　C. CO_2　　　D. CH_4

12. 既能与盐酸反应,又能与氢氧化钠溶液反应产生氢气的单质是(　　)。
    A. 镁　　　　B. 铝　　　　C. 硅　　　　D. 铜

13. 下列离子中加入强酸或强碱溶液均能使离子减少的是(　　)。
    A. Al^{3+}　　　B. AlO_2^-　　　C. NH_4^+　　　D. HPO_4^{2-}

14. 铝条不像镁条那样在空气中容易燃烧,原因是(　　)。
    A. 铝的金属性没有镁强　　　　B. 铝不能与氧气反应
    C. 铝燃烧不放出热量　　　　D. 铝表面有一层致密的氧化物保护膜

15. 能使粗盐潮解的物质是(　　)。

A. NaCl   B. Na$_2$SO$_4$ C. MgCl$_2$ D. KCl

16. 要从 NaAlO$_2$ 溶液中得到固体 Al(OH)$_3$,最好选用下列的措施是(　　)。
A. 通入足量 CO$_2$ B. 加入盐酸   C. 加足量水   D. 加热

17. 下列各组物质能相互反应得到 Al(OH)$_3$ 的是(　　)。
A. Al 与 NaOH 溶液共热   B. Al(NO$_3$)$_3$ 与过量 NaOH 溶液
C. Al$_2$O$_3$ 与水共热   D. Al$_2$(SO$_4$)$_3$ 与过量氨水

二、填空题

1. 在元素周期表中,第三周期元素组成的单质中,属于金属的是 ① ,属于原子晶体的是 ② ,属于分子晶体的是 ③ ;其中熔沸点最高的是 ④ ,最低的是 ⑤ ;金属性最强的是 ⑥ 。

2. Na、Mg、Al 三种元素单质的还原性由强到弱的顺序是 ① ,其最高价氧化物的化学式分别为 ② ,其中属于两性氧化物的是 ③ ;其最高价氧化物对应水化物的分子式分别为 ④ ,其碱性由强到弱的顺序是 ⑤ ,其中属于两性氢氧化物的是 ⑥ 。

3. 镁和铝都是比较活泼的金属,在常温下,都能与氧气起反应,生成一层 ① ,它能够阻止金属的 ② ,所以镁和铝都有 ③ 的性能。

4. 工业上以 ① 作为制取镁的原料,采用 ② 的方法制取镁,反应的化学方程式为 ③ 。自然界存在的铝的矿物主要有 ④ ,又称 ⑤ 。它可用来提取纯 ⑥ ,工业上以 ⑦ 为原料,采用 ⑧ 的方法制取铝。

5. 取两份铝片,第一份与足量盐酸反应,第二份与足量烧碱溶液反应,同温同压下放出相同体积的气体,则两份铝片的质量之比为　　　　。

6. 通常把 ① 和 ② 的混合物叫铝热剂,它们在较高的温度下发生剧烈反应,放出 ③ ,发出 ④ ,这个反应叫作 ⑤ 。此反应原理可以用在焊接钢轨上。

【参考答案】

一、1. B 2. C 3. D 4. D 5. B 6. A 7. C 8. A 9. B 10. A 11. D 12. B 13. D 14. D 15. C 16. A 17. D

二、1. ①Na、Mg、Al;②Si;③P、S、Cl$_2$、Ar;④Si;⑤Ar;⑥Na

2. ①Na > Mg > Al;②Na$_2$O、MgO、Al$_2$O$_3$;③Al$_2$O$_3$;④NaOH、Mg(OH)$_2$、Al(OH)$_3$;⑤NaOH > Mg(OH)$_2$ > Al(OH)$_3$;⑥Al(OH)$_3$

3. ①金属氧化物保护膜;②进一步氧化;③抗腐蚀

4. ①MgCl$_2$;②电解熔融的 MgCl$_2$;③MgCl$_2$ $\xrightarrow{通电}$ Mg + Cl$_2$↑;④铝土矿;⑤矾土;⑥铝;⑦氧化铝;⑧电解熔融的氧化铝和冰晶石的混合物

5. 1∶1

6. ①Al;②Fe$_2$O$_3$;③大量的热;④耀眼的白光;⑤铝热反应

第八节　铁

一、铁在周期表中的位置及其原子结构特点

铁位于第四周期第Ⅷ族,是重要的过渡金属元素。化学反应中易失去 2 个或 3 个电子,常

见化合价为 +2 价及 +3 价。

二、铁

(一) 物理性质

纯净的铁为银白色,熔点较高(1535℃),质地也较柔软,抗蚀力强。普通的铁都含一定量的碳,因此质地较硬,抗蚀力也减弱。铁具有延展性、导热性及导电性。

(二) 化学性质

1. 与非金属反应

$$3Fe + 2O_2 \xrightarrow{点燃} Fe_3O_4$$

$$2Fe + 3Cl_2 \xrightarrow{\Delta} 2FeCl_3$$

2. 与水反应

$$3Fe + 4H_2O(气) \xrightarrow{高温} Fe_3O_4 + 4H_2$$

3. 与酸反应

$$Fe + 2HCl = FeCl_2 + H_2\uparrow$$

常温下,铁对浓硝酸、浓硫酸表现出钝态。加热时,反应剧烈,但无氢气放出。

4. 与某些金属盐的置换反应

$$Fe + CuSO_4 = FeSO_4 + Cu$$

三、铁的化合物

(一) 氧化物

铁有三种氧化物:氧化亚铁(FeO,黑色粉末)、氧化铁(Fe_2O_3,红棕色粉末)、四氧化三铁(Fe_3O_4,有磁性的黑色晶体)。三者均不溶于水,也不跟水反应。

氧化亚铁及氧化铁都能与酸发生反应:

$$FeO + 2HCl = FeCl_2 + H_2O$$

$$Fe_2O_3 + 6HCl = 2FeCl_3 + 3H_2O$$

(二) 氢氧化物

铁有两种氢氧化物:氢氧化铁[$Fe(OH)_3$,红褐色]和氢氧化亚铁[$Fe(OH)_2$,白色]。两者均是不溶于水的弱碱。

氢氧化亚铁在空气中易被氧化生成氢氧化铁:

$$4Fe(OH)_2 + O_2 + 2H_2O = 4Fe(OH)_3$$

氢氧化铁受热易失去水生成氧化铁:

$$2Fe(OH)_3 \xrightarrow{\Delta} Fe_2O_3 + 3H_2O$$

(三) 铁化合物与亚铁化合物的相互转变

铁化合物遇较强的还原剂会还原成亚铁化合物,而亚铁化合物遇较强的氧化剂会氧化成铁化合物:

$$2FeCl_3 + Fe = 3FeCl_2$$

$$2FeCl_2 + Cl_2 = 2FeCl_3$$

四、炼铁和炼钢

（一）炼铁

在高温条件下用还原剂把铁从铁矿石中还原出来的过程叫炼铁。主要设备为高炉,主要原料有铁矿石(Fe_2O_3、Fe_3O_4 及 $FeCO_3$)、焦炭、石灰石及空气。炼铁过程中的主要化学反应为：

1. 还原剂的生成

$$C + O_2 \xrightarrow{\text{高温}} CO_2 + \text{热（供热）}$$

$$CO_2 + C \xrightarrow{\text{高温}} 2CO - \text{热（还原剂生成）}$$

2. 铁矿石被还原

$$Fe_2O_3 + 3CO \xrightarrow{\text{高温}} 2Fe + 3CO_2$$

3. 炉渣的生成（除脉石 SiO_2）

$$CaCO_3 \xrightarrow{\text{高温}} CaO + CO_2 \uparrow$$

$$CaO + SiO_2 \xrightarrow{\text{高温}} CaSiO_3 \text{（炉渣）}$$

（二）炼钢

在高温下用氧化剂把生铁里过多的碳和其他杂质氧化成气体或钢渣除去的过程叫炼钢。主要设备有平炉、转炉、电炉三种,主要原料有生铁、空气、CaO、脱氧剂（硅铁、锰铁或铝）。广泛使用的是氧气顶吹转炉炼钢法。其主要原理分为下列两个过程。

1. 氧化、除杂质

$$2Fe + O_2 \xrightarrow{\text{高温}} 2FeO$$

$$FeO + C \xrightarrow{\text{高温}} Fe + CO \uparrow \text{（除碳）}$$

$$2FeO + Si \xrightarrow{\text{高温}} 2Fe + SiO_2 \text{（炉渣,除硅）}$$

2. 脱氧　用锰铁、硅铁或铝还原氧化亚铁

$$3FeO + 2Al \xrightarrow{\text{高温}} 3Fe + Al_2O_3$$

$$FeO + Mn \xrightarrow{\text{高温}} Fe + MnO$$

【例题选解】

例1　把 Fe、Cu 放入含 $FeCl_3$、$FeCl_2$、$CuCl_2$ 溶液的容器中,根据下列不同情况回答：

（1）充分反应后有铁剩余,则容器中肯定有什么物质,肯定没有什么物质？

（2）充分反应后,溶液中还有一定量 $CuCl_2$,则容器中不可能存在的物质是什么？

（3）充分反应后,容器里除了 $CuCl_2$ 外,还有 Cu 存在,则容器中不可能存在的物质是什么？

【解析】（1）充分反应后有铁剩余,则容器中肯定有 Cu、$FeCl_2$,不可能有 $FeCl_3$ 和 $CuCl_2$,因为会发生如下反应：

$$2FeCl_3 + Fe = 3FeCl_2$$

$$CuCl_2 + Fe = FeCl_2 + Cu$$

（2）充分反应后,溶液还有一定量的 $CuCl_2$,则容器中肯定没有 Fe,因为铁会发生如下反应：

$$CuCl_2 + Fe = FeCl_2 + Cu$$

（3）充分反应后,容器里除了 $CuCl_2$ 外,还有 Cu 存在,则容器中不可能存在 $FeCl_3$ 和 Fe,否

则会发生如下反应：

$$CuCl_2 + Fe = FeCl_2 + Cu$$

$$2FeCl_3 + Cu = 2FeCl_2 + CuCl_2$$

【答案】 (1)肯定有 Cu、$FeCl_2$，肯定没有 $FeCl_3$、$CuCl_2$。

(2)不可能存在 Fe。

(3)不可能存在 $FeCl_3$ 和 Fe。

例 2 根据下图判断 A、B、C、D、E、F 各是什么物质？并写出反应的化学方程式。

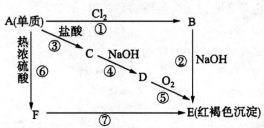

【解析】 从 B→E、F→E，并且 E 为红褐色沉淀，则知 E 为 $Fe(OH)_3$，从而知 A 为 Fe，B 为 $FeCl_3$，C 为 $FeCl_2$，D 为 $Fe(OH)_2$，F 为 $Fe_2(SO_4)_3$。化学方程式为：

①$2Fe + 3Cl_2 \xrightarrow{点燃} 2FeCl_3$

②$FeCl_3 + 3NaOH = Fe(OH)_3 \downarrow + 3NaCl$

　　　　　　　　　（红褐色）

③$Fe + 2HCl = FeCl_2 + H_2 \uparrow$

④$FeCl_2 + 2NaOH = Fe(OH)_2 \downarrow + 2NaCl$

⑤$4Fe(OH)_2 + O_2 + 2H_2O = 4Fe(OH)_3$

⑥$2Fe + 6H_2SO_4(浓) \xrightarrow{\Delta} Fe_2(SO_4)_3 + 3SO_2 \uparrow + 6H_2O$

⑦$Fe_2(SO_4)_3 + 6KOH = 2Fe(OH)_3 \downarrow + 3K_2SO_4$

【答案】 A：Fe　B：$FeCl_3$　C：$FeCl_2$　D：$Fe(OH)_2$　E：$Fe(OH)_3$　F：$Fe_2(SO_4)_3$

化学方程式见解析。

习题 5－8

一、选择题

1. 下列关于铁的描述中不正确的是(　　)。

A. 铁位于周期表中第四周期第Ⅷ族

B. 铁在化学反应中可失去 2 个或 3 个电子，显 +2 价和 +3 价

C. 铁与盐酸反应，生成氯化铁和氢气

D. 纯铁是银白色金属

2. 铁在氧气中燃烧，生成物是(　　)。

A. FeO　　　　　B. Fe_2O_3　　　　　C. Fe_3O_4　　　　　D. $Fe(OH)_3$

3. 能使铁溶解，又不生成沉淀和气体的是(　　)。

A. 稀硫酸　　　　B. $Fe_2(SO_4)_3$ 溶液　　C. $CuSO_4$ 溶液　　　D. 浓硝酸

4. 把铁片加到1L 1mol/L的氯化铁溶液中,当反应后溶液中 Fe^{3+} 和 Fe^{2+} 物质的量浓度相等时,铁片减少的质量为( )。

  A. 2.8g   B. 5.6g   C. 1.4g   D. 11.2g

5. 若用CO在高温下还原 a 克 Fe_2O_3,得到 b 克铁,氧的相对原子质量是16,则铁的相对原子质量是( )。

  A. $\dfrac{48b}{a-2b}$ B. $\dfrac{48b}{a-b}$ C. $\dfrac{a-b}{24b}$ D. $\dfrac{24b}{a-b}$

6. 下列化合物,不能由单质直接化合制得的是( )。

  A. CuS   B. FeS   C. Fe_3O_4 D. $CuCl_2$

7. 下列离子中,既有氧化性又有还原性的是( )。

  A. Fe^{2+} B. Fe^{3+} C. MnO_4^- D. Cl^-

8. 在炼钢过程中,尽可能除掉的杂质是( )。

  A. C、Si   B. S、P   C. Si、Mn   D. C、Mn

9. 高炉炼铁中的还原剂是( )。

  ①焦炭　②一氧化碳　③二氧化碳　④石灰石　⑤空气

  A. ①、②   B. ①、③   C. ②、③   D. ①、④

10. 炼铁时加入石灰石的作用是( )。

  A. 降低铁的熔点   B. 作还原剂

  C. 作氧化剂   D. 除去矿石中的脉石

11. 下列有关氢氧化物制备的化学方程式中正确的是( )。

  A. $Fe_2O_3 + 3H_2O = 2Fe(OH)_3\downarrow$

  B. $Fe^{3+} + 3NH_3·H_2O = Fe(OH)_3\downarrow + 3NH_4^+$

  C. $Fe^{2+} + Cu(OH)_2 = Fe(OH)_2\downarrow + Cu^{2+}$

  D. $FeS + 2NaOH = Fe(OH)_2\downarrow + Na_2S$

12. 往含有 $FeSO_4$、$Fe_2(SO_4)_3$、$CuSO_4$ 的混合溶液中通入 H_2S 气体后,有沉淀生成,该沉淀是( )。

  A. FeS和CuS   B. Fe_2S_3和CuS   C. CuS   D. CuS和S

13. 制印制电路时常用 $FeCl_3$ 溶液作为"腐蚀液",发生的反应为 $2FeCl_3 + Cu = 2FeCl_2 + CuCl_2$。向盛有 $FeCl_3$ 溶液的烧杯中同时加入铁粉和铜粉,反应结束后,烧杯中不可能出现的是( )。

  A. 有铜无铁   B. 有铁无铜   C. 铁、铜都有   D. 铁、铜都无

14. 某溶液中加入过量的氨水或过量的NaOH溶液均有沉淀生成,若加入铁粉和铜粉,溶液的质量都增加,则溶液中可能含有的离子是( )。

  A. Al^{3+} B. Fe^{2+} C. Fe^{3+} D. Mg^{2+}

15. 在下列各组物质中,滴入KSCN溶液显红色的是( )。

  A. 铁与稀盐酸   B. 过量铁与稀硫酸

  C. 氯水与氯化亚铁溶液   D. 铁粉与氯化铜溶液

二、填空题

1. 铁位于元素周期表中第　①　周期,第　②　族。原子序数为　③　,原子结构示意图

为 ④ ;Fe^{2+}的原子结构示意图为 ⑤ ;Fe^{3+}的原子结构示意图为 ⑥ 。

2. 下列物质之间有如下反应关系：

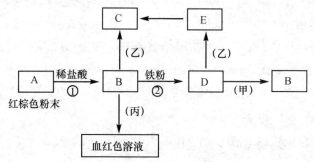

已知由 E 转化成 C 的现象是：灰白色沉淀迅速变为灰绿色,最后变为红褐色。

回答：(1) 写出下列物质的化学式：

A _____ ;B ____ ; D ____ ; 甲 ____ ;乙 ____ ;丙 ____

(2) 写出 E→C 反应的化学方程式：_____。

3. 铁的氧化物有三种,其中 Fe 为 +2 价的是 ① ,为 +3 价的是 ② ,具有 +2、+3 价态的是 ③ 。

4. 将铁丝在酒精灯火焰上加热到发红,立即伸到盛有氯气的集气瓶中,实验现象是 ① ,往集气瓶中加适量蒸馏水,可得到 ② 色溶液,上述反应的化学方程式为 ③ 。将所得溶液分成五份,第一份溶液中滴加 NaOH 溶液,实验现象是 ④ ,反应的离子方程式为 ⑤ ;第二份溶液中通入 H_2S 气体,实验现象为 ⑥ ,反应的离子方程式为 ⑦ ;第三份溶液中滴入 KSCN 试液,实验现象是 ⑧ ,反应的离子方程式为 ⑨ ;第四份溶液中加足量铁粉,实验现象为 ⑩ ,反应的离子方程式为 ⑪ ;取第五份溶液适量滴入到 KI 溶液中去,实验现象是 ⑫ ,反应的离子方程式为 ⑬ 。

5. 一般含碳量在 ① 的铁的合金叫作生铁,生铁里除含碳外,还含有 ② 以及少量的 ③ 等。所以它是一种 ④ 物。而含碳量一般在 ⑤ 的铁的合金叫作钢。按化学成分分类,钢可以分为 ⑥ 钢和 ⑦ 钢两大类,在合金钢中,钼钢能 ⑧ ,镍铬钢是一种 ⑨ 。

6. 炼铁的主要反应原理,是利用 ① 反应,在高温下用 ② 剂从铁矿石里把铁 ③ 。主要反应的化学方程式为 ④ 。高炉炼铁的原料是 ⑤ 。炼铁过程中所需要的 CO,是通过两个反应得到的： ⑥ 和 ⑦ ;铁矿石里的脉石(SiO_2)是通过如下反应除去的： ⑧ 和 ⑨ 。

【参考答案】

一、1. C 2. C 3. B 4. D 5. D 6. A 7. A 8. A 9. A 10. D 11. B 12. D 13. B 14. C 15. C

二、1. ①四;②Ⅷ;③26;④+26 2 8 14 2;⑤+26 2 8 14;⑥+26 2 8 13

2. (1) Fe_2O_3;$FeCl_3$;$FeCl_2$;Cl_2;NaOH;KSCN

(2) $4Fe(OH)_2 + O_2 + 2H_2O = 4Fe(OH)_3$

3. ①FeO；②Fe$_2$O$_3$；③Fe$_3$O$_4$

4. ①生成棕色的烟；②黄；③$2Fe + 3Cl_2 \xrightarrow{\triangle} 2FeCl_3$；④产生红褐色沉淀；⑤$Fe^{3+} + 3OH^- == Fe(OH)_3\downarrow$；⑥溶液中有淡黄色沉淀；⑦$2Fe^{3+} + H_2S == 2Fe^{2+} + S\downarrow + 2H^+$；⑧溶液变为血红色；⑨$Fe^{3+} + 3SCN^- == Fe(SCN)_3$；⑩溶液由黄色变为浅绿；⑪$2Fe^{3+} + Fe == 3Fe^{2+}$；⑫KI溶液由无色变棕色；⑬$2Fe^{3+} + 2I^- == 2Fe^{2+} + I_2$

5. ①2%~4.3%；②Si、Mn；③S、P；④混合；⑤0.03%~2%；⑥碳素；⑦合金；⑧抗高温；⑨不锈钢

6. ①氧化还原；②还原；③还原；④$Fe_2O_3 + 3CO \xrightarrow{\text{高温}} 2Fe + 3CO_2$；⑤铁矿石、焦炭、石灰石、空气；⑥$C + O_2 \xrightarrow{\text{点燃}} CO_2$；⑦$CO_2 + C \xrightarrow{\text{高温}} 2CO$；⑧$CaCO_3 \xrightarrow{\text{高温}} CaO + CO_2\uparrow$；⑨$CaO + SiO_2 \xrightarrow{\text{高温}} CaSiO_3$

典型例题

例题1 现有一瓶蓝色未知溶液，做如下实验：
①如果加入NaOH溶液，可以产生蓝色沉淀，沉淀受热分解变为黑色粉末；
②如果加入BaCl$_2$溶液产生不溶于强酸的白色沉淀；
③如果加入洁净的铁钉，一会儿铁钉表面上出现紫红色物质。
试根据以上实验，判断这种蓝色溶液里含有什么物质？

【分析】 （1）从溶液的颜色和它跟NaOH溶液反应所生成沉淀的颜色，以及沉淀受热生成黑色粉末，我们可以得到结论：原溶液中含有Cu^{2+}。发生如下反应：

$$Cu^{2+} + 2OH^- == Cu(OH)_2\downarrow \quad Cu(OH)_2 \xrightarrow{\triangle} CuO + H_2O$$

（2）该溶液阳离子为Cu^{2+}。当滴加BaCl$_2$溶液时，会产生不溶于强酸的白色沉淀，则可得出结论，原溶液阴离子为SO_4^{2-}。发生如下反应：

$$Ba^{2+} + SO_4^{2-} == BaSO_4\downarrow$$

（3）生成紫红色物质，由题意可知，该物质为单质铜，铁与CuSO$_4$溶液发生置换反应：

$$Cu^{2+} + Fe == Fe^{2+} + Cu$$

【答案】 该溶液含有CuSO$_4$。

例题2 实验室制取的CO$_2$中常混有少许的水蒸气、HCl、H$_2$S等杂质，把此混合气体按以下各组中排列的顺序通过三种试剂，其中能得到纯净、干燥的CO$_2$的最佳方法是（　　）。

A. 硫酸铜溶液、碳酸氢钠饱和溶液、浓硫酸

B. 硫酸铜溶液、浓硫酸、碳酸氢钠饱和溶液

C. 浓硫酸、硫酸铜溶液、碳酸钠饱和溶液

D. 碳酸钠饱和溶液、浓硫酸、硫酸铜溶液

【分析】 净化混合气体的原则是先除杂，后干燥。其原因是除杂往往是用一定物质的水溶液洗气。若先干燥，后除杂，则除杂时又带出水蒸气，而达不到干燥气体的目的。

本题推理如下：

杂质	使用试剂	通入顺序
H_2O	用浓硫酸干燥	③
HCl	用饱和碳酸氢钠溶液洗气	②
H_2S	用硫酸铜溶液洗气	①

【答案】 A

例题 3 一瓶无色澄清溶液可能有 NH_4^+、Na^+、Mg^{2+}、K^+、Ba^{2+}、Al^{3+}、Fe^{3+}、SO_4^{2-}、NO_3^-、CO_3^{2-}、Cl^- 和 I^-。取部分溶液的实验结果是：

①用 pH 试纸试验，试纸显红色；②加少量氯水和 CCl_4 振荡，油层呈紫红色；③另取原溶液滴加稀氢氧化钠溶液，使呈碱性，在过程中无沉淀出现；此碱性溶液加 Na_2CO_3 溶液，则出现白色沉淀；若加热碱性溶液产生能使湿润 pH 试纸变蓝或蓝紫色（有水同时蒸出）的气体。

试确定：在原溶液中肯定存在的离子是 A _____，肯定不存在的离子是 B _____，还不能确定的离子是 C _____。

【分析】 此题是一道将元素化合物知识联系起来的综合性试题，考查学生分析问题的综合能力。学生在做此题时容易得出下列错误答案：A. I^-、NH_4^+；B. CO_3^{2-}、SO_4^{2-}、Fe^{3+}；C. K^+、Na^+、Cl^-。做出错误答案的原因主要有两方面：一是元素化合物有关知识掌握不牢，物质间的反应掌握不熟练。为避免此类错误要求学生熟练掌握"复习要求"中的各个知识点，做到熟能生巧，融会贯通。二是做题时思维混乱，丢三落四。这要求学生在平时做每道题时注意培养自己的有序思维。就本题而言，应按各步实验现象逐一排除，确定每种离子；同时注意审题，发现其中隐含条件。

题中说此混合液为"无色"澄清溶液，则说明该溶液中无 Fe^{3+}。由①pH 试纸呈红色知，此溶液为强酸性溶液，故不含 CO_3^{2-}。因为若有 CO_3^{2-}，则会发生如下反应：

$$2H^+ + CO_3^{2-} = H_2O + CO_2\uparrow$$

即 H^+ 与 CO_3^{2-} 不能共存。由②知溶液中必有 I^-，因为 I^- 遇氯水会发生如下反应：

$$Cl_2 + 2I^- = I_2 + 2Cl^-$$

CCl_4 萃取溶液中的 I_2，而使 CCl_4 层呈紫色。由③"碱性溶液中无沉淀出现"知：该溶液中无 Al^{3+}、Mg^{2+}。因为若有 Al^{3+}、Mg^{2+} 会发生如下反应：

$$Al^{3+} + 3OH^- = Al(OH)_3\downarrow（白）$$

$$Mg^{2+} + 2OH^- = Mg(OH)_2\downarrow（白）$$

由"加热该碱性溶液产生使湿润 pH 试纸变蓝紫色的气体"知含有 NH_4^+，因为发生了如下反应：

$$NH_4^+ + OH^- = NH_3\cdot H_2O$$

$NH_3\cdot H_2O$ 呈碱性，会使 pH 试纸变蓝。由"加 Na_2CO_3 出现白色沉淀"知必有 Ba^{2+}，因为发生了如下反应：

$$Ba^{2+} + CO_3^{2-} = BaCO_3\downarrow（白色沉淀）$$

同时知必无 SO_4^{2-}，因为若有 SO_4^{2-} 会有如下反应：

$$Ba^{2+} + SO_4^{2-} = BaSO_4\downarrow（白色沉淀）$$

酸性溶液中，NO_3^- 具有氧化性，能氧化 I^-，故原溶液中一定无 NO_3^-。

由此上分析知：肯定含有的离子为 Ba^{2+}、I^-、NH_4^+，一定不含的离子为 Al^{3+}、Mg^{2+}、SO_4^{2-}、CO_3^{2-}、Fe^{3+}、NO_3^-。

【答案】 A：I^-、NH_4^+、Ba^{2+}　　B：CO_3^{2-}、Mg^{2+}、Al^{3+}、Fe^{3+}、SO_4^{2-}、NO_3^-　　C：K^+、Na^+、Cl^-

例题 4 现有某物质 A 的浓溶液，做以下实验：

①取少量该溶液与浓硫酸反应，生成溶液 B 和气体 C。

②取少量该溶液与浓氢氧化钾溶液共热，生成溶液 D 与气体 E。

③C 与 E 混合后通入水中可得溶液 A。

④溶液 B 与浓氢氧化钾溶液反应，生成气体 E 和溶液 F。

⑤溶液 D 中加适量盐酸中和其中过量的碱后，再加浓溴水，也可得到 F。

由以上实验确定 A、B、C、D、E、F 各为什么物质。

【分析】 这种由实验现象推断未知物的试题，要抓住明显特征反应为突破口，然后逐渐深入，推出各未知物。

在本题中，由实验②可知，A 能与碱反应生成气体，可确定 E 为 NH_3，所以 A 为铵盐。

由实验①确定，与浓硫酸反应生成气体的铵盐应为碳酸盐、亚硫酸或氢硫酸盐。还可确定 B 为 $(NH_4)_2SO_4$。

由实验③可确定，A 不是氢硫酸盐。因为浓硫酸可将浓的氢硫酸盐氧化，得不到 H_2S 气体。

由实验④可确定，$(NH_4)_2SO_4$（B）与浓氢氧化钾溶液反应，生成的 F 为 K_2SO_4 溶液。

由实验⑤可确定，A 不是碳酸盐。因为碳酸盐依次与 KOH、Br_2 作用不会得到 K_2SO_4（F）。于是可确定 A 为亚硫酸盐。A 的化学式为 $(NH_4)_2SO_3$ 或 NH_4HSO_3。

【答案】 A、B、C、D、E、F 分别为 $(NH_4)_2SO_3$（或 NH_4HSO_3）、$(NH_4)_2SO_4$、SO_2、K_2SO_3、NH_3、K_2SO_4。

例题 5 若 A、B、C 为三种金属，根据下列化学反应，推断 A、B、C 三种金属的活动性顺序为（　　）。

①$A + B(NO_3)_2 \rightleftharpoons A(NO_3)_2 + B$　　②$C + B(NO_3)_2 \rightleftharpoons B + C(NO_3)_2$

③$A + H_2SO_4(稀) \rightleftharpoons ASO_4 + H_2 \uparrow$　　④$C + H_2SO_4(稀) \longrightarrow 不反应$

A．A＞B＞C　　B．A＞C＞B　　C．B＞C＞A　　D．C＞A＞B

【分析】 此题是根据置换反应推断金属活动性顺序，为金属通性的灵活应用。

由①反应，根据金属与盐发生置换反应的规律（活泼金属从不活泼金属盐中置换出不活泼金属）知：活泼性 A＞B。同理，由反应②知：金属活泼性 C＞B。又由金属与酸发生置换反应的规律（只有氢前金属才与酸发生置换反应）及反应③、④知：A 为氢前金属，C 为氢后金属，所以活泼性 A＞C。综合以上分析有下列关系：A＞C，C＞B，即 A＞C＞B。

【答案】 B

例题 6 可将 K^+，Mg^{2+}，Fe^{3+}，Al^{3+} 区分开来的试剂是（　　）。

A．HCl　　B．$AgNO_3$　　C．NaOH　　D．Na_2SO_4

【分析】 此题主要考查金属阳离子与各种阴离子能否反应，有何现象。正确解答此题的前提是熟知各个反应及反应现象。

A、B、D 选项中试剂的阴离子均不与四种金属阳离子反应，亦无反应现象，故不能将其分开。

C 中 OH^- 可以发生如下反应：

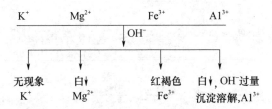

涉及的离子方程式如下：

$$Mg^{2+} + 2OH^- = Mg(OH)_2\downarrow（白）$$
$$Fe^{3+} + 3OH^- = Fe(OH)_3\downarrow（红褐色）$$
$$Al^{3+} + 3OH^- = Al(OH)_3\downarrow（白）$$
$$Al(OH)_3 + OH^- = AlO_2^- + 2H_2O（白色沉淀消失）$$

【答案】 C

例题 7 向碳酸钠的浓溶液中逐滴加入稀盐酸，直到不再生成 CO_2 气体为止，在此过程中，溶液中的 HCO_3^- 离子浓度变化的趋势是（   ）。

A. 逐渐减小

B. 逐渐增大

C. 先逐渐增大，而后逐渐减小

D. 先逐渐减小，而后逐渐增大

【分析】 本题是离子反应的典型试题。宏观分析，微观思考。

Na_2CO_3 在溶液中电离：$Na_2CO_3 = 2Na^+ + CO_3^{2-}$

在逐滴加入盐酸时，溶液中的离子反应式为 $H^+ + CO_3^{2-} = HCO_3^-$

故此时 HCO_3^- 离子的浓度从小到大。当 CO_3^{2-} 离子全部转化成 HCO_3^- 离子以后，再滴加盐酸时的离子反应式为 $H^+ + HCO_3^- = H_2O + CO_2\uparrow$

故此时 HCO_3^- 离子的浓度减小。

【答案】 C

例题 8 有四种白色固体，分别为硝酸钠、硫酸钠、亚硫酸钠、硝酸铵。如何区分它们？写出检验步骤、现象，有关的化学方程式。

【分析】 四种白色固体均易溶于水，所以只能把它们分别配成溶液，然后根据各自不同的特性反应加以鉴别。有的化合物是其中的阳离子与某种试剂具有特性反应，有的化合物是其阴离子与某种试剂具有特性反应。鉴别物质要具体问题具体分析，本题要鉴别的四种物质的阳离子是三种钠盐和一种铵盐，所以可以首先区分钠离子和铵根离子，从而把硝酸铵与其他三种区别开。剩余的三种试剂的阴离子分别为硝酸根离子、亚硫酸根离子、硫酸根离子，区分三种阴离子可以用钡离子，钡离子与亚硫酸根离子生成溶于强酸的白色沉淀，钡离子与硫酸根离子生成不溶于强酸的白色沉淀。

通过以上分析，可以使用的试剂为 NaOH 溶液、$BaCl_2$ 溶液（或 $Ba(NO_3)_2$ 溶液）、稀盐酸。

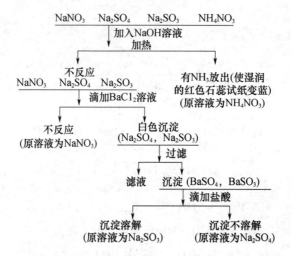

有关化学方程式：

$$NH_4NO_3 + NaOH \xrightarrow{\Delta} NH_3\uparrow + NaNO_3 + H_2O$$
$$BaCl_2 + Na_2SO_3 == BaSO_3\downarrow + 2NaCl$$
$$BaCl_2 + Na_2SO_4 == BaSO_4\downarrow + 2NaCl$$
$$BaSO_3 + 2HCl == BaCl_2 + SO_2\uparrow + H_2O$$

此外，还可以用其他方法解本题，如可先滴加 $BaCl_2$ 或 $Ba(NO_3)_2$ 溶液，把 $NaNO_3$、NH_4NO_3 与 Na_2SO_3、Na_2SO_4 区分开来，再用 $NaOH$ 区分 $NaNO_3$ 和 NH_4NO_3，用稀盐酸区分 Na_2SO_3 和 Na_2SO_4。所以一道题的解法并不一定是唯一的。

【答案】 见解析

例题 9 将铜片分别放入下列物质的水溶液中,过一段时间后取出,溶液质量减小,但不产生气体的是（　　）。

A. $AgNO_3$　　　　B. HNO_3　　　　C. $ZnSO_4$　　　　D. HCl

【分析】 本题涉及的化学方程式有：

$$Cu + 2AgNO_3 == Cu(NO_3)_2 + 2Ag$$
$$\begin{cases} Cu + 4HNO_3(浓) == Cu(NO_3)_2 + 2NO_2\uparrow + 2H_2O \\ 3Cu + 8HNO_3(稀) == 3Cu(NO_3)_2 + 2NO\uparrow + 4H_2O \end{cases}$$

只有 A、B 会发生反应，而 B 中无论是稀硝酸还是浓硝酸都有气体生成。

由化学方程式可得关系式：

$$Cu \text{——} 2Ag$$
$$63.5g \quad 2\times108g$$

即有 63.5g Cu 参加反应可生成 216g Ag，所以溶液质量减少，且无气体生成。

【答案】 A

例题 10 有四种钠的化合物 W、X、Y、Z，根据下列反应式判断 W、X、Y、Z 的化学式分别为 W_____，X_____，Y_____，Z_____。

(1) $X \xrightarrow{\Delta} W + CO_2\uparrow + H_2O$

(2) $Y + CO_2 \longrightarrow W + O_2$

(3) $Y + H_2O \longrightarrow Z + O_2\uparrow$

(4) $W + Ca(OH)_2 \longrightarrow Z + CaCO_3\downarrow$

【分析】 根据反应式(1),加热分解并放出 CO_2 和 H_2O 的钠的化合物应该是 $NaHCO_3$。有下列化学方程式:$2NaHCO_3 \xrightarrow{\triangle} Na_2CO_3 + CO_2\uparrow + H_2O$

可知 X 为 $NaHCO_3$,W 为 Na_2CO_3。

把 W 为 Na_2CO_3 代入反应式(4):$Na_2CO_3 + Ca(OH)_2 === 2NaOH + CaCO_3\downarrow$

可知 Z 为 NaOH,将 Z 代入反应式(3):$2Na_2O_2 + 2H_2O === 4NaOH + O_2\uparrow$

可知 Y 为 Na_2O_2,将 Y 代入反应式(2):$2Na_2O_2 + 2CO_2 === 2Na_2CO_3 + O_2$

由以上判断可分别知道四种钠盐的化学式。

【答案】 W:Na_2CO_3;X:$NaHCO_3$;Y:Na_2O_2;Z:NaOH。

例题 11 有 A、B、C、D 和 E 五种溶液,它们的阳离子可能是 Na^+、Ba^{2+}、Mg^{2+}、Al^{3+}、Ag^+、NH_4^+、Cu^{2+},它们的阴离子可能是 Cl^-、NO_3^-、SO_4^{2-}、CO_3^{2-}。进行如下实验:①五种盐溶液均为无色,并测知 A 溶液呈中性,B 溶液呈碱性,C、D、E 溶液呈酸性;②五种溶液中分别加入 $BaCl_2$ 溶液,B、C、D 有白色沉淀生成;③在 B 溶液中加入盐酸有无色无臭气体放出,在 C 溶液中逐滴加入 NaOH 溶液,先生成沉淀后沉淀消失;④若将 D 溶液分别加到 A、E 溶液中,A 溶液无变化,E 溶液有白色沉淀生成,若将 Na_2CO_3 溶液分别加到 A、E 溶液中,A 溶液有白色沉淀生成,E 溶液无沉淀生成。试依据题给条件写出 A、B、C、D、E 物质的分子式,并简述推断过程。

【分析】 由五种盐溶液均为无色溶液,知道五种盐中无 Cu^{2+},以及五种盐都是可溶性盐,并且水解也无沉淀、气体产生。根据③,B+盐酸有无色无臭气体放出,知道 B 中含 CO_3^{2-},又由于①中 B 溶液呈碱性知 B 为 Na_2CO_3,由②知 B+$BaCl_2$ 有白色沉淀生成,更印证 B 为 Na_2CO_3。由③知在 C 溶液中逐滴加入 NaOH 溶液,先生成沉淀后沉淀消失则知道 C 中阳离子为 Al^{3+}。C 水溶液呈酸性并且加 $BaCl_2$ 有白色沉淀析出知其为 $Al_2(SO_4)_3$。根据①A 溶液呈中性,②A+$BaCl_2 \longrightarrow$ 不沉淀,又根据④A+$Na_2CO_3 \longrightarrow$ 沉淀,知 A 应为 $BaCl_2$ 或 $Ba(NO_3)_2$。根据①E 溶液呈酸性,②E+$BaCl_2 \longrightarrow$ 不沉淀,再根据④E+$Na_2CO_3 \longrightarrow$ 不沉淀知 E 应为 NH_4Cl 或 NH_4NO_3。根据④D+A$\longrightarrow$无变化,D+E$\longrightarrow$白色沉淀;结合①D 溶液呈酸性,②D+$BaCl_2 \longrightarrow$ 沉淀,D 为 $AgNO_3$,再结合上面判断,A 为 $Ba(NO_3)_2$,E 为 NH_4Cl。

【答案】 A:$Ba(NO_3)_2$ B:Na_2CO_3 C:$Al_2(SO_4)_3$ D:$AgNO_3$ E:NH_4Cl

例题 12 根据下列图示判断 A、B、C、D、E 各是什么物质,并写出有关化学方程式。

A（浅绿色溶液） $\begin{cases} \xrightarrow{\text{加 }BaCl_2} \text{白色沉淀 B} \xrightarrow{\text{加稀硫酸}} \text{不溶解} \\ \xrightarrow{\text{NaOH 溶液}} \text{白色沉淀 C} \xrightarrow{\text{空气中}} \text{红褐色沉淀 D} \xrightarrow{\text{加盐酸}} \text{沉淀溶解} \xrightarrow{\text{加 KSCN}} \text{E(血红色)} \end{cases}$

【分析】 本题所要考查的是 Fe^{2+} 和 Fe^{3+} 的相互转化关系。

由于红褐色沉淀 D 可溶于盐酸,继续加 KSCN 溶液,溶液呈红色,可知 E 和 D 分别为 $[Fe(SCN)]^{2+}$ 和 $Fe(OH)_3$,从而可推出 C 为 $Fe(OH)_2$,A 的阳离子为 Fe^{2+}。

由"A 中滴加 $BaCl_2$ 生成不溶于强酸的白色沉淀",可知 A 的阴离子为 SO_4^{2-}。

由以上分析知 A 为 $FeSO_4$,B 为 $BaSO_4$。

【答案】 A 为 $FeSO_4$;B 为 $BaSO_4$;C 为 $Fe(OH)_2$;D 为 $Fe(OH)_3$;E 为 $[Fe(SCN)]^{2+}$

相应化学方程式为

$$FeSO_4 + BaCl_2 = BaSO_4\downarrow + FeCl_2$$
$$FeSO_4 + 2NaOH = Fe(OH)_2\downarrow + Na_2SO_4$$
$$4Fe(OH)_2 + O_2 + 2H_2O = 4Fe(OH)_3$$
$$Fe(OH)_3 + 3HCl = FeCl_3 + 3H_2O$$
$$Fe^{3+} + 3SCN^- = Fe(SCN)_3(血红色)$$

例题 13 将适量铁粉放入 $FeCl_3$ 溶液中,完全反应后,溶液中 Fe^{3+} 和 Fe^{2+} 浓度相等,则已反应的 Fe^{3+} 和未反应的 Fe^{3+} 的物质的量之比是(　　)。

A. 2 : 3   B. 3 : 2   C. 1 : 2   D. 1 : 1

【分析】 本题讨论的是在同一溶液中含有 Fe^{3+} 和 Fe^{2+} 两种离子,所以溶液的体积相同, Fe^{3+} 和 Fe^{2+} 的物质的量浓度之比就是 Fe^{3+} 和 Fe^{2+} 的物质的量之比。

将铁粉放入 $FeCl_3$ 溶液中,发生如下反应:

$$2FeCl_3 + Fe = 3FeCl_2$$

(1) 反应后溶液中 Fe^{3+}、Fe^{2+} 的浓度相等,从反应方程式可知,反应后生成的 $FeCl_2$ 为 3mol,所以溶液中未反应的 $FeCl_3$ 也是 3mol。因 $FeCl_2$、$FeCl_3$ 都是强电解质,在溶液中完全电离:

$$FeCl_2 = Fe^{2+} + 2Cl^-$$
$$FeCl_3 = Fe^{3+} + 3Cl^-$$

即 Fe^{2+} 和 $FeCl_2$ 的物质的量相同, Fe^{3+} 与 $FeCl_3$ 的物质的量相同,所以未反应的 Fe^{3+} 的物质的量为 3mol。

(2) 从 $2FeCl_3 + Fe = 3FeCl_2$ 可知,发生反应的 $FeCl_3$ 为 2mol,也就是已反应的 Fe^{3+} 是 2mol。所以,已反应的 Fe^{3+} 与未反应的 Fe^{3+} 的物质的量之比是 2 : 3。

【答案】 A

强化训练

一、选择题

1. 氯化氢的喷泉实验体现了氯化氢的哪一种性质_____。

A. 还原性   B. 比空气轻   C. 很易液化   D. 极易溶于水

2. 下列灭火剂能用于扑灭金属钠着火的是_____。

A. 干冰灭火剂   B. 干沙   C. 水   D. 泡沫灭火剂

3. 下列物质:①$NaHCO_3$;②$(NH_4)_2SO_4$;③Al_2O_3;④$(NH_4)_2CO_3$;⑤$Mg(OH)_2$ 中,既可以和盐酸反应,也可以和 $Ba(OH)_2$ 溶液反应的是_____。

A. ①③④   B. ①②③④   C. ②③④   D. ①③④⑤

4. 将 0.3mol 镁、铝、铁分别放入 100mL 1mol/L 的盐酸中,同温同压下产生的气体体积比是_____。

A. 1 : 2 : 3   B. 6 : 3 : 2   C. 3 : 1 : 1   D. 1 : 1 : 1

5. 下列说法正确的是_____。

A. SiO_2 溶于水且显酸性

B. CO_2 通入水玻璃可得硅酸

C. SiO_2 是酸性氧化物,它不溶于任何酸

D. SiO_2 晶体中存在单个 SiO_2 分子

6. 下列离子方程式正确的是_____。

A. 铁与稀硫酸反应:$Fe + 2H^+ =\!= Fe^{3+} + H_2\uparrow$

B. 钠跟冷水反应:$Na + 2H_2O =\!= Na^+ + 2OH^- + H_2\uparrow$

C. 氢氧化铝与足量盐酸反应:$Al(OH)_3 + 3H^+ =\!= Al^{3+} + 3H_2O$

D. 铜片与稀硝酸反应:$Cu + NO_3^- + 4H^+ =\!= Cu^{2+} + NO\uparrow + 2H_2O$

7. 在 pH = 1 的无色溶液中能大量共存的离子组是_____。

A. NH_4^+、Mg^{2+}、SO_4^{2-}、Cl^- 　　　　B. Ba^{2+}、K^+、HCO_3^-、NO_3^-

C. Al^{3+}、Cu^{2+}、SO_4^{2-}、AlO_2^- 　　　　D. Na^+、Fe^{2+}、Cl^-、NO_3^-

8. 下列有关 Cl、N、S 等非金属元素化合物的说法正确的是_____。

A. 漂白粉的成分为次氯酸钙

B. 实验室可用浓硫酸干燥氨气

C. 实验室可用 NaOH 溶液处理 NO_2 和 HCl 废气

D. $Al_2(SO_4)_3$ 可除去碱性废水及酸性废水中的悬浮颗粒

9. 某混合气体中可能含有 Cl_2、O_2、SO_2、NO、NO_2 中的两种或多种气体。现将此无色透明的混合气体通过品红溶液后,品红溶液褪色,把剩余气体排入空气中,很快变为红棕色。对于原混合气体成分的判断中正确的是_____。

A. 肯定有 SO_2 和 NO 　　　　B. 肯定没有 Cl_2、O_2 和 NO

C. 可能有 Cl_2 和 O_2 　　　　D. 肯定只有 NO

10. 在一定温度下,把 Na_2O 和 Na_2O_2 的固体分别溶于等质量的水中,都恰好形成此温度下饱和溶液,则加入 Na_2O 和 Na_2O_2 的物质的量的大小为_____。

A. $n(Na_2O) > n(Na_2O_2)$ 　　　　B. $n(Na_2O) < n(Na_2O_2)$

C. $n(Na_2O) = n(Na_2O_2)$ 　　　　D. 无法确定

11. 在 pH = 12 的无色溶液中能够大量共存的一组离子是(　　)。

A. Mg^{2+}、K^+、Cl^-、H^+ 　　　　B. Al^{3+}、Na^+、Fe^{2+}、OH^-

C. Na^+、NH_4^+、CO_3^{2-}、Ba^{2+} 　　　　D. K^+、Na^+、OH^-、SO_4^{2-}

12. 等量的镁铝合金粉末分别与下列四种过量的溶液充分反应,放出氢气最多的是_____。

A. 2mol/L H_2SO_4 溶液 　　　　B. 18mol/L H_2SO_4 溶液

C. 6mol/L KOH 溶液 　　　　D. 3mol/L HNO_3 溶液

13. 制造太阳能电池需要高纯度的硅,工业上制高纯硅常用以下反应实现

①$Si(s) + 3HCl(g) =\!= SiHCl_3(g) + H_2(g)$　　②$SiHCl_3 + H_2 =\!= Si + 3HCl$

对上述两个反应的下列叙述中,错误的是_____。

A. 两个反应都是置换反应

B. 反应②说明 H 元素的非金属性强于 Si

C. 反应①说明,Si 也能溶解在盐酸中并置换出 H_2

D. 两个反应都是氧化还原反应

14. 为了依次除去混在 CO_2 中的 SO_2 和 O_2,下列试剂的使用顺序正确的是_____。

①饱和 Na_2CO_3 溶液　②饱和 $NaHCO_3$ 溶液　③浓 H_2SO_4　④灼热铜网　⑤生石灰

A. ①③④　　　　B. ②③④　　　　C. ②④⑤　　　　D. ③④⑤

15. 小华想通过一步化学反应完成下列转换,你认为她做不到的是_____。

A. $CO_2 \to H_2CO_3$ 　　　　　　　　B. $SiO_2 \to Na_2SiO_3$

C. $Na_2O_2 \to Na_2CO_3$ 　　　　　　　D. $SiO_2 \to H_2SiO_3$

16. 已知氧化性:$F_2 > Cl_2 > Br_2 > I_2$,请你推测它们与 H_2 反应最剧烈的是_____。

A. F_2 　　　　B. Cl_2 　　　　C. Br_2 　　　　D. I_2

17. ClO_2 是一种广谱型的消毒剂,根据世界环保组织的要求 ClO_2 将逐渐取代 Cl_2 成为生产自来水的消毒剂。工业上 ClO_2 常用 $NaClO_3$ 和 Na_2SO_3 溶液混合并加 H_2SO_4,酸化后反应制得,在以上反应中 $NaClO_3$ 和 Na_2SO_3 的物质的量之比为_____。

A. 1∶1　　　　B. 2∶1　　　　C. 1∶2　　　　D. 2∶3

18. 有一种碘的氧化物可以称之为碘酸碘,其中碘显 +3 价和 +5 价,则这种化合物的化学式为_____。

A. I_2O_4 　　　　B. I_3O_5 　　　　C. I_4O_7 　　　　D. I_4O_9

19. 下面有关氯气的描述中错误的是_____。

A. 气体颜色呈黄绿色

B. 氯气对人体无毒

C. Cl_2 分子中,Cl 原子之间以非极性共价键相结合

D. 可用于自来水消毒

20. 在实验室制备氨气的操作中,收集氨气所采用的方法是_____。

A. 向下排气集气法　　　　　　　　B. 排水集气法

C. 向上排气集气法　　　　　　　　D. 直接通入集气瓶

21. 下列关于金属钠的说法中正确的是_____。

A. 钠的还原性很强,在空气中易变质,最后变为过氧化钠

B. 钠与酒精不发生反应

C. 钠与水反应时,会发生剧烈爆炸

D. 钠与硫酸铜溶液反应会置换出红色的铜

22. 证明某溶液只含有 Fe^{2+} 而不含 Fe^{3+} 的实验方法是_____。

A. 先滴加氯水,再滴加 KSCN 溶液后显红色

B. 先滴加 KSCN 溶液,不显红色,再滴加氯水后显红色

C. 滴加 NaOH 溶液,先产生白色沉淀,后变灰绿,最后显红褐色

D. 只需滴加 KSCN 溶液

23. 下列物质在一定条件下均能产生氧气,其中最适宜用于呼吸面具中供氧的是_____。

A. HNO_3 　　　　B. H_2O_2 　　　　C. $KClO_3$ 　　　　D. Na_2O_2

24. 烧瓶中放入铜片和稀硝酸,用酒精灯加热来制取较纯净的一氧化氮,反应开始后发现烧瓶中充满棕红色气体,这时的操作应是_____。

A. 立即接收集容器,用向上排空气法收集

B. 待烧瓶中红棕色气体消失后,用向上排空气法收集

C. 待烧瓶中红棕色气体消失后,用排水法收集

D. 立即用排水法收集

二、填空题

1. 只用一种试剂就可以区别 Na_2SO_4、$MgCl_2$、$FeCl_2$、$FeCl_3$、$Al_2(SO_4)_3$、$(NH_4)_2SO_4$ 六种水溶液,这种试剂是_____。

2. A、B、C、D 为四种单质,常温时,A、B 是气体,C、D 是固体,E、F、G、H、I 为五种化合物,F 不溶于水,E 为气体且极易溶于水成为无色溶液,G 溶于水得棕黄色溶液。这九种物质间反应的转化关系如下图所示。

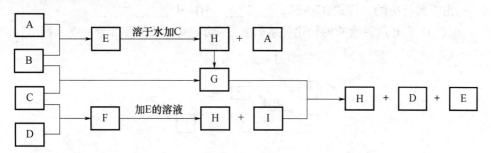

(1) 写出四种单质的化学式:A_____,B_____,C_____,D_____。

(2) 写出 E + F ══ H + I 的离子方程式:_____。

(3) 写出 G + I ══ H + D + E 的化学方程式:_____。

3. 向 100mL 0.25mol/L 的 $AlCl_3$ 溶液中加入金属钠完全反应,恰好生成只含 NaCl 和 $NaAlO_2$ 的澄清溶液,则加入金属钠的质量是_____。

4. 用一种试剂就能鉴别 $NaCl$、$MgCl_2$、$AlCl_3$、NH_4Cl、$FeCl_2$ 和 $FeCl_3$,这种试剂是_____。

5. 已知 A、B、C 是三种常见的单质,其中 A 为固体,B、C 为气体;D 的饱和溶液滴入沸水中继续煮沸,溶液呈红褐色;B 和 C 反应的产物极易溶于水得无色溶液 E。它们之间转化关系如右图所示。

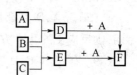

(1) 写出 D 和 E 分别与 A 反应的离子方程式:

D + A:_____;E + A:_____;

(2) 写出在 F 中加入 NaOH 并在空气中放置所发生的反应的化学方程式:_____。

6. 实验室里通常用 MnO_2 与浓盐酸反应制取氯气,其反应的化学方程式为

$MnO_2 + 4HCl(浓) \xrightarrow{\text{加热}} MnCl_2 + Cl_2\uparrow + 2H_2O$

(1) 在该反应中,氧化剂_____,是还原剂是_____;

(2) 如有 1mol Cl_2 生成,被氧化的 HCl 的物质的量是_____ mol,转移电子的物质的量是_____ mol;

(3) 某温度下,将 Cl_2 通入 NaOH 溶液中,反应得到含有 ClO^- 与 ClO_3^- 物质的量之比为 1:1 的混合液,反应的化学方程式是_____;

(4) 报纸报道了多起卫生间清洗时,因混合使用"洁厕灵"(主要成分是盐酸)与"84 消毒液"(主要成分是 NaClO)发生氯气中毒的事件。试根据你的化学知识分析,原因是(用离子方程式表示)_____。

7. 在下列化学中常见物质的转化关系图中,反应条件及部分反应物和产物未全部注明,已知 A、D 为金属单质,其他为化合物。试推断:

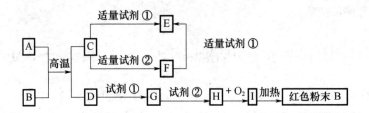

(1) 写出物质的化学式:A:_____;C:_____; I:_____;

(2) 写出下列反应的方程式:C→F _____;H→I _____。

8. A、B、C、D、E、F 六种物质的转化关系如下图所示(反应条件和部分产物未标出)。

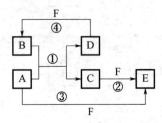

(1) 若 A 为短周期金属单质,D 为短周期非金属单质,且 A 元素的原子序数是 D 的 2 倍,D 元素的原子最外层电子数是 A 的 2 倍,F 的浓溶液与 A、D 反应都有红棕色气体生成,则 A 的原子结构示意图为_____,反应④的化学方程式为_____。

(2) 若 A 是常见的变价金属的单质,D、F 是气态单质,且反应①在水溶液中进行。反应②也在水溶液中进行,其离子方程式是_____;已知光照条件下 D 与 F 反应生成 B,写出该反应的化学方程式:_____。

(3) 若 A、D、F 都是短周期非金属元素单质,且 A、D 所含元素同主族,A、F 所含元素同周期,则反应①的化学方程式为_____。

9. 有 A、B、C、D 四种短周期元素。A 元素的离子焰色反应呈黄色;B 元素正二价离子结构和 Ne 具有相同的电子层结构;5.8g B 的氢氧化物恰好能与 100mL 物质的量浓度为 2mol/L 的盐酸完全中和。H_2 在 C 单质中燃烧产生苍白色火焰。D 原子的最外层电子数是次外层电子数的 3 倍。元素 C 的最高价氧化物形成的酸的化学式为_____;元素 A 与 D 形成的两种化合物的化学式分别为_____和_____。

10. 室温下,单质 A、B、C 分别为固体、黄绿色气体、无色气体,在合适的反应条件下,它们可以按下面框图进行反应,又知 E 溶液显酸性,D 溶液中滴加 KSCN 溶液显红色。请回答:

(1) B 是_____,C 是_____, E 是_____,F 是_____(请填化学式)。

(2) 反应③的化学方程式为_____。

(3) 反应④的离子方程式为_____。

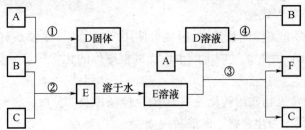

11. 已知 A、B、C 中均含有同一种元素,且 A、B、C、D 的转化关系如右图所示:

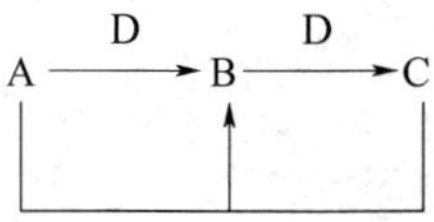

$A \xrightarrow{D} B \xrightarrow{D} C$

(1) D 为金属单质,且以上反应均为氧化还原反应,请写出检验 B 中阳离子的一种方法:_____。

(2) 若 A、B、C 为含金属元素的无机化合物,D 为强电解质,则 B 的化学式为_____,D 可能为(写出不同类物质名称)_____或_____,A 到 B 反应的离子方程式为_____或_____。

12. A、B、C、D 四种可溶化合物(所含离子各不相同),分别由阳离子 Na^+、Mg^{2+}、Al^{3+}、Ba^{2+} 和阴离子 OH^-、Cl^-、SO_4^{2-}、CO_3^{2-} 两两组合而成。为了确定这四种化合物的成分,某同学进行了如下实验操作:

① 将四种化合物各取适量配成溶液,分别装入四支试管。
② 取 A 溶液分别滴入另外三种溶液中,记录实验现象如下:
B 溶液产生白色沉淀,且沉淀不溶解;
C 溶液产生白色沉淀,且沉淀不溶解;
D 溶液产生白色溶淀,且沉淀部分溶解。
③ 向 B 溶液中滴入 D 溶液,无明显实验现象。

请回答下列问题:
写出它们的化学式:A _____;B _____;C _____;D _____。

13. 某研究性学习小组设计了一组实验来探究元素周期律。甲同学根据元素非金属性与对应最高价含氧酸之间的关系,设计了如图 1 装置来一次性完成同主族元素非金属性强弱比较的实验研究;乙同学设计了如图 2 装置来验证卤族元素性质的递变规律。图 2 中 A、B、C 三处分别是沾有 NaBr 溶液的棉花、湿润的淀粉 KI 试纸、湿润红纸。已知常温下浓盐酸与高锰酸钾能反应生成氯气。

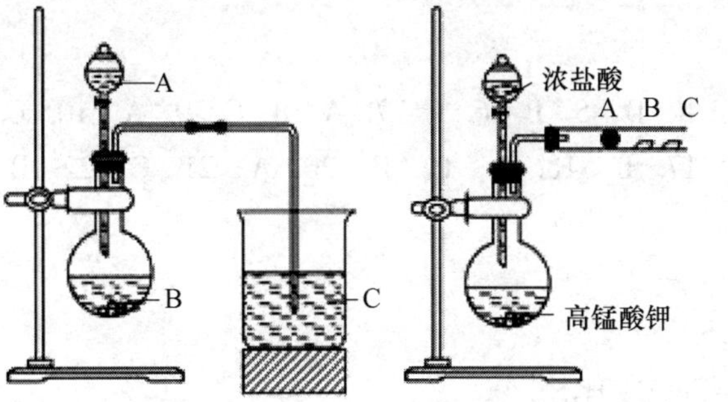

图1   图2

(1) 图 1 中应选用物质的名称:A _____,B _____,C _____;烧杯中发生反应的离子方程式为_____。
(2) 图 2 圆底烧瓶中发生的化学反应方程式是_____;B 处的离子方程式:_____。

14. 下图中,A 为一种常见的单质,B、C、D、E 是含有 A 元素的常见化合物。它们的焰色反应均为黄色。请填写下列空白:

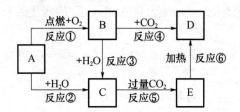

(1) 写出化学式:A _____、B _____。

(2) 以上反应中属于氧化还原反应的有 _____。(填写编号①~⑥)

(3) 写出 E → D 的化学方程式 _____。

15. A 和 B 均为钠盐的水溶液,A 呈中性,B 呈碱性且具有强氧化性。实验步骤和现象见下图:

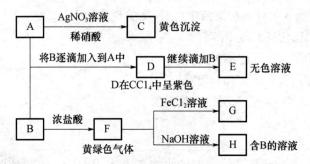

A、B、C、D、F 的化学式:A _____,B _____,C _____,D _____,F _____;由 A 到 C 的离子方程式是 _____。

【强化训练参考答案】

一、选择题

1. D 2. B 3. A 4. D 5. B 6. C 7. A 8. C 9. A 10. C 11. D 12. A 13. C 14. B 15. D 16. A 17. B 18. D 19. B 20. A 21. C 22. B 23. D 24. D

二、填空题

1. NaOH

2. (1) H_2,Cl_2,Fe,S

(2) $FeS + 2H^+ == Fe^{2+} + H_2S\uparrow$

(3) $2FeCl_3 + H_2S == 2FeCl_2 + S\downarrow + 2HCl$

3. 2.3g

4. NaOH

5. (1) $2Fe^{3+} + Fe(s) == 3Fe^{2+}$;$Fe(s) + 2H^+ == Fe^{2+} + H_2\uparrow$

(2) $4FeCl_2 + 8NaOH + O_2 + 2H_2O == 4Fe(OH)_3\downarrow + 8NaCl$

6. (1) MnO_2,HCl(浓);(2) 2,2;

(3) $4Cl_2 + 8NaOH == 6NaCl + NaClO_3 + NaClO + 4H_2O$

(4) $Cl^- + ClO^- + 2H^+ == Cl_2\uparrow + H_2O$

7. (1) Al；Al_2O_3；$Fe(OH)_3$；

(2) $Al_2O_3 + 2NaOH == 2NaAlO_2 + H_2O$；$4Fe(OH)_2 + O_2 + 2H_2O == 4Fe(OH)_3$

8.

(1) +12 2 8 2；$C + 4HNO_3(浓) == CO_2\uparrow + 4NO_2\uparrow + 2H_2O$

(2) $2Fe^{2+} + Cl_2 == 2Fe^{3+} + 2Cl^-$；$H_2 + Cl_2 == 2HCl$

(3) $2C + SiO_2 == Si + 2CO\uparrow$

9. $HClO_4$；Na_2O；Na_2O_2

10. (1) Cl_2；H_2；HCl；$FeCl_2$

(2) $Fe + 2HCl == FeCl_2 + H_2\uparrow$

(3) $Cl_2 + 2Fe^{2+} == 2Fe^{3+} + 2Cl^-$

11. (1) 取少量待测液滴加少量硫氰化钾溶液，溶液呈红色；或取少量待测液滴加适量氢氧化钠溶液，产生红褐色沉淀。

(2) $Al(OH)_3$，氢氧化钠、盐酸，$Al^{3+} + 3OH^- == Al(OH)_3\downarrow$；

$AlO_2^- + H_2O + H^+ == Al(OH)_3\downarrow$

12. $Ba(OH)_2$；$MgCl_2$；Na_2CO_3；$Al_2(SO_4)_3$

13. (1) 稀H_2SO_4，Na_2CO_3，Na_2SiO_3；$CO_2 + SiO_3^{2-} + H_2O == H_2SiO_3\downarrow + CO_3^{2-}$

(2) $2KMnO_4 + 16HCl(浓) == 2KCl + 2MnCl_2 + 5Cl_2\uparrow + 8H_2O$；$Cl_2 + 2I^- = 2Cl^- + I_2$

14. (1) Na，Na_2O_2；(2) ①②③④；(3) $2NaHCO_3 \xrightarrow{加热} Na_2CO_3 + H_2O + CO_2\uparrow$

15. NaI，$NaClO$，AgI，I_2，Cl_2；$Ag^+ + I^- == AgI\downarrow$

第六章 有机化合物

考试范围与要求

了解有机化合物的概念；了解同系物、同分异构体的概念；了解常见有机物的官能团（烷烃、烯烃、炔烃、芳香烃、醇、酚、醛和酸）；能根据有机物命名原则命名简单的有机物；了解甲烷、乙烯、乙炔、苯、乙醇、苯酚、乙醛、乙酸、糖类、油脂、蛋白质的组成和主要性质及其重要应用；能根据有机化合物的元素含量、相对分子质量确定有机化合物的分子式。

第一节 概述

一、有机化合物的概念

有机化合物简称有机物，指的是含碳元素的化合物。研究有机物的化学，叫作有机化学。组成有机物的元素，除主要的碳以外，通常还有氢、氧、氮、硫、卤素等。但像 CO、CO_2、碳酸盐等少数物质，虽然含有碳元素，由于它们的组成和性质跟无机物很相近，通常习惯于把它们放在无机化学中学习。

二、有机化合物的特点

1. 溶解性：大多数有机物难溶于水，易溶于汽油、酒精、苯等有机溶剂。
2. 热稳定性：绝大多数有机物受热容易分解，而且容易燃烧。
3. 导电性：绝大多数有机物是非电解质，不易导电。
4. 熔、沸点：大多数有机物的熔、沸点低。
5. 化学反应：有机化学反应比较复杂，反应速率一般比较慢，还常伴有副反应发生。

三、有机物的分类

根据组成元素的不同，有机物可分为烃（由碳和氢两种元素组成的化合物）和烃的衍生物（除碳以外，还可含有氧、氮、卤素等元素），还可以进一步根据结构和官能团的不同而进行更细的分类。

- 有机物
  - 烃
    - 链烃
      - 饱和链烃　烷烃 $C_nH_{2n+2}(n\geq1)$
      - 不饱和链烃
        - 烯烃 $C_nH_{2n}(n\geq2)$
        - 炔烃 $C_nH_{2n-2}(n\geq2)$
    - 芳香烃（苯及其同系物）$C_nH_{2n-6}(n\geq6)$
  - 烃的衍生物
    - 醇　R—OH
    - 酚
    - 醛
    - 羧酸
    - 酯
  - 糖类
    - 单糖　$C_6H_{12}O_6$
    - 二糖　$C_{12}H_{22}O_{11}$
    - 多糖
      - 淀粉 $(C_6H_{10}O_5)_n$
      - 纤维素 $(C_6H_{10}O_5)_n$
  - 其他复杂有机物

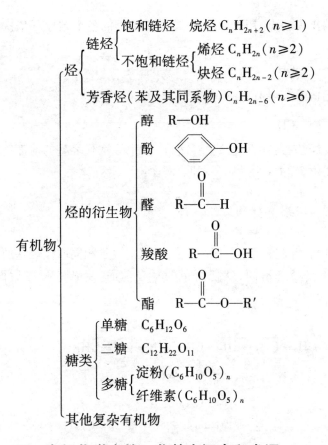

四、有机化学中的一些基本概念和术语

1. 有机物分子的电子式、结构式和结构简式。以乙烷为例：

CH_3CH_3

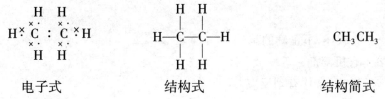

电子式　　　　结构式　　　　结构简式

2. 烃基　烃分子中失去 1 个或几个氢原子后所剩余的部分。常用“R—”表示。例如：CH_3—，甲基；CH_2═CH—，乙烯基。

3. 饱和烃　碳碳原子间仅以单键相互结合的烃。

4. 不饱和烃　分子中含有碳碳双键或三键的烃。

5. 芳香烃　分子中含有苯环的烃。

6. 同系物　结构相似，在分子组成上相差一个或若干个 CH_2 原子团的物质。

7. 同分异构现象和同分异构体　化合物具有相同的分子式，但具有不同结构的现象，叫作同分异构现象。具有同分异构现象的化合物互称为同分异构体。如 CH_3OCH_3 和 C_2H_5OH。

8. 官能团　决定化合物的化学特性的原子或原子团。如羟基（—OH）、醛基（—CHO）、羧基（—COOH）等都是官能团。

9. 烷烃的系统命名法

（1）选定分子里最长的碳链作主链，并按主链上碳原子的数目称为“某烷”。

（2）把主链里离支链较近的一端作为起点，用1，2，3，…数字给主链的各个碳原子依次编号定位以确定支链的位置。

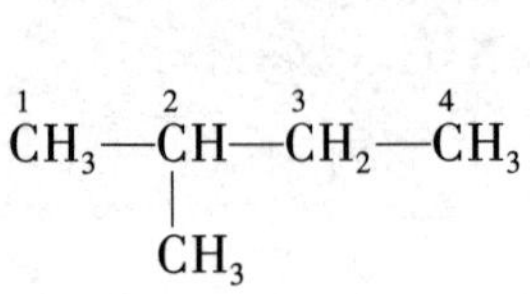

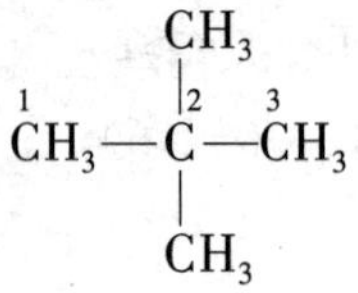

$$\overset{1}{CH_3}-\overset{2}{CH}-\overset{3}{CH_2}-\overset{4}{CH_3} \qquad \overset{1}{CH_3}-\overset{2}{\underset{CH_3}{\overset{CH_3}{C}}}-\overset{3}{CH_3}$$
$$\qquad \;\; |$$
$$\quad\;\; CH_3$$

（3）把支链作为取代基。把取代烃基的名称写在烷烃名称的前面，在取代烃基的前面用阿拉伯数字注明它在烷烃直链上的所在位置，中间用"-"隔开。例如：

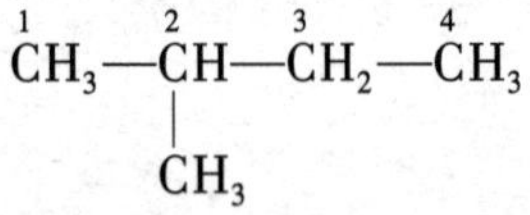

$$\overset{1}{CH_3}-\overset{2}{CH}-\overset{3}{CH_2}-\overset{4}{CH_3} \qquad 2-甲基丁烷$$
$$\qquad |$$
$$\quad CH_3$$

（4）如果有相同的取代烃基，可以合并起来用二、三等数字表示，但表示相同取代烃基的阿拉伯数字要用","隔开；如果几个取代烃基不同，就把简单的写在前面，复杂的写在后面。例如：

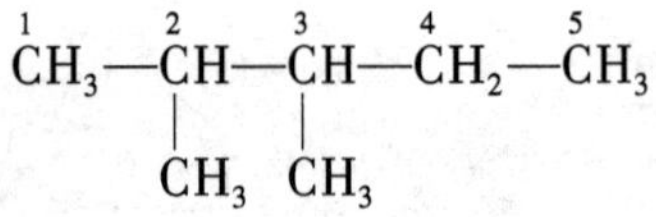

2,3-二甲基戊烷 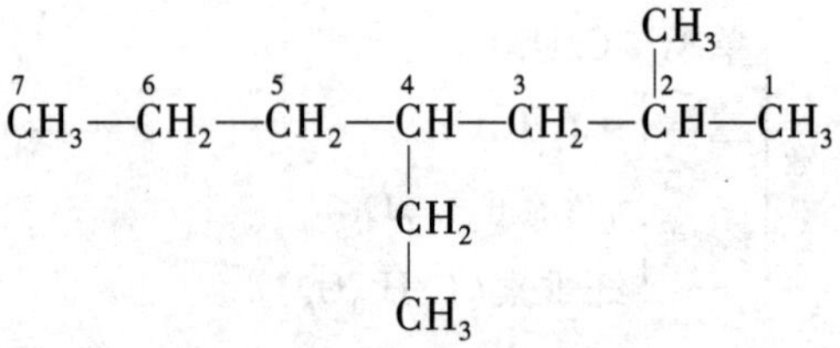   2-甲基-4-乙基庚烷

习题 6-1

一、选择题

1. 下列关于有机化合物的叙述，不正确的是（   ）。
A. 大多数有机物易溶于有机溶剂
B. 有机物的反应一般较慢，且常伴有副反应
C. 有机物都是非电解质
D. 有机物多为分子晶体，且熔、沸点较低

2. 自然界中数量和种类均占绝对优势的是（   ）。
A. 共价化合物   B. 离子化合物
C. 金属单质   D. 氧化物

3. 分子中含有三个—CH_3 的庚烷其可能的结构有（   ）。
A. 2 种   B. 3 种   C. 4 种   D. 5 种

4. 下列有机物名称中，不正确的是（   ）。
A. 2-甲基丁烷   B. 2,2-二甲基戊烷
C. 3,4-二甲基戊烷   D. 2-甲基-4-乙基庚烷

5. 下列说法中错误的是（   ）。
A. 分子组成相同、结构不相同的有机物是同分异构体

B. 相对分子质量相同的有机物是同分异构体

C. 每个碳原子的化合价都已"饱和",碳原子之间只以单键相结合的链烃一定是烷烃

D. 分子式相同、结构相同的有机物一定是同一物质

6. 下列有机物中互为同分异构体的是( )。

①$CH_2=CHCH_3$;②$H_2C\overset{CH_2}{\underset{}{\diagdown\diagup}}CH_2$;③$CH_3CH_2CH_3$;

④$HC≡CCH_3$;⑤$H_2C\overset{CH_2}{\underset{}{\diagdown\diagup}}CH_2$;⑥$CH_3CH_2CH_3$

A. ①和③ B. ①和② C. ①和④ D. ⑤和⑥

二、填空题

1. 3,3,6 - 三甲基 - 4 - 丙基辛烷的结构简式为_____。

2. 燃烧 2.2g 某气态烃,生成 0.15mol 二氧化碳和 3.6g 水。在标准状况下,该气态烃对氢气的相对密度是 22。则该气态烃的分子式为_____。

3. 正丁烷的一氯代物有 ① 种同分异构体;二氯代物有 ② 种同分异构体;一氯代物与二氯代物 ③ (填是或否)同分异构体、 ④ (填是或否)同系物。

【参考答案】

一、1. C 2. A 3. B 4. C 5. B 6. B

二、1.

$$CH_3-CH_2-\underset{\underset{CH_3CH_2CH_2CH_3}{|}}{\overset{\overset{CH_3}{|}}{C}}-CH-CH_2-\overset{\overset{CH_3}{|}}{CH}-CH_2-CH_3$$

2. C_3H_8

3. ①2;②6;③否;④否

【难题解析】

一、1. 大部分有机物是非电解质。而羧酸等属于电解质。

2. 有机化合物是以碳—碳链接为基础的,而且可以有许多链接方式,形成了大量的共价化合物。

3. 本题不要误解为含有三个甲基,而是在一个分子中只有三个"—CH_3",即 2 - 甲基庚烷、3 - 甲基庚烷、4 - 甲基庚烷。

4. C 中戊烷含 5 个碳,应命名为 2,3 - 二甲基戊烷。

二、2. 该烃的相对分子质量为 $22\times 2=44$

含 CO_2 $n=\dfrac{44}{2.2}\times 0.15=3$ 则含有 3 个 C;

含 H_2O $n=\dfrac{44}{2.2}\times\dfrac{3.6}{18}=4$ 则含有 8 个 H。

该烃分子式为 C_3H_8。

第二节　烃

一、烷烃

碳原子跟碳原子以单键结合成链状的烃叫作饱和链烃，或称烷烃。烷烃的分子式可以用通式 $C_nH_{2n+2}(n \geq 1)$ 表示。

（一）甲烷

1. 甲烷分子的组成及结构

甲烷分子中含有 1 个碳原子和 4 个氢原子。分子的空间结构呈正四面体形。CH_4 的结构用电子式、结构式可分别表示如下：

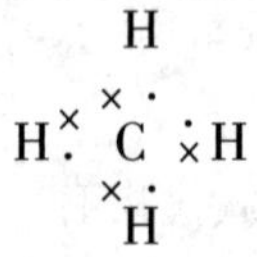

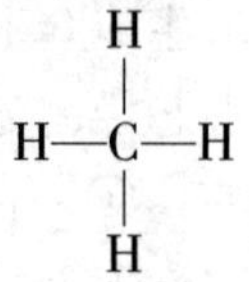

电子式　　　　　　　　　　　结构式

2. 甲烷的物理性质　甲烷是无色、无味的气体。它的密度（在标准状况下）是 0.717g/L，极难溶解于水。甲烷是天然气的主要成分。

3. 甲烷的化学性质

（1）取代反应　有机物分子里的某些原子或原子团被其他原子或原子团所代替的反应叫作取代反应。

$$CH_4 + Cl_2 \xrightarrow{光} CH_3Cl + HCl \quad CH_3Cl + Cl_2 \xrightarrow{光} CH_2Cl_2 + HCl$$
$$\text{一氯甲烷} \qquad\qquad\qquad \text{二氯甲烷}$$

$$CH_2Cl_2 + Cl_2 \xrightarrow{光} CHCl_3 + HCl \quad CHCl_3 + Cl_2 \xrightarrow{光} CCl_4 + HCl$$
$$\text{三氯甲烷} \qquad\qquad\qquad \text{四氯甲烷}$$

通常情况下，Cl_2 跟 CH_4 反应的产物是上述四种氯代甲烷的混合物。

（2）氧化反应　纯净的甲烷在空气里安静地燃烧并放出大量热，生成 CO_2 和水：

$$CH_4 + 2O_2 \xrightarrow{点燃} CO_2 + 2H_2O$$

必须注意，如果点燃甲烷跟氧气或空气的混合物，可能发生爆炸。

（3）加热分解　在隔绝空气的条件下加热到 1000℃ 以上，甲烷就分解生成炭黑和氢气。

$$CH_4 \xrightarrow{高温} C + 2H_2$$

4. 甲烷的制法　实验室用无水醋酸钠和碱石灰混合加热的方法制备甲烷。

$$CH_3COONa + NaOH \xrightarrow[CaO]{\Delta} Na_2CO_3 + CH_4 \uparrow$$

（二）甲烷的同系物

甲烷的同系物有乙烷、丙烷、丁烷等。随着碳原子数的增加，常温的状态是由气态、液态到固态。熔点、沸点逐渐升高。它们的化学性质与甲烷相似。

二、烯烃

链烃分子里含有碳碳双键的不饱和烃叫作烯烃。它的通式是 $C_nH_{2n}(n\geqslant 2)$。乙烯是分子组成最简单的烯烃。

(一) 乙烯

1. 乙烯分子的组成及结构

乙烯分子中含有2个碳原子和4个氢原子,都处于同一平面上。

乙烯分子的电子式及结构式分别表示如下:

$$H\!:\!\overset{H}{\underset{}{C}}::\overset{H}{\underset{}{C}}\!:\!H \qquad H-\overset{H}{\underset{|}{C}}=\overset{H}{\underset{|}{C}}-H$$

   电子式   结构式

2. 乙烯的物理性质

乙烯是没有颜色的气体,稍有气味,密度是1.25g/L,比空气略轻,难溶于水。

3. 乙烯的化学性质

(1) 加成反应 有机物分子里不饱和的碳原子跟其他原子或原子团直接结合生成别的物质的反应叫作加成反应。

$$CH_2\!=\!CH_2+Br_2\longrightarrow \underset{\underset{Br}{|}}{CH_2}\!-\!\underset{\underset{Br}{|}}{CH_2} \quad 1,2-二溴乙烷$$

$$CH_2\!=\!CH_2+H_2 \xrightarrow[\Delta]{催化剂} CH_3\!-\!CH_3$$

$$CH_2\!=\!CH_2+HCl \longrightarrow CH_3\!-\!CH_2Cl$$

(2) 氧化反应 乙烯在空气中燃烧,生成 CO_2 和水。

$$CH_2\!=\!CH_2+3O_2 \xrightarrow{点燃} 2CO_2+2H_2O$$

乙烯可被氧化剂高锰酸钾($KMnO_4$)氧化,使高锰酸钾溶液褪色。用这种方法可以区别烯烃和烷烃。

(3) 加聚反应 相对分子质量小的化合物(单体)分子互相结合成为相对分子质量很大的化合物(高分子化合物)分子的反应,叫作加聚反应。

$$nCH_2\!=\!CH_2 \xrightarrow{催化剂} \{\!\!\{CH_2\!-\!CH_2\}\!\!\}_n$$

          聚乙烯

4. 乙烯的制法 实验室里把酒精和浓硫酸混合加热:

$$CH_3\!-\!CH_2\!-\!OH \xrightarrow[170℃]{浓硫酸} CH_2\!=\!CH_2\uparrow +H_2O$$

(二) 乙烯的同系物

乙烯同系物的物理性质随碳原子数的增加而递变,化学性质也跟乙烯类似,如易于起加成反应等。

(三) 二烯烃

分子里含有两个双键的烯烃叫二烯烃,如1,3-丁二烯($CH_2\!=\!CH\!-\!CH\!=\!CH_2$,1,3分别表示双键的位置)。

1,3-丁二烯具有烯烃的一般通性,但在发生加成反应时会有1,2-加成产物和1,4-加成产物。

$$CH_2=CH-CH=CH_2 \xrightarrow{Br_2} \begin{cases} Br-CH_2-CH=CH-CH_2-Br \quad 1,4-加成产物 \\ CH_2=CH-CH-CH_2 \\ \quad\quad\quad\quad\quad |\quad\; | \\ \quad\quad\quad\quad\; Br\; Br \quad 1,2-加成产物 \end{cases}$$

三、炔烃

链烃分子里含有碳碳三键的不饱和烃叫作炔烃。通式为 $C_nH_{2n-2}(n \geq 2)$。

(一) 乙炔

1. 乙炔分子的组成及结构

乙炔的分子式是 C_2H_2。在乙炔分子里的碳原子间有三个共用电子对,通常称为三键,可用下式表示:

$$H:C:::C:H \quad\quad\quad H-C \equiv C-H$$
$$\text{电子式} \quad\quad\quad\quad\quad \text{结构式}$$

2. 乙炔的物理性质

乙炔俗名电石气,纯的乙炔是没有颜色、没有臭味的气体,密度为 1.16g/L,比空气稍轻,微溶于水,易溶于有机溶剂。

3. 乙炔的化学性质

(1) 加成反应

$$CH \equiv CH + Br_2 \longrightarrow \underset{\underset{Br}{|}}{CH}=\underset{\underset{Br}{|}}{CH} \quad 1,2-二溴乙烯$$

$$\underset{\underset{Br}{|}}{CH}=\underset{\underset{Br}{|}}{CH} + Br_2 \longrightarrow CHBr_2CHBr_2 \quad 1,1,2,2-四溴乙烷$$

$$CH \equiv CH + H_2 \xrightarrow[\triangle]{催化剂} CH_2=CH_2 \quad\quad CH_2=CH_2 + H_2 \xrightarrow[\triangle]{催化剂} CH_3-CH_3$$

$$CH \equiv CH + HCl \xrightarrow[\triangle]{催化剂} CH_2=CHCl \quad 氯乙烯$$

(2) 氧化反应 乙炔与氧气点燃后,放出大量热,生成 CO_2 和水,用作气割或气焊。

$$2C_2H_2 + 5O_2 \xrightarrow{点燃} 4CO_2 + 2H_2O$$

乙炔易被氧化剂所氧化,能使高锰酸钾溶液的紫色褪去。

4. 乙炔的实验室制法 由电石(碳化钙)跟水反应制得:

$$CaC_2 + 2H_2O \longrightarrow C_2H_2\uparrow + Ca(OH)_2$$

(二) 乙炔的同系物

乙炔同系物的物理性质一般也是随着分子里碳原子数的增多而递变的,化学性质与乙炔相似。

四、芳香烃

分子里含有一个或多个苯环的化合物属于芳香族化合物。分子内含有苯环的烃,称为芳香烃。苯和苯的同系物的通式为 $C_nH_{2n-6}(n\geqslant 6)$。

(一) 苯

1. 苯的组成及分子结构

苯的分子式为 C_6H_6。苯分子具有平面的正六边形结构。常用 ⌬ 或 ⌬ 来表示。

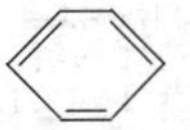

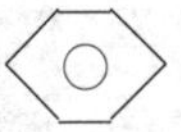

2. 苯的物理性质

苯是没有颜色,带有特殊气味的液体,比水轻,不溶于水。沸点为 80.1℃,熔点 5.5℃。

3. 苯的化学性质

(1) 取代反应

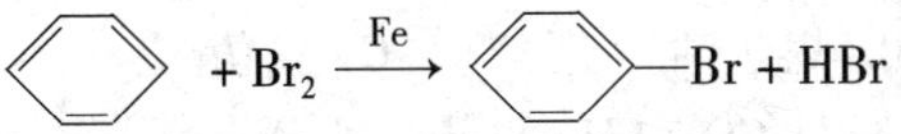

$$\text{C}_6\text{H}_6 + \text{Br}_2 \xrightarrow{\text{Fe}} \text{C}_6\text{H}_5\text{Br} + \text{HBr}$$

$$\text{C}_6\text{H}_6 + \text{HNO}_3 \xrightarrow[\triangle]{\text{浓硫酸}} \text{C}_6\text{H}_5\text{—NO}_2 + \text{H}_2\text{O}$$

(硝化反应)　　　　　　硝基苯

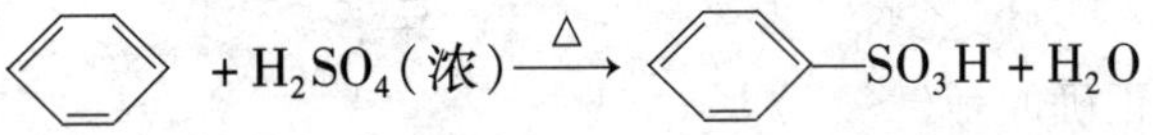

$$\text{C}_6\text{H}_6 + \text{H}_2\text{SO}_4(\text{浓}) \xrightarrow{\triangle} \text{C}_6\text{H}_5\text{—SO}_3\text{H} + \text{H}_2\text{O}$$

(磺化反应)　　　　　　苯磺酸

(2) 加成反应

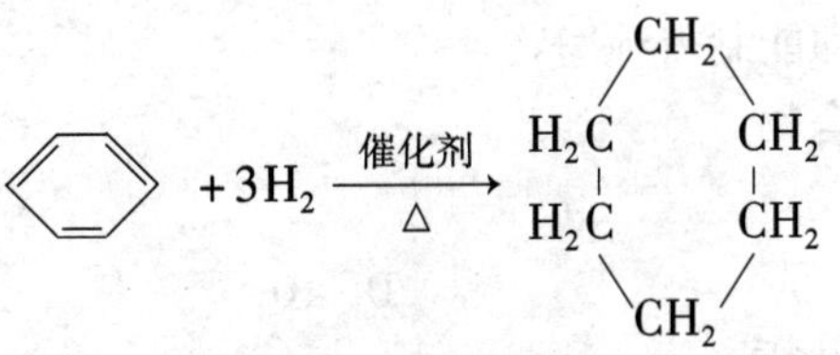

$$\text{C}_6\text{H}_6 + 3\text{H}_2 \xrightarrow[\triangle]{\text{催化剂}} \text{C}_6\text{H}_{12}$$

(3) 氧化反应　苯不能被高锰酸钾氧化,但可以在空气中燃烧,生成二氧化碳和水。

(二) 苯的同系物

甲苯 C_7H_8、二甲苯 C_8H_{10} 等化合物的分子里都含有一个苯环结构。它们都属于苯的同系物。通式为 $C_nH_{2n-6}(n\geqslant 6)$。二甲苯由于甲基—$CH_3$ 取代位置的不同有三种异构体。

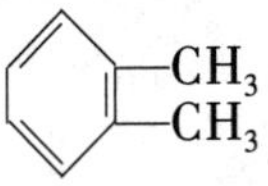

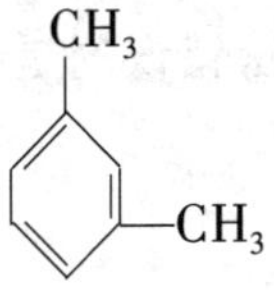

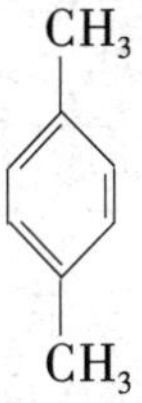

邻二甲苯　　　间二甲苯　　　对二甲苯

苯的同系物在性质上跟苯有许多相似之处,能起取代反应、硝化反应等。

习题 6-2

一、选择题

1. 烃是指(　　)的有机物。
   A. 含有碳、氢元素　　　　　　　　B. 含有碳元素
   C. 仅含碳、氢元素　　　　　　　　D. 燃烧生成二氧化碳和水

2. 下列关于烷烃与烯烃相比较的各种说法中,不正确的是(　　)。
   A. 所含元素的种类相同,通式不同
   B. 均为链烃,烯烃中含碳碳双键,烷烃中不含碳碳双键
   C. 烯烃分子中的碳原子数≥2,烷烃分子中的碳原子数≥1
   D. 碳原子数相同的烯烃和烷烃互为同分异构体

3. 下列物质中属于纯净物的是(　　)。
   A. 石油　　　　B. 煤焦油　　　　C. 氯仿　　　　D. 煤

4. 下列气体中,主要成分是 CO 和 H_2 的是(　　)。
   A. 高炉煤气　　B. 焦炉气　　　　C. 天然气　　　D. 水煤气

5. 能使酸性 $KMnO_4$ 溶液褪色的物质是(　　)。
   A. 辛烷　　　　B. 乙烯　　　　　C. 异丁烷　　　D. 苯

6. 判断下列说法正确的是(　　)。
   A. 石油的炼制过程都是化学变化过程
   B. 石油分馏的目的是将含碳原子数较多的烃先汽化后冷凝而分离出来
   C. 石油经过常、减压分馏、裂化等工序炼制后即能制得纯净物
   D. 石油分馏出来的各种馏分仍是多种烃的混合物

7. C_9H_{12} 属于苯的同系物的异构体数目为(　　)。
   A. 7　　　　　　B. 8　　　　　　C. 9　　　　　　D. 10

8. 要区别己烯、苯、甲苯三种物质,最适宜的试剂是(　　)。
   A. 酸性 $KMnO_4$ 溶液　　　　　　B. 溴水
   C. 溴水和酸性 $KMnO_4$ 溶液
   D. 氢溴酸和酸性 $KMnO_4$ 溶液

9. 右图是立方烷(Cubane)的球棍模型(黑球代表 C 原子,白球代表 H 原子),分子式为 C_8H_8。下列有关说法错误的是(　　)。
   A. 其一氯代物只有一种同分异构体
   B. 其二氯代物有三种同分异构体
   C. 它是一种极性分子
   D. 它与苯乙烯(C_6H_5—CH$=\!=\!=$$CH_2$)互为同分异构体

10. 下列各种物质完全燃烧,生成 CO_2 和 H_2O 的物质的量之比等于 2∶1 的是(　　)。
    A. 甲烷　　　　B. 乙炔　　　　　C. 乙烯　　　　D. 乙烷

二、填空题

1. 甲烷与氯气可以发生＿＿①＿＿反应;乙烯与氯气可以发生＿＿②＿＿反应;苯与浓硝酸、浓硫

酸混合,在60℃条件下,可以发生___③___反应,在该反应中浓硫酸是___④___。

2. 天然橡胶的主要成分的化学式是___①___,其单体是___②___。工业上防止橡胶老化,改善橡胶性能的主要措施为___③___。

3. 将20mL乙烷和10mL丙烷混合后,通入装有500mL氧气的容器中,使其完全燃烧。反应后的混合气体经浓硫酸干燥后所剩气体体积是___①___mL,再经过NaOH溶液,剩余气体的体积是___②___mL(气体体积同条件下测定)。

4. 分子式为C_4H_6的某烃0.125mol可以和40g溴加成,经测定溴原子分布在不同的碳原子上,则此烃的结构简式为_____。

【参考答案】

一、1. C 2. D 3. C 4. D 5. B 6. D 7. B 8. C 9. C 10. B

二、1. ①取代;②加成;③取代(硝化);④催化剂

2. ①$+CH_2-C=CH-CH_2+_n$（带CH_3支链）;② $CH_2=CH-C=CH_2$（带CH_3支链）;③硫化

3. ①450;②380

4. $CH_2=CH-CH=CH_2$

【难题解析】

一、1. 含有氧的有机物燃烧也只生成二氧化碳和水,只有C答案正确。

4. 高炉煤气是炼铁生产过程中的副产品,主要含有CO_2、CO、H_2、N_2、SO_2等;焦炉煤气是炼焦生产过程中的副产品,主要含有H_2、CH_4,另外有少量CO_2、CO、N_2等;天然气主要成分是甲烷,另外含有乙烷、丙烷、丁烷等;水煤气主要成分是CO和H_2。

6. 石油分馏是将石油按沸点大小分离物质,沸点小的在塔顶凝结,沸点大的在下层凝结。但馏出物仍然是多种成分的混合物。

7. 含三个甲基的异构体有3个;含有一个甲基一个乙基的异构体有3个,含有丙基和异丙基的异构体各1个,共有8个异构体。

8. 溴水和烯烃反应褪色,$KMnO_4$酸性溶液可与烯烃、甲苯反应褪色。所以答案为C。

9. 从图中可以看出,立方烷是完全对称结构,属于非极性分子。

10. 烃燃烧每个碳可以生成1个CO_2,每2个H生成一个H_2O,所以B符合题目要求。

二、3. $C_2H_6 + \frac{7}{2}O_2 \longrightarrow 2CO_2 + 3H_2O$

20　　　70　　　40　　　60

$C_3H_8 + 5O_2 \longrightarrow 3CO_2 + 4H_2O$

10　　　50　　　30　　　40

总体积为530mL 反应共消耗体积为20+70+10+50=150(mL),生成CO_2为70mL,经浓H_2SO_4干燥后剩余体积为530-150+70=450(mL),经NaOH溶液后,有40+30=70(mL) CO_2被吸收,最后剩余380mL O_2。

4. 根据题意,0.125mol烃与40g Br_2反应,则1mol烃与320g Br_2反应,Br_2相对分子质量为160,则有2mol Br_2参加了加成反应。

第三节 烃的衍生物

一、醇

醇是分子中含有跟链烃基结合着的羟基的化合物。醇分子里只含有一个羟基叫作一元醇。由烷烃所衍生的一元醇,叫作饱和一元醇,它们的通式是 $C_nH_{2n+1}OH$,分子里含有两个或两个以上羟基的醇,分别叫作二元醇和多元醇。

(一) 乙醇

1. 乙醇的物理性质　乙醇俗称酒精,它是没有颜色、透明而且具有特殊香味的液体,密度比水小,易挥发,能溶解多种无机物和有机物,能跟水以任意比例互溶。

2. 乙醇的化学性质

(1) 跟金属反应

$$2CH_3CH_2OH + 2Na \longrightarrow 2CH_3CH_2ONa + H_2\uparrow$$
$$\text{乙醇钠}$$

(2) 跟氢卤酸反应　　$C_2H_5OH + HBr \xrightarrow{\Delta} C_2H_5Br + H_2O$
$$\text{溴乙烷}$$

(3) 氧化反应　　$C_2H_5OH + 3O_2 \xrightarrow[\Delta]{\text{点燃}} 2CO_2 + 3H_2O$

$$2CH_3CH_2OH + O_2 \xrightarrow[\Delta]{\text{催化剂}} 2CH_3CHO + 2H_2O$$
$$\text{乙醛}$$

(4) 消去反应　有机化合物在适当的条件下,从一个分子中脱去一个小分子(如水、卤化氢等分子),而生成不饱和(双键或三键)化合物的反应,叫作消去反应:

$$CH_3CH_2OH \xrightarrow[170℃]{\text{浓硫酸}} CH_2=CH_2\uparrow + H_2O$$

乙醇在一定的条件下脱水生成乙醚:

$$2CH_3CH_2OH \xrightarrow[140℃]{\text{浓硫酸}} CH_3CH_2OCH_2CH_3 + H_2O$$
$$\text{乙醚}$$

两个烃基通过一个氧原子连接起来的化合物叫作醚。通式为 R—O—R′。

(二) 醇类

除乙醇外,还有一些在结构和性质上跟乙醇很相似的物质,如甲醇(CH_3OH)、丙醇($CH_3CH_2CH_2OH$)等。乙二醇 $\begin{pmatrix} CH_2-OH \\ | \\ CH_2-OH \end{pmatrix}$、丙三醇 $\begin{pmatrix} CH_2-OH \\ | \\ CH-OH \\ | \\ CH_2-OH \end{pmatrix}$(俗称甘油)为重要的二元醇和多元醇。

二、酚

羟基跟苯环直接相连的化合物叫作酚。苯分子里只有一个氢原子被羟基取代所得的生成物是最简单的酚,叫苯酚(俗称石炭酸),简称酚。

(一) 苯酚的物理性质

纯净的苯酚是无色的晶体,具有特殊气味。常温时,在水中溶解度不大,当温度高于70℃时,能跟水以任意比例互溶。苯酚易溶于乙醇、乙醚等有机溶剂。苯酚有毒。

(二) 苯酚的化学性质

1. 跟碱的反应——苯酚的酸性:

$$C_6H_5{-}OH + NaOH \longrightarrow C_6H_5{-}ONa + H_2O$$

2. 苯环上的取代反应

$$C_6H_5OH + 3Br_2 \longrightarrow C_6H_2Br_3OH \downarrow + 3HBr$$

三溴苯酚(白色沉淀)

该反应常用于苯酚的定性检验和定量测定。

3. 显色反应 酚类跟 $FeCl_3$ 溶液作用显色。用于检验酚类物质的存在:

$$6C_6H_5OH + Fe^{3+} \longrightarrow [Fe(C_6H_5O)_6]^{3-}(紫色) + 6H^+$$

三、醛

分子里含有跟烃基结合着的醛基(—CHO)的化合物叫作醛。通式为 $R{-}\overset{O}{\underset{}{C}}{-}H$。

(一) 乙醛

1. 乙醛的物理性质 乙醛是一种无色、具有刺激气味的液体,密度比水小,沸点为20.8℃,易挥发,能跟水、乙醇、乙醚、氯仿等互溶。

2. 乙醛的化学性质

(1) 加成反应

$$CH_3{-}\overset{O}{\underset{}{C}}{-}H + H_2 \xrightarrow[\triangle]{催化剂} CH_3CH_2OH$$

(2) 氧化反应

$$CH_3CHO + 2[Ag(NH_3)_2]^+ + 2OH^- \xrightarrow{水浴} CH_3COO^- + NH_4^+ + 2Ag\downarrow + 3NH_3 + H_2O$$

上述反应叫银镜反应,常用来检验醛基的存在。

$$CH_3CHO + 2Cu(OH)_2 \xrightarrow{\triangle} CH_3COOH + Cu_2O\downarrow(砖红色) + 2H_2O$$

由于乙醛与新制的 $Cu(OH)_2$ 反应,可生成红色的氧化亚铜沉淀,所以也是检验醛基存在的一种方法。醛也可在催化剂作用下直接与 O_2 作用生成酸:

$$2CH_3CHO + O_2 \xrightarrow{催化剂} 2CH_3COOH(乙酸)$$

3. 乙醛的工业制法

乙炔水化法 $CH{\equiv}CH + H_2O \xrightarrow{催化剂} CH_3CHO$

乙烯氧化法　　$2CH_2=CH_2 + O_2 \xrightarrow[加热、加压]{催化剂} 2CH_3CHO$

（二）醛类

除乙醛外,还有一些在分子结构上和化学性质上都跟乙醛相似的物质,如甲醛(HCHO)、丙醛(CH_3CH_2CHO)等,它们都能被还原为醇,被氧化为酸,都能起银镜反应等。

单体间相互反应而成高分子化合物,同时还生成小分子(如水、氨等分子)的反应叫缩聚反应。如苯酚与甲醛在催化剂作用下生成酚醛树脂：

$$nC_6H_5OH + nHCHO \xrightarrow{催化剂} \text{[\!-}C_6H_3OHCH_2\text{-\!]}_n + nH_2O$$

四、羧酸

分子里烃基跟羧基(—COOH)直接相连的有机化合物叫作羧酸。一元羧酸的通式为R—COOH。

（一）乙酸

1. 乙酸的物理性质　　乙酸是一种有强烈刺激性气味的无色液体,易溶于水和乙醇。无水乙酸又称冰醋酸。

2. 乙酸的化学性质

（1）酸性　　乙酸是一种弱酸,但比碳酸的酸性强,具有酸的通性：

$$CH_3COOH \rightleftharpoons CH_3COO^- + H^+$$

（2）酯化反应　　酸跟醇起作用,生成酯和水的反应叫作酯化反应：

$$CH_3COOH + C_2H_5OH \underset{\triangle}{\overset{浓硫酸}{\rightleftharpoons}} CH_3COOC_2H_5 + H_2O$$
$$\phantom{CH_3COOH + C_2H_5OH \underset{\triangle}{\overset{浓硫酸}{\rightleftharpoons}}} 乙酸乙酯$$

3. 乙酸的制法

（1）乙烯氧化法

$$2CH_2=CH_2 + O_2 \xrightarrow[加热、加压]{催化剂} 2CH_3CHO$$

$$2CH_3CHO + O_2 \xrightarrow{催化剂} 2CH_3COOH$$

（2）烷烃直接氧化法

$$2CH_3CH_2CH_2CH_3 + 5O_2 \xrightarrow[加温、加压]{催化剂} 4CH_3COOH + 2H_2O$$

（二）羧酸

除乙酸外,还有一些在分子结构和化学性质上都跟乙酸相似的物质,如甲酸(HCOOH)、丙酸(CH_3CH_2COOH)等。它们都具有酸性,能发生酯化反应等。甲酸结构中既含有一个羧基又含有一个醛基,所以甲酸除具有酸的性质外,还具有醛的性质。

五、酯

酸跟醇起反应,生成水和一类叫作酯的化合物。酯可以简单表示为：$R-\overset{\overset{O}{\|}}{C}-O-R'$。

（一）酯的物理性质

酯一般密度比水小,难溶于水,易溶于乙醇和乙醚等有机溶剂。低级酯是有芳香气味的液体。

(二) 酯的水解

酯的水解反应是酯化反应的逆反应。当有碱存在时,水解程度更大:

$$CH_3COOC_2H_5 + H_2O \xrightleftharpoons[]{\text{无机酸或碱}} CH_3COOH + C_2H_5OH$$

$$RCOOH + NaOH \longrightarrow RCOONa + H_2O$$

六、油脂

油脂是由多种高级脂肪酸如硬脂酸、软脂酸或油酸等跟甘油生成的甘油酯。一般说来,呈固态的油脂叫作脂肪,呈液态的油脂叫作油。它们的结构可以表示为

$$\begin{array}{l} R_1-\overset{O}{\overset{\|}{C}}-O-CH_2 \\ R_2-\overset{O}{\overset{\|}{C}}-O-CH \\ R_3-\overset{O}{\overset{\|}{C}}-O-CH_2 \end{array}$$

(一) 油脂的物理性质

油脂的密度比水小,不溶于水,易溶于汽油、乙醚、苯等多种有机溶剂。

(二) 油脂的化学性质

1. 油脂的氢化(硬化)

$$\begin{array}{l} C_{17}H_{33}COO-CH_2 \\ C_{17}H_{33}COO-CH \\ C_{17}H_{33}COO-CH_2 \end{array} + 3H_2 \xrightarrow[\text{加热、加压}]{\text{催化剂}} \begin{array}{l} C_{17}H_{35}COO-CH_2 \\ C_{17}H_{35}COO-CH \\ C_{17}H_{35}COO-CH_2 \end{array}$$

油酸甘油酯(油)　　　　　　　硬脂酸甘油酯(脂肪)

2. 油脂的水解

$$\begin{array}{l} C_{17}H_{35}COO-CH_2 \\ C_{17}H_{35}COO-CH \\ C_{17}H_{35}COO-CH_2 \end{array} + 3H_2O \xrightarrow[\triangle]{H_2SO_4} 3C_{17}H_{35}COOH + \begin{array}{l} CH_2-OH \\ CH-OH \\ CH_2-OH \end{array}$$

硬脂酸甘油酯　　　　　　　　　硬脂酸　　　甘油

如果油脂的水解反应,是在有碱存在的条件下进行的,则生成高级脂肪酸钠,这个反应也叫皂化反应:

$$\text{硬脂酸甘油酯} + NaOH \xrightarrow{\triangle} \text{硬脂酸钠} + \text{甘油}$$

七、部分烃的衍生物的结构和特性反应(见表6-1和表6-2)

表6-1 各类烃的衍生物代表物的结构和性质

	类别	醇	酚	醛	羧酸	酯	油脂
代表物	名称	乙醇	苯酚	乙醛	乙酸	乙酸乙酯	
	结构式	H-C-C-OH (H,H,H,H)	⌬-OH	$CH_3-C(=O)-H$	$CH_3-C(=O)-OH$	$CH_3-C(=O)-OC_2H_5$	$R_1-COO-CH_2$ $R_2-COO-CH$ $R_3-COO-CH_2$
	主要化学性质	1. 与Na反应 2. 与HX反应 3. 脱水成烯,成醚 4. 氧化成醛 5. 与酸成酯	1. 与NaOH反应 2. 与溴水反应 3. 与$FeCl_3$反应	1. 还原成醇 2. 氧化成酸	1. 酸的通性 2. 酯化反应	发生水解生成酸和醇	1. 水解(皂化) 2. 氢化或硬化

表6-2 部分有机物与$Cu(OH)_2$的作用

物质 试剂	乙醇	甲酸	乙酸	乙醛	甘油
新制$Cu(OH)_2$悬浊液	无明显变化	溶解	溶解	无明显变化	溶解,呈绛蓝色
(将以上混合物)加热	黑色沉淀	砖红色沉淀	无明显变化	砖红色沉淀	—

习题6-3

一、选择题

1. 下列官能团的名称与符号对应不正确的是( )。
   A. 卤素原子(—X)　　　　　　　　B. 羟基(—OH)
   C. 羧基(—COOH)　　　　　　　　D. 硝基(—NO_3)

2. 下列变化中,属于加成反应的是( )。
   A. 油——→甘油　　B. 油——→脂肪　　C. 醇——→卤代烃　　D. 苯——→硝基苯

3. 白酒、食醋、蔗糖、淀粉等均为家庭厨房中常用的物质,利用这些物质能完成下列实验中的( )。
   ①检验自来水中是否含氯离子　　　　②鉴别食盐和小苏打
   ③检验蛋壳能否溶于酸　　　　　　　④检验白酒中是否含甲醇
   A. ①②　　　　B. ②③　　　　C. ①④　　　　D. ③④

4. 做过银镜反应的试管,若将内壁的银洗去,应选用( )。
   A. 浓氨水　　　　B. 盐酸　　　　C. 硝酸　　　　D. 烧碱溶液

5. 下列溶液中通入过量CO_2气体后,溶液变浑浊的是( )。
   A. 石灰水　　　　B. 乙酸钠溶液　　　　C. 苯酚钠溶液　　　　D. 烧碱溶液

6. 既可以用来鉴别乙烷和乙烯,又可以用来除去乙烷中混有的少量乙烯的操作方法是( )。

A. 混合气通过盛有水的洗气瓶
B. 混合气通过装有过量溴水的洗气瓶
C. 混合气体与过量 H_2 混合
D. 混合气与足量溴蒸气混合

7. 下列物质中,能发生银镜反应的是(　　)。
   A. 甲醇　　　　B. 乙酸甲酯　　　　C. 丙酮　　　　D. 甲酸

8. 交警对驾驶员是否酒后驾车的一种测定原理是:橙色的酸性 $K_2Cr_2O_7$ 遇呼出的乙醇蒸气迅速生成蓝绿色的 Cr^{3+}。下列关于乙醇的性质中,与此测定原理有关的是(　　)。
   ①乙醇沸点低　②乙醇密度比水小　③乙醇有还原性　④乙醇与水以任意比互溶　⑤乙醇可燃烧　⑥乙醇是烃的含氧化合物
   A. ②⑤　　　　B. ①③　　　　C. ②④⑥　　　　D. ①③⑥

9. 下列物质中,既能与 Na 反应又能与 Na_2CO_3 反应放出气体的是(　　)。
   A. 乙苯　　　　B. 乙酸　　　　C. 苯酚　　　　D. 乙醇

10. 一定量的饱和一元醇与足量的钠反应,可得到 22.4 L H_2(标准状况下)。等量的该醇完全燃烧生成 264 g CO_2,该醇是(　　)。
    A. 1-丙醇　　　　B. 乙醇　　　　C. 1-丁醇　　　　D. 1-戊醇

二、填空题

1. 等物质的量浓度的 HCl、C_6H_5OH、H_2CO_3、CH_3COOH、C_6H_5ONa、C_2H_5OH,pH 值由大到小的顺序是_____。

2. 分子式为 C_7H_8O 的含苯环结构的有机物有_____种,其中不属于酚类的是(写结构简式)_____。

3. 丙酸在水溶液中电离的方程式为_____。如果向丙酸溶液中加入丙酸钠固体,电离平衡向_____移动,溶液 pH _____。

4. 证明工业酒精中含有少量水所用的试剂为_____,除去这些水分常用的试剂为_____。

5. 饱和一元醇 30 g 和足量钠反应,生成 0.5 g 氢气,此醇的结构简式为_____。

6. 某有机物 A,由 C、H、O 三种元素组成,在一定条件下,由 A 可以逐步衍生出有机物 B、C、D、E 及 F 等,衍生关系如下:

$$B \xleftarrow{HBr, \triangle} A \underset{还原}{\overset{氧化}{\rightleftharpoons}} D \xrightarrow{氧化} E$$

$$C \xleftarrow{浓硫酸, 170℃} A \xrightarrow{H^+, \triangle} F$$

$$A + E \xrightarrow{} F$$

已知 D 的蒸气密度是 H_2 的 22 倍,并可发生银镜反应。

(1) A、B、C、D、E、F 的结构简式分别为_____、_____、_____、_____、_____、_____。

(2) 写出实现 A ⟶ B、A ⟶ C、A + E ⟶ F 反应的化学方程式_____、_____、_____。

7. 某实验小组用下列装置进行乙醇催化氧化的实验:

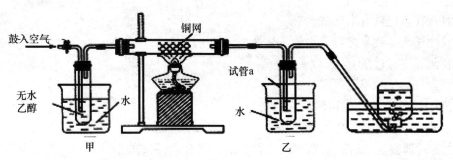

(1)实验过程中铜网出现红色和黑色交替的现象,请写出相应的化学方程式。
_____;_____;在不断鼓入空气的情况下,熄灭酒精灯,反应仍能继续进行,说明该乙醇的氧化反应是_____反应。

(2)甲和乙两个水浴的作用不相同。甲的作用是_____;乙的作用是_____。

(3)反应进行一段时间后,干燥试管 a 中能收集到不同的物质,它们是_____;集气瓶中收集到的气体的主要成分是_____。

(4)若试管 a 中收集到的液体用紫色石蕊试纸检验,试纸显红色,说明液体中还含有_____;要除去该物质,可先在混合液中加入_____(填写字母)。

 a. 氯化钠溶液 b. 苯 c. 碳酸氢钠溶液 d. 四氯化碳

8. 油脂包括_____和_____,是由_____和_____反应生成的_____。液态的油脂可以通过_____反应转化为固态的油脂。

9. 某有机物 6g,在空气中充分燃烧,产生 8.8g CO_2 和 3.6g H_2O。

(1) 该有机物的最简式是_____;

(2) 若该有机物蒸气对 H_2(标准状况)的相对密度为15,则有机物名称是_____,结构简式为_____;

(3) 若该有机物可使石蕊试剂变红,则其名称是_____,结构简式为_____;

(4) 若该有机物可水解,生成另外两种有机物,且其中一种可逐步氧化成另一种,则其名称是_____,结构简式是_____。

【参考答案】

一、1. D 2. B 3. B 4. C 5. C 6. B 7. D 8. B 9. B 10. A

二、1. $C_6H_5ONa > C_2H_5OH > C_6H_5OH > H_2CO_3 > CH_3COOH > HCl$

2. 5;

  苯环-CH₂OH 苯环-OCH₃

3. $CH_3CH_2COOH \rightleftharpoons CH_3CH_2COO^- + H^+$;逆反应方向;增大

4. 无水 $CuSO_4$;新制生石灰

5. $CH_3CH_2CH_2OH$ 或 $CH_3-CH-CH_3$
           |
           OH

6. (1) A:CH_3CH_2OH B:CH_3CH_2Br C:$CH_2=CH_2$ D:CH_3CHO E:CH_3COOH
  F:$CH_3COOC_2H_5$

(2) A ⟶ B $CH_3CH_2OH + HBr \longrightarrow CH_3CH_2-Br + H_2O$

$CH_3CH_2OH \xrightarrow[170℃]{浓硫酸} CH_2=\!\!=\!\!CH_2\uparrow + H_2O$

A + E ⟶ F   A ⟶ C

$CH_3CH_2OH + CH_3COOH \xrightarrow[\Delta]{浓硫酸} CH_3COOC_2H_5 + H_2O$

7. (1) $2Cu + O_2 \xrightarrow{加热} 2CuO$；$CH_3CH_2OH + CuO \xrightarrow{加热} CH_3CHO + Cu + H_2O$；放热

(2)加热；冷却 (3)乙醛、乙醇、水；氮气 (4)乙酸；c

8. 脂肪；油；高级脂肪酸；甘油；酯；氢化(硬化)

9. (1) CH_2O (2)甲醛；HCHO (3)乙酸；CH_3COOH (4)甲酸甲酯；$CH_3O-\overset{\overset{O}{\|}}{C}H$

【难题解析】

一、1. 硝基为—NO_2

2. 液态的油脂称为油。油之所以为液态，是因为其含有较多的不饱和键。利用加氢的方法使不饱和键饱和，可以提高其熔点，即常温下变为固态的脂肪。

3. 检验自来水中的 Cl^- 可用硝酸银。白酒中的甲醇检验要用化学仪器。

4. 银只能与强氧化性的硝酸反应，生成硝酸银。

6. 溴水可以用来鉴别乙烷和乙烯，也可以通过溴水洗气瓶除去乙烷中少量的乙烯(溴乙烷为液态，微溶于水)。

7. 甲酸含有醛基结构，具有还原性，能发生银镜反应。

8. 其实列出的几项都是乙醇的特点，但与测定有关的只有①(沸点低，有挥发性)和③(被 $K_2Cr_2O_7$ 氧化)。

10. 2mol 一元醇与钠反应生成 1mol H_2，则该醇含碳数为 $\dfrac{264}{2\times44}=3$，A 答案正确。

二、5. 1mol 一元醇与钠反应，能生成 1g H_2，则 1mol 该醇的相对分子质量为 60，由此可以推出该醇为丙醇或异丙醇。

6. 本题的突破口是 $A \xrightarrow[170℃]{浓硫酸} C$(乙醇脱水生成乙烯)和 D 能发生银镜反应(D 为醛)，再由 D 的相对分子质量为 44 去验证。

7. 本题的主线是乙醇的催化氧化，氧化铜为黑色，铜为红色。

9. $C:H = \dfrac{8.8}{44}:\dfrac{3.6\times2}{18} = 1:2$

6g 该有机物含碳为 $\dfrac{8.8}{44}=0.2(mol)$

则最简式的式量为 30(含 1mol 碳)最简式为 CH_2O，按最简式推算，含 2 个碳的分子式为 $C_2H_4O_2$，其结构简式为 CH_3COOH 或 $HCOOCH_3$。

第四节 糖类和蛋白质

一、糖类

糖类是由碳、氢、氧三种元素组成的，分子式大都可用 $C_n(H_2O)_m$ 表示(n 和 m 可以相同，也可以不相同)。糖类分为单糖、低聚糖和多糖。

(一) 单糖

单糖是不能水解生成更简单的糖。

1. 葡萄糖

(1) 葡萄糖的组成　葡萄糖是一种多羟基醛,分子式为 $C_6H_{12}O_6$,结构简式为

$$CH_2OH—CHOH—CHOH—CHOH—CHOH—CHO$$

(2) 葡萄糖的物理性质　葡萄糖为白色晶体、溶于水。

(3) 葡萄糖的化学性质　葡萄糖具有的醛基,既能被氧化剂氧化成羧基,又能被还原剂还原成醇羟基。葡萄糖具有醇羟基,能跟酸起酯化反应。

葡萄糖能发生银镜反应:

$$CH_2OH—(CHOH)_4—CHO + 2[Ag(NH_3)_2]^+ + 2OH^- \xrightarrow{水浴} CH_2OH—(CHOH)_4—COO^- + NH_4^+ + 2Ag\downarrow + H_2O + 3NH_3$$

葡萄糖也能跟新制 $Cu(OH)_2$ 反应产生砖红色 Cu_2O 沉淀:

$$CH_2OH—(CHOH)_4—CHO + 2Cu(OH)_2 \xrightarrow{水浴} CH_2OH—(CHOH)_4—COOH + Cu_2O\downarrow + 2H_2O$$

(4) 葡萄糖的工业制法

$$(C_6H_{10}O_5)_n + nH_2O \xrightarrow[\Delta]{催化剂} nC_6H_{12}O_6$$

　　　淀粉　　　　　　　　葡萄糖

2. 果糖

果糖($C_6H_{12}O_6$)是葡萄糖的同分异构体,结构简式为

$$CH_2OH—CHOH—CHOH—CHOH—CO—CH_2OH$$

果糖比蔗糖甜,不易结晶,通常是黏稠的液体,易溶于水。纯净的果糖是白色晶体。

(二) 二糖

糖类水解后能生成几个分子单糖的叫作低聚糖。根据水解后生成的单糖分子是二个、三个等,低聚糖又分为二糖、三糖等。二糖中最重要的是蔗糖。

1. 蔗糖

蔗糖的分子式是 $C_{12}H_{22}O_{11}$。蔗糖是无色晶体,溶于水。蔗糖分子结构中不含有醛基,不显还原性,不能发生银镜反应,是一种非还原糖。但是,在硫酸等的催化下,蔗糖水解生成一分子葡萄糖和一分子果糖。

$$C_{12}H_{22}O_{11} + H_2O \xrightarrow{催化剂} C_6H_{12}O_6 + C_6H_{12}O_6$$

　　　蔗糖　　　　　　　　葡萄糖　　　果糖

因此蔗糖水解后能发生银镜反应。

2. 麦芽糖

麦芽糖($C_{12}H_{22}O_{11}$)也是应用较广的一种二糖,它是蔗糖的同分异构体。麦芽糖是一种还原糖,能发生银镜反应。在硫酸等催化下,麦芽糖水解生成两分子葡萄糖。

$$C_{12}H_{22}O_{11} + H_2O \xrightarrow{催化剂} 2C_6H_{12}O_6$$

　　麦芽糖　　　　　　　　葡萄糖

(三) 多糖

多糖是由很多个单糖分子按照一定的方式,通过在分子间脱去水分子,结合而成的。多糖在性质上跟单糖、低聚糖不同,一般不溶于水,没有甜味,没有还原性。淀粉和纤维素的通式是 $(C_6H_{10}O_5)_n$,但 n 值不同,它们的结构也不相同。

1. 淀粉

淀粉分子中约含有几百个到几千个葡萄糖单元,它的相对分子质量从几万到几十万。这类相对分子质量很大的化合物通常叫高分子化合物。

淀粉是一种白色粉末状的物质,它不溶于冷水,在热水中部分溶解,形成胶状淀粉糊。

淀粉用酸作催化剂发生水解反应,经几步水解,最终生成葡萄糖。葡萄糖能发生银镜反应。

$$(C_6H_{10}O_5)_n + nH_2O \xrightarrow{\text{催化剂}} nC_6H_{12}O_6$$
$$\text{淀粉} \qquad\qquad\qquad \text{葡萄糖}$$

淀粉跟碘作用呈现蓝色,常用碘的溶液检验淀粉的存在与否。

2. 纤维素

纤维素是白色、无臭、无味的物质,不溶于水,也不溶于一般的有机溶剂。它的相对分子质量约为几十万。

跟淀粉一样,纤维素可以发生水解,但较淀粉困难。水解的最终产物是葡萄糖。

$$(C_6H_{10}O_5)_n + nH_2O \xrightarrow{\text{催化剂}} nC_6H_{12}O_6$$
$$\text{纤维素} \qquad\qquad\qquad \text{葡萄糖}$$

二、蛋白质

蛋白质是由氨基酸组成的结构复杂的高分子化合物。氨基酸是一种含氮有机物,它的分子里含有羧基(—COOH)和氨基(—NH$_2$)。例如:

甘氨酸(氨基乙酸)　　CH_2—COOH
　　　　　　　　　　　　$|$
　　　　　　　　　　　　NH_2

丙氨酸(α-氨基丙酸)　　CH_3—CH—COOH
　　　　　　　　　　　　　　　　$|$
　　　　　　　　　　　　　　　　NH_2

上述氨基酸都是 α-氨基酸,即羧酸分子里的 α 氢原子(离羧基最近的碳原子上的氢原子为 α 氢原子,离羧基次近的碳原子上的氢原子依次为 β 氢原子等)被氨基取代的生成物。

氨基酸的分子里既有酸性基(羧基),又有碱性基(氨基),氨基酸是两性分子。氨基酸分子间能互相结合而形成高分子化合物。由氨基酸相互结合形成的相对分子质量在 10000 以上的化合物,称为蛋白质。

$$H-\underset{H}{N}-CH_2-\underset{O}{\overset{\|}{C}}-OH + H-\underset{H}{N}-CH_2-\underset{O}{\overset{\|}{C}}-OH + \cdots \longrightarrow$$

$$H_2N-CH_2-\underset{O}{\overset{\|}{C}}-\underset{H}{N}-CH_2-\underset{O}{\overset{\|}{C}}-\cdots + nH_2O$$

在热、酸、碱、重金属盐、紫外线等作用下,蛋白质会凝结起来,而且不再溶解,同时也失去了它们生理上的作用。蛋白质的这种变化叫作变性。

蛋白质可以跟许多试剂发生颜色反应,例如,有些蛋白质跟浓硝酸作用时呈黄色。

在蛋白质溶液中加入 Na_2SO_4、$(NH_4)_2SO_4$ 等盐类物质,可使蛋白质从溶液中析出,这个过程叫盐析。

将蛋白质中少量的盐类物质通过隔离膜扩散到膜外溶剂中去的过程叫渗析。

蛋白质在灼烧时有烧焦羽毛的特殊气味。

蛋白质在酸、碱或酶的作用下可发生水解,最终生成多种氨基酸。

习题 6－4

一、选择题

1. 下列各对物质互为同分异构体的是(　　)。

A. 1－丁烯、1,3－丁二烯　B. 蔗糖、麦芽糖　C. 蛋白质、氨基酸　D. 淀粉、纤维素

2. 在一定条件下,既能发生氧化反应,又能发生还原反应的是(　　)。

A. 葡萄糖　B. 乙二醇　C. 乙二酸　D. 乙酸乙酯

3. 下列物质中既能与盐酸反应,又能与烧碱溶液反应的有机化合物是(　　)。

A. 甘氨酸　B. 乙酸　C. 淀粉　D. 苯酚

4. 下列关于淀粉和纤维素的叙述正确的是(　　)。

A. 两者都属于糖类,所以都有甜味

B. 两者化学式相同,所以属于同分异构体

C. 两者具有相同的通式,所以化学性质相同

D. 两者都含有碳元素、氢元素和氧元素

5. 糖类、脂肪和蛋白质是维持人体生命活动所必需的三大营养物质。以下叙述正确的是(　　)。

A. 植物油不能使溴的四氯化碳溶液褪色

B. 淀粉水解的最终产物是葡萄糖

C. 葡萄糖能发生氧化反应和水解反应

D. 蛋白质溶液遇硫酸铜后产生的沉淀能重新溶于水

二、填空题

1. 葡萄糖的结构简式为________,它属于________糖,从结构上来看,它是一种________。所以它既像________类有机物一样可发生________反应,又像________类有机物一样可以发生________反应。

2. 在蛋白质溶液中加入饱和食盐水,可使蛋白质从溶液中析出,这种作用叫作________。在蛋白质溶液中加入 $HgCl_2$ 溶液,蛋白质会________,这种变化叫作________。蛋白质遇浓硝酸变________色。

【参考答案】

一、1. B　2. A　3. A　4. D　5. B

二、1. $\begin{array}{cccccccccc} OH & & OH & & OH & & OH & & OH & \\ | & & | & & | & & | & & | & \\ CH_2 & — & CH & — & CH & — & CH & — & CH & —CHO \end{array}$;单;多羟基醛;醇;酯化;醛;氧化还原

2. 盐析;凝结;变性;黄

【难题解析】

一、1. 1－丁烯含 1 个双键,1,3－二丁烯含有 2 个双键,二者不能成为同分异构体;蛋白质的水解产物是氨基酸,淀粉和纤维素为高分子化合物,没有固定的分子组成。只有蔗糖和麦芽

糖的分子式相同而结构不同,互为同分异构体。

2. 葡萄糖属于醛糖,既可以被氧化为酸又可以被还原为醇。

3. 氨基酸含有—NH_2 和—$COOH$,既可以和酸反应(—NH_2)又可以和碱反应(—$COOH$)。

4. 植物油含有不饱和键,可以和溴的 CCl_4 溶液反应。葡萄糖不能发生水解反应。蛋白质遇 $CuSO_4$ 后发生变性反应,沉淀后不能重新溶于水。

典型例题

例题1 有机物
$$CH_3-\underset{\underset{C_2H_5}{|}}{\overset{\overset{CH_3}{|}}{CH}}-\overset{\overset{CH_3}{|}}{C}-CH_2-\overset{\overset{C_2H_5}{|}}{CH_2}$$
按系统命名法命名为_____。

【分析】 按系统命名法命名烷烃时,首先应选择最长的碳链为主链。对于较复杂的物质,为了清楚地表现出它的结构,将主链上所有的碳原子写成直链形式,将其他的原子或原子团分别连在主链相应的碳原子上,并写在直链的上方或下方。然后从距离支链较近的一端给主链编号:

$$\overset{1}{CH_3}-\underset{\underset{C_2H_5}{|}}{\overset{\overset{CH_3}{|}}{\overset{2}{CH}}}-\overset{\overset{CH_3}{|}}{\overset{3}{C}}-\overset{4}{CH_2}-\overset{5}{CH_2}-\overset{6}{CH_2}-\overset{7}{CH_3}$$

最后再根据"先标注取代基后说主链;先说简单的取代基,后说复杂的取代基"的原则命名。

【答案】 2,3-二甲基-3-乙基庚烷

【说明】 ①选主链时应注意像—C_2H_5 这种缩写形式,它本身就包括着两个碳原子。②若主链的选择同时有几种可能,应选择含有支链较多的最长碳链为主链。③在名称中有两种数字的表示方式,如"2"与"二",其中阿拉伯数字表示取代基的位置,而大写的"二"则表示取代基的个数。

例题2 等物质的量的下列物质完全燃烧,消耗氧气最多的是(   )

A. CH_4 B. C_2H_4 C. C_3H_4 D. C_6H_6

【分析】 求算烃完全燃烧时的耗氧量时,如果熟悉烃完全燃烧时的方程式通式,就可以简化运算。因为等物质的量的烃完全燃烧时耗氧量就是 $x+y/4$。对于 A 选项 $x+y/4=2$;对于 B 选项 $x+y/4=3$;对于 C 选项 $x+y/4=4$;对于 D 选项 $x+y/4=7.5$,所以我们很快就得出结论。

【答案】 D

【说明】 如果选项中有含氧衍生物,例 C_2H_6O,只要将其分子式作一简单变形就可以简化运算。因为燃烧时有机物中的氧最终存在于生成的水或二氧化碳中,假定在水中,那只需将有机物中的氧原子和它生成水时需结合的氢原子一起从原含氧衍生物分子中去掉,就可将含氧衍生物的耗氧量转变成烃的耗氧量问题。例如 C_2H_6O 首先把它看成 $C_2H_4(H_2O)$,这时候它的耗氧量就是 C_2H_4 的耗氧量,根据 $x+y/4$ 可得 1mol 的 C_2H_6O 耗氧量 3mol。

例题3 既可以鉴别甲烷与乙烯,又可以除去甲烷中乙烯的物质是(   )。

A. 溴水   B. 酸性高锰酸钾溶液

C. 氢气　　　　　　　　D. 氢氧化钠溶液

【分析】　B 选项是错误的,酸性高锰酸钾溶液可以用于鉴别甲烷和乙烯,但不能用于除杂,因为将乙烯通入酸性高锰酸钾溶液时,乙烯就会被氧化生成一种新的气体杂质二氧化碳,所以不能获得纯净的甲烷气体。至于 C 和 D,更是不能鉴别,也不能除杂。

【答案】　A

例题 4　用化学方法鉴别下列五种液体(只要求写出鉴别的先后顺序和使用的化学试剂,不要求写出具体的操作方法):

(1)苯　(2)乙醇　(3)己烯　(4)乙醛　(5)苯酚溶液

【分析】　本题要求对五种物质一一加以鉴别,这种情况下一般是先比较这几种物质性质上的不同,找出在此范围内具有独特反应的物质,先进行鉴别。如本题中的乙醛(能发生银镜反应或与新制氢氧化铜反应)和苯酚溶液(能与 $FeCl_3$ 溶液或饱和溴水反应);排除了乙醛和苯酚溶液后,在剩下的物质中再比较,找出这个更小范围内具有特性的物质,如己烯(使溴水褪色),乙醇(与金属钠反应,有气体放出)这样逐一比较和排除,最后剩下一种物质,鉴别就完成了。

【答案】

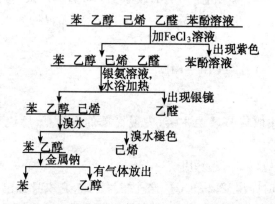

例题 5　某有机物由 C、H、O 三种元素组成,该有机物分子内氢原子个数是碳原子和氧原子个数之和,该有机物分子中的每个碳原子上都有能与氢发生加成反应的官能团,1mol 该物质可与 2mol 氢气完全反应,该物质能够发生银镜反应,并能使酸性 $KMnO_4$ 溶液褪色,试回答:

(1)此有机物结构简式为_____。

(2)写出下列反应的化学方程式:

①1mol 此有机物与 2mol H_2 的加成反应;

②该有机物的银镜反应。

【解答】　因为 1mol 物质能够与 2mol 氢气反应,知该物质有两个不饱和键,又因为此物质能发生银镜反应,就知道该物质有一个双键和一个醛基,所以 $CH_2\!=\!CHCHO$ 符合题给的条件。

$$CH_2\!=\!CHCHO + 2H_2 \xrightarrow{\text{催化剂}} CH_3CH_2CH_2OH$$

$$CH_2\!=\!CHCHO + 2Ag(NH_3)_2OH \xrightarrow{\Delta} CH_2\!=\!CHCOONH_4 + 2Ag\downarrow + 3NH_3\uparrow + H_2O$$

例题 6　四种同类有机物 A、B、C、D,它们的分子式都是 $C_4H_{10}O$,已知 A 可氧化为 E,B 可氧化成 F,C 除燃烧外不被氧化,A 和 C 分别脱水后得到同一种不饱和烃,E 和 F 都发生银镜反应,则 A、B、C、D、E、F 的结构简式为_____。

【分析】 由分子式 $C_4H_{10}O$ 知 A、B、C、D 可能为醇或醚。又因为 A、B 都能被氧化,产物又能发生银镜反应,知此类物质为醇。因为 C 除燃烧外不被氧化,知 C 为 $CH_3-\underset{\underset{CH_3}{|}}{\overset{\overset{CH_3}{|}}{C}}-OH$,C 脱水生成 $CH_3-\underset{\underset{}{|}}{\overset{\overset{CH_3}{|}}{C}}=CH_2$,而 A 脱水也得异丁烯,所以 A 为 $CH_3-\overset{\overset{CH_3}{|}}{CH}-CH_2OH$,E 为 $CH_3-\overset{\overset{CH_3}{|}}{CH}-CHO$,B 氧化成 F,F 能发生银镜反应,所以 B 为 $CH_3CH_2CH_2OH$,F 为 $CH_3CH_2CH_2CHO$。

【答案】 A:$CH_3-\overset{\overset{CH_3}{|}}{CH}-CH_2OH$　　B:$CH_3CH_2CH_2OH$　　C:$CH_3-\underset{\underset{CH_3}{|}}{\overset{\overset{CH_3}{|}}{C}}-OH$

D:$CH_3CH_2-\overset{\overset{OH}{|}}{CH}-CH_3$　　E:$CH_3-\overset{\overset{CH_3}{|}}{CH}-CHO$　　F:$CH_3CH_2CH_2CHO$

例题7 某链烃 A 分子中碳和氢元素的质量比为6:1,A 的蒸气对氢气的相对密度为21,则 A 的结构简式为_____。

【分析】 要写出 A 的结构简式,必须知道 A 的分子式。所以这是一道求化合物分子式的题目。

(1)求元素的物质的量之比即原子个数比——求最简式

$$n(C):n(H) = \frac{6}{12}:\frac{1}{1} = 1:2$$

此有机物分子中碳原子与氢原子的个数比为 1:2,即 CH_2(习惯叫作最简式)。

(2)求有机物的相对分子质量 M

$$M = 21 \times 2 = 42$$

(3)求分子式

用相对分子质量与最简式的式量相除:即 $\frac{42}{14}=3$,所以分子式为 C_3H_6。

(4)求结构简式

题目告知此有机物是链烃,所以只能是烯烃——丙烯,其结构简式为 $CH_3-CH=CH_2$。

【答案】 $CH_3-CH=CH_2$

强化训练

一、选择题

1. 下列物质既能与金属钠反应放出气体,又能与纯碱作用放出气体的是_____。

A. 乙醇（CH_3CH_2OH）   B. H_2O
C. 乙酸（CH_3COOH）   D. 葡萄糖（$C_6H_{12}O_6$）

2. 下列物质既能使酸性高锰酸钾溶液褪色，又能使溴水褪色，还能和氢氧化钠反应的是_____。

 A. 乙酸   B. 乙酸甲酯   C. 油酸甘油酯   D. 苯甲酸

3. 某一溴代烷水解后的产物在红热铜丝催化下，最多可被空气氧化生成4种不同的醛，该一溴代烷的分子式可能是_____。

 A. C_4H_9Br B. $C_5H_{11}Br$ C. $C_6H_{13}Br$ D. $C_7H_{15}Br$

4. 下列各对物质中，互为同系物的是_____。

 A. 正戊烷和新戊烷   B. 乙醇和乙酸
 C. 甲醇和乙醇   D. 邻甲基苯酚和甲苯

5. 只用水就能鉴别的一组物质是_____。

 A. 苯、乙酸、四氯化碳   B. 乙醇、乙醛、乙酸
 C. 乙醛、乙二醇、硝基苯   D. 苯酚、乙醇、甘油

6. 下列有机物：①$CH_2OH(CHOH)_4CHO$；②$CH_3CH_2CH_2OH$；③$CH_2=CHCH_2OH$；④$CH_2=CHCOOCH_3$；⑤$CH_2=CHCOOH$，其中既能发生加成反应、酯化反应，又能发生氧化反应的是_____。

 A. ③⑤   B. ①③⑤   C. ②④   D. ①③④

7. 下列关于蛋白质的叙述中错误的是_____。

 A. 蛋白质溶液中加入饱和的硫酸铵溶液，蛋白质析出，将其放入水中又溶解
 B. 蛋白质能透过滤纸，但不能透过半透膜
 C. 重金属盐使蛋白质分子变性，所以吞"钡餐"（主要成分是硫酸钡）会中毒
 D. 浓硝酸溅到皮肤上显黄色

8. 下列各组中的两种有机物，无论以何种比例混合，只要混合物总质量不变，完全燃烧时生成水的质量也不变，符合这一条件的组合是_____。

 A. CH_2O 和 $C_2H_4O_2$ B. C_8H_{10} 和 C_4H_{10}
 C. C_2H_4 和 C_2H_4O D. C_8H_8 和 $C_4H_{10}O$

9. 通过实验来验证纤维素水解后生成葡萄糖，其实验包括下列一些操作过程，这些操作的正确排列顺序是_____。

①取一团棉花或几小片滤纸   ②小火微热，变成亮棕色溶液   ③加入几滴90%的浓硫酸，用玻璃棒把棉花或滤纸团搅成糊状   ④稍冷，滴入几滴硫酸铜溶液，并加入过量的氢氧化钠溶液使溶液中和至出现氢氧化铜沉淀   ⑤加热煮沸

 A. ①②③④⑤   B. ①②④③⑤   C. ①③②⑤④   D. ①③②④⑤

10. 酯类物质广泛存在于香蕉、梨等水果中。某实验小组先从梨中分离出一种酯，然后将分离出的酯水解，得到乙酸和另一种化学式为 $C_6H_{14}O$ 的物质。对于此过程，以下分析中错误的是_____。

 A. $C_6H_{14}O$ 分子含有羟基
 B. $C_6H_{14}O$ 可与金属钠发生反应
 C. 实验小组分离出的酯可表示为 $CH_3COOC_6H_{13}$
 D. 不需要催化剂，这种酯在水中加热即可大量分解

11. 乙酸与甲醇发生酯化反应后生成的酯,其结构简式为_____。
   A. $CH_3COOCH_2CH_3$ B. $HCOOCH_2CH_3$ C. CH_3COOCH_3 D. $HCOOCH_3$

12. 我们日常生活中使用的化纤地毯、三合板、油漆等化工产品,在夏天时会释放出少量某种污染空气的气体,该气体是_____。
   A. 二氧化硫   B. 甲醛   C. 甲烷   D. 乙醇

13. 只用一种试剂就可以鉴别乙酸溶液、葡萄糖溶液、淀粉溶液,这种试剂是_____。
   A. NaOH 溶液   B. $Cu(OH)_2$ 悬浊液   C. 碘水   D. Na_2CO_3 溶液

14. 某有机物的氧化产物甲和还原产物乙都能与金属钠反应放出 H_2,甲、乙反应可生成丙,甲、丙都能发生银镜反应,此有机物是_____。
   A. 甲醛   B. 乙醛   C. 甲酸   D. 乙酸

15. 过量的某饱和一元醇 10g 与乙酸反应生成 11.2g 乙酸某酯,反应后可以回收该醇 1.8g,饱和一元醇的相对分子质量约为_____。
   A. 98   B. 116   C. 188   D. 196

16. 下列关于苯酚的描述错误的是_____。
   A. 无色晶体,具有特殊气味   B. 能使紫色石蕊试液变红
   C. 暴露在空气中呈粉红色   D. 有毒

17. 某学生做实验后,采用下列方法清洗所有仪器:①用稀 HNO_3 清洗做过银镜反应的试管;②用酒精清洗做过碘升华的烧杯;③用盐酸清洗长期盛放 $FeCl_3$ 溶液的试剂瓶;④用盐酸溶液清洗盛过苯酚的试管。你认为他的操作_____。
   A. ②不对   B. ③不对   C. ④不对   D. 全部正确

18. 下列关于官能团的判断中说法错误的是_____。
   A. 醇的官能团是羟基(—OH)   B. 羧酸的官能团是羟基(—OH)
   C. 酚的官能团是羟基(—OH)   D. 烯烃的官能团是双键

19. 四氯化碳按官能团分类应该属于_____。
   A. 烷烃   B. 卤代烃   C. 烯烃   D. 羧酸

20. 下列物质中,水解的最终产物中不含葡萄糖的是_____。
   A. 蔗糖   B. 淀粉   C. 蛋白质   D. 纤维素

21. 下列各组有机化合物互为同分异构体的是_____。
   A. 甲醇和乙醇   B. 甲醇和甲醚   C. 乙醇和乙酸   D. 甲醚和乙醇

二、填空题

1. 在葡萄糖、蔗糖和麦芽糖中,不能发生银镜反应的是_____。

2. 油脂在酸或碱的存在下,能够发生水解生成_____和相应的高级脂肪酸。

3. A、B、C 三种物质化学式都是 C_7H_8O,若滴入 $FeCl_3$ 溶液,只有 C 呈紫色;若投入金属钠,只有 B 没有变化。据此推断:
   (1) 写出 A、B、C 的结构简式:A _____,B _____,C _____;
   (2) C 的另外两种同分异构体的结构简式是① _____ ② _____。

4. 分别写出最简单的芳香羧酸和芳香醛:_____,_____。

5. 除去溴苯中混有的溴应采取的方法是_____。

6. 现有苯、甲苯、乙烯、乙醇、溴乙烷和苯酚等几种有机物,其中,常温下能与 NaOH 溶液反

应的有_____;常温下能与溴水反应的有_____;能与金属钠反应放出氢气的有_____;能与$FeCl_3$溶液反应呈紫色的是_____。

7. 丙烯酸的结构简式是:$CH_2=CHCOOH$。试写出它与下列物质反应的方程式。
   (1) 氢氧化钠溶液_____;
   (2) 溴水_____;
   (3) 乙醇_____;
   (4) 氢气_____。

8. 在常温常压下,下列四种烃CH_4、C_2H_6、C_3H_8、C_4H_{10}各1mol,分别在足量的氧气中燃烧,消耗氧气最多的是_____。

9. 瓦斯中,甲烷与氧气的质量比为1:4时,极易发生闪爆,这时甲烷和氧气的体积比是_____。

【强化训练参考答案】

一、选择题

1. C 2. C 3. B 4. C 5. A 6. B 7. C 8. A 9. D 10. D 11. C 12. B 13. B 14. A 15. B 16. B 17. C 18. B 19. B 20. C 21. D

二、填空题

1. 蔗糖

2. 甘油

3. 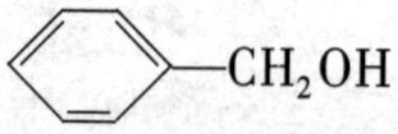 (结构式:A. 苯甲醇 $-CH_2OH$;B. 苯甲醚 $-O-CH_3$;C. 邻甲基苯酚 OH, CH_3;间甲基苯酚 OH, CH_3;对甲基苯酚 OH, CH_3)

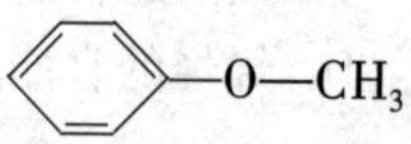

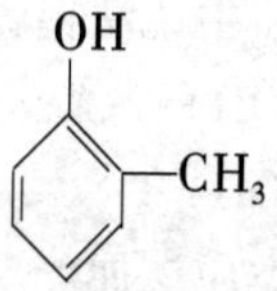

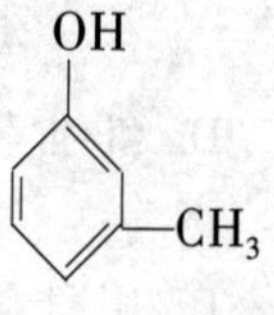

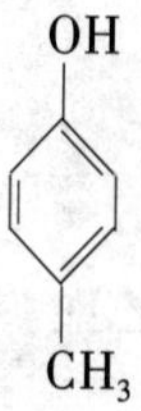

4. 苯甲酸;苯甲醛

5. 方法一:加入KI溶液,振荡。方法二:用汽油或CCl_4萃取出溴。

6. 苯酚;乙烯和苯酚;乙醇和苯酚;苯酚。

7. (1) $CH_2=CHCOOH + NaOH \longrightarrow CH_2=CHCOONa + H_2O$

   (2) $CH_2=CHCOOH + Br_2 \longrightarrow CH_2Br-CHBrCOOH$

   (3) $CH_2=CHCOOH + CH_3CH_2OH \longrightarrow CH_2=CHCOOCH_2CH_3 + H_2O$

   (4) $CH_2=CHCOOH + H_2 \longrightarrow CH_3-CH_2COOH$

8. C_4H_{10}

9. 1:2

【难题解析】

一、1. 与纯碱反应放出气体,说明酸性比 H_2CO_3 强,答案 C。

2. 能使 $KMnO_4$ 和溴水褪色,应该有不饱和键,C 正确。

3. 这里考虑到 Br 在 4 个不同结构中,水解后生成 4 种醇。$CH_3CH_2CH_2CH_2CH_2Br$;$CH_3CH(CH_3)CH_2CH_2Br$;$CH_3C(CH_3)_2CH_2Br$;$CH_3CH_2CH(CH_3)CH_2Br$。注意尾部始终为—CH_2Br(水解生成伯醇,伯醇氧化为醛)。

4. A 为同分异构体。同系物是指在结构上相差 $1\sim n$ 个—CH_2 的同一类物质。B 和 D 都不是同类物质。

5. 本题应考虑的是水溶性和不相溶的物质分层问题。CCl_4 密度比水大,而苯浮在水面上,乙酸溶于水。

6. 加成反应发生在烯、炔、醛、酮上;酯化反应是醇和酸的反应;氧化反应则是烯、炔、醛等的反应。B 答案正确。

7. 可溶性钡盐有毒,$BaSO_4$ 是沉淀,没有毒性。

8. 本题涉及最简式问题,只要最简式相同,生成的水和 CO_2 的量与混合物成分比例无关。

9. 棉花和纸片主要成分是纤维素。浓 H_2SO_4 具有酸性、脱水性和氧化性,在本题中浓 H_2SO_4 起到消解和溶解纤维素作用。加入 $CuSO_4$ 的目的是指示 NaOH 中和硫酸至弱碱性。

10. 酯水解需要在酸性催化下进行。酯是由酸和醇脱水生成的,水解产物中肯定有醇。

12. 本题是在考生活常识。甲醛是防腐、塑形、合成黏合剂的主要成分,在日常化工产品中经常出现。

13. 用一种试剂鉴别几种物质,需要这种试剂与各物质有不同的反应现象。B 可以在酸中溶解,也可以和葡萄糖反应生成砖红色沉淀。

14. 甲酸既具有酸性,又具有还原性。甲醛氧化为甲酸(甲),也能还原为甲醇(乙),甲乙反应生成甲酸甲酯(丙)。

15. 乙酸相对分子质量为 60

$R-OH + CH_3COOH \rightleftharpoons CH_3COOR + H_2O$

$M \qquad\qquad\qquad 60 \qquad M-18=42+M$

$10-1.8=8.2 \qquad\qquad 11.2$

$M\approx 116$

16. 苯酚具有非常弱的酸性,接近中性,不能使紫色石蕊试液变红。

17. 苯酚能溶在 NaOH 溶液中,所以④不对。

20. 蛋白质水解的最终产物是氨基酸。

二、1. 蔗糖属于非还原性糖,不能发生银镜反应。

9. $1:\dfrac{16\times 4}{32}=1:2$

第七章　化学实验

考试范围与要求

了解化学实验室常用仪器的主要用途和使用方法；掌握化学实验的基本操作（加热、常压蒸馏、萃取、重结晶、酸碱中和滴定）；了解实验室一般事故的预防和处理方法；掌握常见气体（H_2、O_2、Cl_2、HCl、CO_2、SO_2、SO_3、H_2S、NO、NO_2、NH_3、CH_4、C_2H_4、C_2H_2）的实验室制备方法（所用试剂、仪器、反应原理和收集方法）；能对常见物质进行检验、分离和提纯；能根据要求配制溶液；能根据实验试题的要求进行分析并得出合理结论。

第一节　常用仪器及用途

一、常用仪器（图7-1）

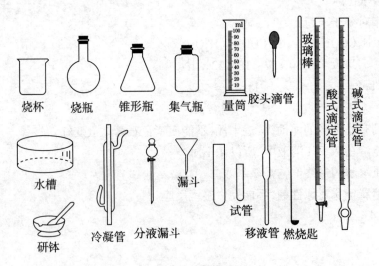

图7-1　常用仪器

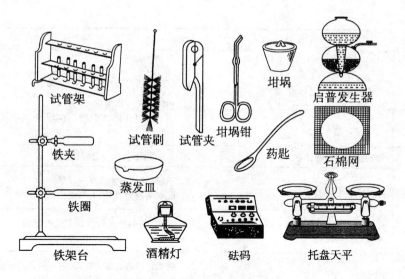

图 7-1 常用仪器(续)

二、常用仪器的使用(表 7-1)

表 7-1 常用仪器的使用

类别	仪器名称		主要用途	使用注意事项
反应器和容器	试管		1. 用作少量试剂的反应器,在常温或在火焰上直接加热 2. 收集少量气体 3. 装置小型的气体发生器	1. 盛试液一般不超过试管容积的 1/3 2. 管口不应对人,以防液体溅出伤人 3. 加热盛有固体的试管,管口略向下倾斜,以免药品潮湿水、结晶水及产生的水蒸气在管口冷凝倒流,引起试管炸裂
	烧杯		1. 用作配制、浓缩、稀释溶液或作反应器,可以加热 2. 可用作水浴等	加热时垫石棉网
	烧瓶	平底	用作反应容器	1. 加热时垫石棉网 2. 平底烧瓶不如圆底烧瓶耐压,后者即使加热蒸发,瓶内剩少量液体时,也不致爆炸
		圆底	用于反应、回流、加热或蒸馏	
	锥形瓶		1. 用于滴定实验 2. 蒸馏液接收器 3. 装置气体发生器	1. 便于液体旋转运动 2. 加热时垫石棉网
	坩埚		用于灼烧固体物质(瓷坩埚可耐 1400℃ 高温)	1. 可放在泥三角上直接灼烧到高温 2. 灼热的坩埚用坩埚钳夹取,避免骤冷
	启普发生器		适用于不易松散并不溶于水的块状固体与液体反应	控制导气管活塞,可使反应随时发生或停止,不能加热,也不能用于强烈的放热反应和剧烈放出气体的反应
	集气瓶		1. 收集或储存少量气体,瓶口边缘磨砂 2. 进行物质和气体之间的反应	1. 不能加热 2. 如做铁跟氧气反应等实验,瓶内要放些水或铺一层细砂
	滴瓶、细口瓶、广口瓶		分装各种试剂,棕色瓶用于需避光保存的试剂,广口瓶盛放固体,细口瓶盛放液体	不能加热,不能作反应器

(续)

类别	仪器名称	主要用途	使用注意事项
加热仪器	酒精灯	用于加热 1—焰心 2—内焰 3—外焰	1. 酒精量以灯容量的 $\frac{1}{4} \sim \frac{2}{3}$ 为宜 2. 加热时要使用温度高的外焰 3. 切不可用燃着的酒精灯直接点燃另一盏酒精灯
计量仪器	量筒	粗略量取液体的体积	不能加热,不能作反应容器
	容量瓶	配制准确浓度的溶液	1. 不能加热,不能作反应容器 2. 配制溶液时,溶液的温度在室温
	滴定管	分酸式和碱式,主要用于滴定实验,量取准确体积的液体	酸式滴定管只能盛酸性或氧化性溶液,碱式滴定管只能盛碱性溶液
	温度计	用于测量温度	1. 其水银球部玻璃易碰碎,故不能作玻璃棒进行搅拌 2. 不能测量超过它测量范围的温度
	托盘天平（附砝码）	用于精确度不高的称量	1. 使用前调零 2. 两边盘中各放质量相同的称量纸,左盘放被称物质,右盘放砝码
蒸发结晶仪器	蒸发皿	用于溶液的蒸发、浓缩或结晶	可放在铁圈或三角架上直接加热
	冷凝管	用于将热蒸气冷凝为液体	倾斜装架,下口进冷水,上口出水
	接液管	用于接蒸馏所导出的液体	接在冷凝管尾部
	表面皿	用于蒸发或作烧杯的盖子	不能直接加热
其他仪器	药匙	用于取少量固体药品	保持干净,取不同药品时必须用滤纸擦净
	燃烧匙	用以盛放可燃固体物质,使之在集满助燃气体的集气瓶中燃烧	一般铜或铁制,遇跟铜或铁反应的物质时,应用石棉绒包住燃烧匙底部或在匙底铺一层砂
	玻璃棒	用于搅拌、过滤或转移液体	保持干净
	研钵	用于研碎晶体	不能砸,只允许压碎或研磨,每研一种物质后,要擦拭干净

习题 7-1

一、选择题

1. 下列保存试剂的方法错误的是（　　）。
   A. 用带橡皮塞的试剂瓶保存浓溴水　　B. 白磷保存在水中
   C. 浓硝酸保存在密闭的棕色玻璃瓶中　　D. 用密封的塑料瓶保存氢氟酸

2. 下列仪器常用于物质分离的是（　　）。
   ①量筒　②普通漏斗　③滴定管　④容量瓶　⑤分液漏斗　⑥蒸馏烧瓶
   A. ①③⑤　　　B. ②④⑥　　　C. ②⑤⑥　　　D. ③⑤⑥

3. 下列说法正确的是（　　）。
   A. 滴定管"0"刻度在滴定管的上端
   B. 先将 pH 试纸用蒸馏水润湿后,再测定溶液的 pH

C. 测定中和热时,为了减少热量损失,不要搅拌溶液
D. 配制稀硫酸时,先在量筒中加一定体积的水,再边搅拌边慢慢加入浓硫酸

4. 在下列操作中,仪器(或物品)之间不应该接触的是(   )。
①用胶头滴管向试管内滴液时,滴管与试管内壁
②向容量瓶注入溶液时,玻璃棒与容量瓶内壁
③向试管内倾倒溶液时,试剂瓶口与试管口
④检验试管内是否有氨气产生时,湿润的石蕊试纸与试管口
A. ①②③④　　　　B. ①④　　　　C. ①②④　　　　D. ①③④

5. 配制 0.10mol/L 的 NaCl 溶液,下列操作会导致所配的溶液浓度偏高的是(   )。
A. 称量时,左盘高,右盘低　　　　B. 原容量瓶洗净后未干燥
C. 定容时俯视读取刻度　　　　　　D. 定容时液面超过了刻度线

6. 实验室用 $KClO_3$ 和 MnO_2 制取氧气后,要回收混合物中的 MnO_2,可用的方法是(   )。
A. 蒸发　　　　B. 溶解过滤　　　　C. 蒸馏　　　　D. 重结晶

二、填空题

1. 下列仪器中不能加热的是_____;能直接放在火焰上加热的是_____;要放在石棉网上加热的是_____。
①坩埚　②烧杯　③烧瓶　④蒸发皿　⑤锥形瓶　⑥量筒　⑦试管　⑧容量瓶　⑨集气瓶　⑩水槽

2. 某 10% NaOH 溶液,加热蒸发掉 100g 水后得到 80mL 20% 的溶液,则该 20% NaOH 溶液的物质的量浓度为_____。

3. 用于分离或提纯物质的方法有:①分馏;②盐析;③重结晶;④加热分解;⑤过滤;⑥升华;⑦蒸馏;⑧电解;⑨渗析。
把适合下列各组的方法序号填在横线上:
(1) 除去乙醇中微量的食盐_____。
(2) 分离石油中各组分_____。
(3) 除去 $Fe(OH)_3$ 胶体中的杂质离子_____。
(4) 除去 CaO 中少量的 $CaCO_3$ _____。
(5) 除去固体碘中少量的 NaI _____。
(6) 除去 $Ca(OH)_2$ 溶液中少量悬浮的 $CaCO_3$ 微粒_____。

4. 在实验室里电器类起火,应使用_____灭火;少量酒精起火,应使用_____灭火;油类起火,应使用_____灭火。

【参考答案】
一、1. A　2. C　3. A　4. B　5. C　6. B
二、1. ⑥⑧⑨⑩;①④⑦;②③⑤
2. 6.25mol/L
3. (1) ⑦　(2) ①　(3) ⑨　(4) ④　(5) ⑥　(6) ⑤
4. 1211灭火器;湿抹布;泡沫灭火器

【难题解析】
1. 橡胶中含有不饱键,溴水能和橡胶发生反应。一般用玻璃塞。

2. 设 20% NaOH 溶液质量为 x，则

$10\% \times (100+x) = 20\% x$

$x = 100(\text{g})$

20% NaON 的密度 $D = \dfrac{100\text{g}}{80\text{mL}} = 1.25(\text{g/mL})$

物质的量浓度 $c = \dfrac{20\% \times 1.25\text{g/mL} \times 1000}{40\text{g/mol}} = 6.25(\text{mol/L})$

第二节　化学实验基本操作

一、试剂的取用

(一) 固体试剂的取用

对于块状固体，要把试管略微倾斜用镊子将块状试剂放在试管口，再把试管慢慢直立，让块状物顺着试管壁缓缓滑进试管底部；对于粉末状试剂，为了防止粉末试剂沾在试管壁上，可将试管横放，用药匙或纸槽将试剂送到接近试管底部时，再将试管直立，如图 7-2 所示。

(二) 液体试剂的取用

取少量液体试剂时，可用胶头滴管吸取，注意不要使液体流进胶头里，滴液时，滴管尖端不可触及器壁也不要伸进容器内。取较多液体药品时，可直接从试剂瓶里倾倒，操作时，标签向着手心，瓶口对靠容器口或用玻璃棒引流，以免试剂流到瓶的外壁，如图 7-3 所示。

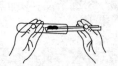
图 7-2　用药匙加入固体试剂

图 7-3　液体的倾倒

(三) 浓酸、浓碱的使用

浓酸、浓碱腐蚀性强，使用时要防止沾到皮肤或衣物上。稀释浓硫酸时，要把浓硫酸慢慢倒入水里，边倒边搅拌。切不可把水倒入浓硫酸里。稀释时应在烧杯中进行，不能在量筒或容量瓶中进行。

二、常用化学试剂的存放

必须根据化学试剂的性质采取妥善的保存措施，以防变质、燃烧、爆炸等意外事故。表 7-2 列出几种常用试剂的性能及保存方法。

表 7-2　常用试剂的性能及保存方法

类别	试剂名称	性能及特点	保存方法
易氧化、易燃试剂	白磷(黄磷)	易燃，空气中自燃	浸于水中，存放阴凉处
	钾、钠	易氧化，遇水剧烈反应	浸于煤油中
	有机溶剂(酒精、苯、汽油等)	易燃、具挥发性	密封，置于阴凉处，远离火种

（续）

类别	试剂名称	性能及特点	保存方法
挥发性、腐蚀性试剂	溴	易挥发液体、有毒	浸于水中防止挥发，石蜡密封
	碘	易升华、蒸气有毒	密封、蜡封、置于阴凉处
	浓盐酸	易挥发、有腐蚀性	密封、置于阴凉处
	浓硝酸	易挥发、见光分解、强腐蚀性	装于棕色瓶中，放在阴凉处
	浓硫酸	强腐蚀性、强吸水、脱水性	装于玻璃瓶中，密封保存
挥发性、腐蚀性试剂	氢氟酸	强烈腐蚀玻璃	装在塑料瓶中
	氢氧化钠	易潮解，吸收空气中的 CO_2 而变质，腐蚀玻璃	装于塑料瓶中、密封，溶液盛放在带橡皮塞的瓶中
易分解试剂	浓氨水	易挥发	密封，置于阴凉处
	高锰酸钾	见光、遇热分解，有强氧化性	装于棕色瓶中，避光、热、有机物
	硝酸银	见光分解	装于棕色瓶中，置于阴凉处

三、加热（见表 7-1 中酒精灯、试管的使用）

加热液体时，可以用试管、烧瓶、烧杯、锥形瓶、蒸发皿等。加热固体时，可以用干燥的试管、坩埚等。

用试管进行加热时，必须使用试管夹。夹持试管的方法是：把试管夹从试管底部往上套，夹在试管的中上部，用手拿住试管夹的长柄，注意不要把拇指按在夹子的短柄上。

加热烧瓶或烧杯里的物质时，要放在铁架台的铁圈上（烧瓶要用铁夹夹住颈部），垫上石棉网，使容器受热均匀，不致破裂。加热坩埚时，可以放在石棉网上，也可以放在有泥三角的三脚架上。加热蒸发皿时，放在用铁架台固定的大小合适的铁圈上。

四、溶解和过滤

（一）固体物质的溶解

颗粒大的固体物质应先在研钵中研细，再加入溶剂，振荡、搅拌或加热使其溶解。

（二）气体物质的溶解

对于溶解度小的气体，一般将导气管插入水底。但对于易溶于水的气体（HCl、NH_3 等），导气管口只能靠近水面上，防止水沿导气管进入反应容器中。最好将导气管连接一个漏斗，使漏斗边缘刚接触水面，以增加吸收率，如图 7-4 所示。

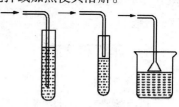

图 7-4 气体的吸收

（三）过滤

过滤是分离液体和固体物质常用的方法。

1. 滤纸的折叠。将一张圆形滤纸叠成四等份，然后打开成圆锥形放入漏斗中，滤纸边沿应稍低于漏斗边沿，用手压住滤纸，用水润湿，使滤纸紧贴漏斗内壁，中间不要有气泡。

2. 把装好滤纸的漏斗放在固定好的漏斗架或铁圈上，漏斗颈下端紧贴烧杯内壁，以使滤液沿烧杯壁流下，避免滤液溅出。

图 7-5 过滤

3. 倾倒液体时,要使液体沿着玻璃棒流入漏斗,玻璃棒下端要接触三层滤纸一边,液面要低于滤纸上沿(图7-5)。用少量水洗涤沉淀。

五、蒸发和结晶

(一)蒸发

蒸发是用加热的方法减少溶液里的溶剂,使溶液浓缩或使溶质从溶液里析出的操作。蒸发使用的仪器主要是蒸发皿,注入蒸发皿里的溶液不得超过蒸发皿容积的2/3,加热蒸发时,可用玻璃棒搅拌以促使水分放出。溶解度较大的溶质,必须蒸发到溶液表面出现晶体膜时才可停止蒸发。溶解度较小的溶质或在高温时溶解度较大而在室温时溶解度较小的溶质,则不必蒸发到液面出现晶体膜就可冷却,如图7-6所示。

图7-6 蒸发

(二)结晶

结晶是晶体从溶液中析出的过程。当溶液蒸发到一定程度(或饱和)时,把溶液冷却,一般就会有晶体析出。如果要得到纯度较高的晶体,可把初次析出的晶体用溶剂溶解,再经过蒸发、冷却等操作,让物质重新结晶。这个过程叫重结晶。

六、蒸馏和升华

蒸馏是利用液态物质的沸点差别,将液态混合物加以分离和提纯的一种方法。进行蒸馏操作应注意:①温度计的水银球上缘应与蒸馏烧瓶支管的下缘对齐;②按不同组分的沸点控制蒸馏温度;③冷凝水应从冷凝管的下口进入,从上口流出;④蒸馏前,蒸馏烧瓶中应加入几片碎瓷片,以防液体暴沸,如图7-7所示。停止蒸馏时,先停止加热,再关上冷凝水。

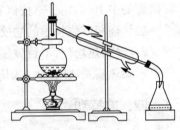

图7-7 蒸馏

升华是指固态物质不经过液态而直接转变成气态的现象。利用升华可以除去不挥发性杂质或分离不同挥发度的固体混合物。升华的气态物质在较低温度下又直接变为固态物质的过程叫凝华。

七、萃取和分液

(一)萃取

利用溶质在互不相溶的溶剂里溶解度的不同,用一种溶剂把溶质从它与另一溶剂所组成的溶液里提取出来的方法,叫作萃取。萃取常在分液漏斗中进行,将待萃取溶液加入分液漏斗中,再加入萃取剂、振荡、静置、分层后,打开活塞,使下层液体慢慢流出。上层液体要从分液漏斗上口倒出。

(二)分液

分液是把两种不相溶的液体分开的操作,常与萃取结合进行,如图7-8所示。

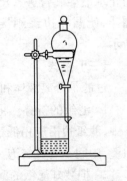

图7-8 萃取与分液

八、溶液的配制

（一）质量分数溶液的配制

1. 计算　计算出配制一定量的溶液所需溶质和溶剂的量。

2. 称量　用托盘天平称出所需固体溶质的量,放入烧杯中,再用量筒量出所需蒸馏水的体积,注入烧杯中。

3. 溶解　用玻璃棒搅拌促其溶解,如有明显的放热现象,待溶液温度冷却到常温才能转移到细口瓶中。如为浓溶液稀释,要根据浓溶液的密度算出所需浓溶液的体积,再用量筒量取浓溶液和蒸馏水。

（二）物质的量浓度溶液的配制

1. 计算　根据要求算出所需溶质的量。

2. 称量　固态物质用分析天平准确称取;液态物质用移液管移取。

3. 配制　烧杯中装入适量蒸馏水,将溶质放入溶解,如有热现象,待到室温后,再转入容量瓶中,用少量蒸馏水洗涤烧杯 2~3 次,洗液全部注入容量瓶里。

4. 定容　向容量瓶里加入蒸馏水至离刻度 2~3cm 处,改用胶头滴管加蒸馏水至凹液面最低处与刻度线相切。

图 7-9　溶液从烧杯转移入容量瓶

5. 混匀　盖好瓶塞,将容量瓶倒转数次,使溶液混匀,如图 7-9 所示(注:对吸潮、吸 CO_2 及易挥发性试剂,不宜准确配制)。

九、酸碱中和滴定

（一）中和滴定原理

酸碱中和反应的实质是 $H^+ + OH^- \rightleftharpoons H_2O$。酸($H_xR$)跟碱$M(OH)_y$,发生中和反应,有如下关系式：

$$y H_x R \sim x M(OH)_y \qquad \frac{y}{c_{酸} V_{酸}} = \frac{x}{c_{碱} V_{碱}}$$

即 $y c_{碱} (\text{mol/L}) \cdot V_{碱}(\text{L}) = x c_{酸}(\text{mol/L}) \cdot V_{酸}(\text{L})$

也就是说,碱所能提供的 OH^- 的物质的量等于酸所能提供的 H^+ 的物质的量。

根据以上关系,可以通过滴定操作,用已知浓度的酸溶液测定某种碱溶液的浓度,反之,也可以用已知浓度的碱溶液测定某种酸溶液的浓度,一般是用酸碱指示剂来指示反应是否恰好完全进行。

（二）实验步骤

1. 滴定前的准备工作　取干净滴定管,用欲盛的溶液润洗 2~3 次,最后注入该溶液并调液面至零点。

2. 滴定　用滴定管取待测溶液 V mL,放入洁净的锥形瓶中,加入几滴指示剂,混匀。再用另一支盛有标准液的滴定管进行中和滴定至指示剂发生颜色突变。使用酸式滴定管时,用左手拇指、食指及中指

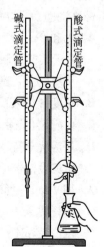

图 7-10　中和滴定装置及操作

控制活塞。使用碱式滴定管时,用左手拇指和食指捏住橡皮管中的玻璃球所在稍上部位,向右方挤橡皮管,使管与球之间形成一条缝隙,溶液便可流出。边滴边按同一方向摇锥形瓶,使溶液均匀旋转,观察指示剂变化情况,滴定到终点时,记下滴定管液面所在刻度(见图7-10)。

重复以上滴定操作三次,取三次平均值,根据关系式,便可求出未知碱或酸的浓度。

3. 强碱滴定强酸时,可选用酚酞指示剂,反之,可选用甲基橙指示剂。

习题 7-2

一、选择题

1. 下列实验操作错误的是(　　)。
   A. 用酒精清洗做过碘升华的烧杯
   B. 蒸馏时,应将温度计的水银球插入液面以下
   C. 称量NaCl固体时,将NaCl固体放在托盘天平左盘的称量纸上
   D. 用50mL的量筒量取5.2mL盐酸

2. 下列实验操作能达到测量要求的是(　　)。
   A. 用托盘天平称量25.20g氯化钠
   B. 用10mL量筒量取7.50mL稀硫酸
   C. 用25mL滴定管量取14.80mL溶液
   D. 用广泛pH试纸测得溶液的pH值为4.2

3. 在盐酸滴定氢氧化钠溶液的实验中,以甲基橙为指示剂,滴定到终点时的颜色变化是(　　)。
   A. 由黄色变红色　　　　　　　　B. 由黄色变橙色
   C. 由橙色变红色　　　　　　　　D. 由红色变橙色

4. 以下仪器:①中和滴定实验用的锥形瓶;②中和滴定实验用的滴定管;③容量瓶;④配制一定物质的量浓度的NaOH溶液用于称量的烧杯;⑤测定硫酸铜晶体中结晶水含量用的坩埚。用蒸馏水洗净后可立即使用而不会对实验结果造成误差的是(　　)。
   A. ①和②　　B. ①和③　　C. ①③④　　D. ①③⑤

5. 关于实验室制备乙烯的实验,下列说法正确的是(　　)。
   A. 反应物是乙醇和过量的3mol/L硫酸混合液
   B. 温度计插入反应溶液液面下,以便控制温度在140℃
   C. 反应器(烧瓶)中应加入少许碎瓷片
   D. 反应完毕先灭火再从水中取出导管

6. 某实验报告记录了如下数据,其中数据合理的是(　　)。
   A. 用10mL量筒量取5.26mL稀硫酸
   B. 用托盘天平称量11.7g氧化铜粉末
   C. 用广泛pH试纸测得溶液的pH为3.5
   D. 用酸式滴定管量取10.5mL盐酸溶液

7. 在实验室中,对下列事故或药品的处理正确的是(　　)。
   A. 少量浓硫酸沾在皮肤上,立即用氢氧化钠溶液冲洗

B. 少量金属钠着火燃烧时,用水浇灭
C. 实验室发生触电事故时,应先立即切断电源,再进行施救
D. 含硫酸的废液倒入水槽,用水冲入下水道

二、填空题

1. 要熔化固体硝酸钾,应放在_____里加热,还需用的仪器有_____、_____、_____。若要移动加热后的器皿,应用_____。

2. 取液后的滴管,应保持橡胶乳头在_____,不要_____放在实验台上,以免_____滴管和腐蚀_____。用完的胶头滴管应立即用_____洗净,以备下次使用。

3. 如何用化学方法洗涤除去玻璃器皿上的残留物,在横线上填写试剂名称:
（1）做 CuO 还原实验留在试管内的铜_____。
（2）做醛的还原实验留下的银镜_____。
（3）做硫实验留下的硫_____。
（4）装过油脂留下的油脂_____。
（5）装石灰水试剂瓶留下的白色附着物_____。
（6）$KMnO_4$ 制 O_2 后试管内的残留物_____。

4. 把下述错误的装置或操作造成的危害,简明地填写在后面的横线上:
（1）实验室用无水醋酸钠和碱石灰制甲烷时,装反应物的试管口略朝上_____。
（2）实验室制盐酸时,把导管末端插入水中_____。
（3）浓缩、结晶氯化钠溶液时,不搅拌_____。
（4）点燃氢气,没有检验气体的纯度_____。
（5）用温度计代替玻璃棒搅拌_____。
（6）用燃着的酒精灯去点燃另一盏酒精灯_____。
（7）用排水法收集气体完毕后,先撤去酒精灯_____。
（8）用浓硫酸中和浓氢氧化钠溶液_____。

5. 为了准确测定某一较浓的硫酸的浓度,首先加水稀释,然后取其一定量稀溶液来标定,请按操作过程填写:
（1）用_____量取 10.00mL 未知浓度的硫酸,注入_____中加蒸馏水稀释至 100mL。
（2）用_____量取此稀硫酸 20.00mL,注入_____中,加入 2 滴酚酞作指示剂。
（3）将 0.1000mol/L 的 NaOH 溶液注入_____中,调整使滴定管尖端充满液体,记下液面的起始刻度为 0.40,然后开始滴定。当溶液由_____色变为_____色时,即达到滴定终点。
（4）由于操作不慎,滴入了过量的 NaOH 溶液,使溶液变成深红色,此时滴定管刻度为 26.60,然后再用 0.0400 mol/L H_2SO_4 反滴过量的 NaOH。当滴定终点时,消耗硫酸的量为 1.00mL,则原硫酸的物质的量浓度为_____。

6. 操作滴定管时,_____手操作活塞,_____手摇荡锥形瓶,两眼应注视_____。

【参考答案】

一、1. D 2. C 3. B 4. B 5. C 6. B 7. C

二、1. 坩埚;泥三角、三角架、酒精灯;坩埚钳

2. 滴管的上方;直接;弄脏;台面;蒸馏水

3.（1）稀硝酸 （2）稀硝酸 （3）CS_2 （4）热 NaOH 溶液 （5）稀盐酸 （6）浓盐酸

4. (1) 试管炸裂　(2) 水倒吸　(3) 晶体飞溅　(4) 爆炸　(5) 水银球易破损　(6) 起火　(7) 水倒吸炸裂容器　(8) 大量放热,使浓碱液溅出

5. (1) 移液管;100mL 容量瓶　(2) 移液管;锥形瓶　(3) 碱式滴定管;无,浅红　(4) 0.6350mol/L

6. 左;右;锥形瓶内溶液颜色的变化

【难题解析】

一、1. 用量器量取液体时,应选用适当大小的量器。本题中应选用10mL量筒。

2. 托盘天平的精度为0.1g;量筒的精度为0.1mL;pH试纸测量值为个位数;滴定管的精度为0.01mL。

4. 滴定管盛装溶液时,要用该溶液淋洗2~3次,称量用的烧杯和坩埚也应保持干燥。

5. 实验室制备乙烯用的是浓 H_2SO_4,在175℃反应,烧瓶内加入少许碎瓷片(防止暴沸),反应完毕要先取出导管再灭火(防止在负压下把水倒吸进来)。

第三节　气体的实验室制备、收集和检验

制备气体的装置可分为气体发生装置与气体收集装置两个主要部分。

一、气体发生装置

应根据反应物的状态(固态、液态)及反应条件(加热还是不加热)来选择气体发生装置,常见的有三种类型的装置(表7-3)。

表7-3　气体的制取和收集

反应物状态和反应条件	制取的气体发生装置	气体收集装置	排水集气法	排气集气法	
				向上排气集气法	向下排气集气法
固固加热			O_2 CH_4	O_2	NH_3
固液常温			H_2 C_2H_2	CO_2 H_2S SO_2	H_2

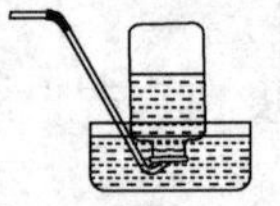

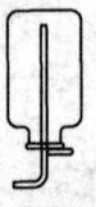

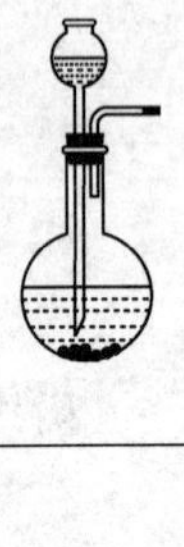

(续)

反应物状态和反应条件	制取的气体发生装置	气体收集装置	排水集气法	排气集气法	
				向上排气集气法	向下排气集气法
固液或液液加热			C_2H_4	Cl_2 HCl	

使用气体发生装置应注意以下几点：

① "固、固加热"的试管口要略向下倾斜，以防止产生的水滴倒流炸裂试管。

② 导出气体的管口，不要插得太深，应刚露出橡胶塞，更不能插入反应物中。

③ "固、液常温"的长颈漏斗应插入液面下，形成"液封"，否则生成的气体会从漏斗中逸出。

④ 凡是利用块状固体跟液体起反应，反应不需要加热且生成的气体难溶于水的实验，都可以用启普发生器，如制取 H_2、CO_2、H_2S 等。

启普发生器的工作原理是：使用时打开导气管活塞3，球形漏斗1里的酸液流下，跟容器2里的块状固体接触，发生反应（图7-11），产生的气体从导气管导出；不用时关闭导气管活塞，容器2内压强增大，把酸液压回球形漏斗，酸与块状固体脱离接触，反应即停止（图7-11）。

⑤ 加热制取气体，并用排水集气法收集生成的气体，当反应完毕时，一定要先将导气管撤出水槽，后停止加热，若先撤灯，试管冷却后形成水倒流。

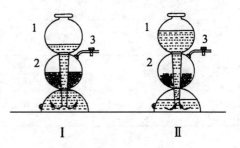

图7-11 启普发生器
1—球形漏斗；2—反应容器；3—导气管活塞。

二、气体的收集装置

气体的收集常见有三种方法：① 排水集气法，适用于收集难溶于水的气体；② 向上排空气集气法，适用于收集比空气重（相对分子质量大于29）而常温不与空气反应的气体；③ 向下排空气集气法，适用于收集比空气轻的气体（表7-3）。

三、常见气体的实验室制备原理及检验方法（表7-4）

表7-4 常见气体的实验室制备原理及检验方法

气体	颜色、气味	制备反应的化学方程式	检验方法
H_2	无色、无味	$Zn + H_2SO_4(稀) = ZnSO_4 + H_2\uparrow$	点燃有爆鸣声（不纯）

(续)

气体	颜色、气味	制备反应的化学方程式	检验方法
O_2	无色、无味	$2KClO_3 \xrightarrow{MnO_2,\Delta} 2KCl + 3O_2\uparrow$	使带火星的木条复燃
Cl_2	黄绿色、有刺激味	$4HCl(浓) + MnO_2 \xrightarrow{\Delta} MnCl_2 + Cl_2\uparrow + 2H_2O$	使 KI-淀粉试纸变蓝
HCl	无色、有刺激味	$NaCl + H_2SO_4(浓) \xrightarrow{\Delta} NaHSO_4 + HCl\uparrow$	1. 使湿润的蓝色石蕊试纸变红 2. 使沾有浓氨水的玻璃棒生烟
H_2S	无色、臭鸡蛋味	$FeS + H_2SO_4(稀) == FeSO_4 + H_2S\uparrow$	使湿润的醋酸铅试纸变黑
SO_2	无色、有刺激味	$Na_2SO_3 + H_2SO_4(浓) == Na_2SO_4 + H_2O + SO_2\uparrow$	可使品红溶液褪色
NH_3	无色、有刺激味	$2NH_4Cl + Ca(OH)_2 \xrightarrow{\Delta} CaCl_2 + 2NH_3\uparrow + 2H_2O$	1. 使红色石蕊试纸变蓝 2. 使沾有浓盐酸的玻璃棒生烟
CO_2	无色、带酸味	$CaCO_3 + 2HCl == CaCl_2 + CO_2\uparrow + H_2O$	1. 使点燃的木条熄灭 2. 使澄清的石灰水变浑浊
CO	无色、无味	$HCOOH \xrightarrow{浓硫酸,\Delta} CO\uparrow + H_2O$	点燃,燃烧后的气体使澄清石灰水变浑浊
NO	无色	$3Cu + 8HNO_3(稀) \xrightarrow{\Delta} 3Cu(NO_3)_2 + 2NO\uparrow + 4H_2O$	与空气接触变为红棕色
NO_2	红棕色、刺激味	$Cu + 4HNO_3(浓) == Cu(NO_3)_2 + 2NO_2\uparrow + 2H_2O$	使紫色石蕊试液变红色,不久后褪色
CH_4	无色、无味	$CH_3COONa + NaOH \xrightarrow{CaO,\Delta} Na_2CO_3 + CH_4\uparrow$	点燃,蓝色火焰
C_2H_4	无色带甜味	$C_2H_5OH \xrightarrow{浓硫酸,170℃} C_2H_4\uparrow + H_2O$	点燃;使 $KMnO_4$ 溶液或溴水褪色
C_2H_2	无色、无味	$CaC_2 + 2H_2O \longrightarrow C_2H_2\uparrow + Ca(OH)_2$	点燃;使 $KMnO_4$ 溶液或溴水褪色

四、气体的干燥与净化

用气体发生装置制备的气体常含有一定的水蒸气等杂质,除去气体里混入的杂质称为气体的净化。

常用来干燥气体的干燥剂很多,应根据干燥剂和被干燥气体的性质选用不同干燥剂,避免被干燥的气体与干燥剂发生反应。表 7-5 为常用的气体干燥剂的适用情况。

表 7-5 常用气体干燥剂

干燥剂	适于干燥的气体	不适于干燥的气体
浓硫酸	H_2、O_2、CO、CO_2、SO_2、HCl、CH_4、Cl_2 等	NH_3、HBr、H_2S 等
碱石灰	H_2、O_2、CO、NH_3 等	Cl_2、CO_2、SO_2、H_2S、HCl 等
五氧化二磷	H_2、O_2、CO、CO_2、CH_4、SO_2、H_2S 等	NH_3 等
无水氯化钙	H_2、O_2、Cl_2、HCl、SO_2、CO、CO_2、CH_4 等	NH_3 等

气体净化时,常用溶液吸收杂质使它与被提纯的气体分开,不能选择能与被提纯气体反应的吸收剂。一般易溶于水的杂质用水吸收;酸性物质用碱性溶液吸收;碱性物质用酸性溶液吸收;用与杂质易生成沉淀的溶液吸收;不容易吸收的杂质可设法使它转化为易被吸收的物质而吸收。

用固体物质作干燥剂时可用干燥管。球形干燥管应从粗口处进气,细口处出气。用液体物质或溶液作干燥剂时,可用洗气瓶或其他简易的装置(图7-12),长导管为进气管,管口应插进液面下,短导管为出气导管,管口不能插入液面下。

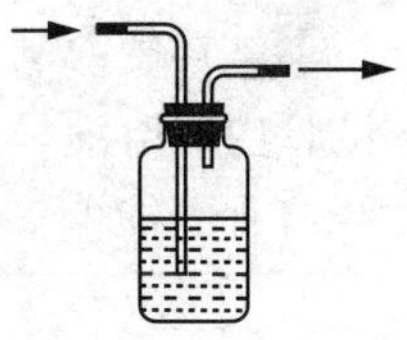

图7-12 洗气瓶

如气体同时需要干燥和净化时,一般先净化后干燥。因为气体净化过程大多要用溶液吸收,净化后的气体中必然含有水蒸气。

习题 7-3

一、选择题

1. 能用排水集气法收集而不能用排空气集气法收集的气体是( )。
   A. H_2　　　　　B. CH_4　　　　　C. Cl_2　　　　　D. NO

2. 对于某些离子的检验及结论一定正确的是( )。
   A. 加入稀盐酸产生无色气体,将气体通入澄清石灰水中,溶液变浑浊,一定有 CO_3^{2-}
   B. 加入氯化钡溶液有白色沉淀产生,再加盐酸,沉淀不消失,一定有 SO_4^{2-}
   C. 加入氢氧化钠溶液并加热,产生的气体能使湿润红色石蕊试纸变蓝,一定有 NH_4^+
   D. 加入碳酸钠溶液产生白色沉淀,再加盐酸白色沉淀消失,一定有 Ba^{2+}

3. 实验室制取下列气体时,其中采用的制气装置和集气装置都相同的是( )。
   A. O_2,NH_3,H_2　　B. CO_2,H_2S,NO_2　　C. CO_2,C_2H_2,H_2　　D. Cl_2,HCl,C_2H_4

4. 下列除去杂质的方法错误的是( )。
   A. H_2 中含有少量 H_2S,通过 NaOH 溶液除去
   B. CH_4 中含有少量 CO_2,通过 $Ca(OH)_2$ 溶液除去
   C. CO_2 中含有少量 SO_2,通过饱和 $NaHCO_3$ 除去
   D. Cl_2 中含有少量 HCl,通过 NaOH 溶液除去

5. 某无色混合气体可能由 CH_4、NH_3、H_2、CO、CO_2 和 HCl 中的某几种气体组成。在恒温恒压的条件下,将此混合气体通过浓硫酸时,总体积基本不变;通过过量的澄清石灰水,未见变浑浊,但混合气体的总体积减小;把剩余气体导出后,在 O_2 中能够点燃,燃烧产物不能使白色无水硫酸铜粉末变色。则原混合气体的成分一定含有的是( )。
   A. CH_4 和 NH_3　　B. HCl、H_2 和 CO　　C. HCl 和 CO　　D. HCl、CO 和 CO_2

6. 实验室制取下列气体,方法正确的是( )。
   A. 氨:将消石灰和氯化铵加热,并用向下排空气法收集
   B. 乙炔:将电石和水在启普发生器中反应,并用向上排空气法收集
   C. 乙烯:将乙醇加热至170℃,并用排水集气法收集
   D. 硫化氢:将硫化亚铁与稀盐酸反应,并用向下排空气法收集

7. 如下图所示进行实验:常温常压下,在试管中装入 20mL 的 NO 气体,水槽中盛含有石蕊

的水,然后再缓慢地通入 18mL 的 O_2(同温同压下)。①~⑦是实验的最终现象,正确的叙述是( )。

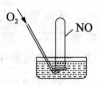

①试管中充满了溶液　②试管内气体是红棕色　③试管中气体呈无色
④试管内的溶液呈无色　⑤试管内溶液呈红色　⑥把试管提出水面后,看到试管口有红棕色气体　⑦模仿⑥的操作,但在试管口的气体呈无色

　　A. ①⑤　　　　　　B. ③④⑦　　　　　　C. ②⑤⑥　　　　　　D. ③⑤⑦

8. 同时符合以下实验条件所能制取的气体有(实验条件:①干燥;②使用药品不能带有结晶水;③加热;④使用排水法收集气体)(　　)。

　　A. CO_2　　　　　　B. Cl_2　　　　　　C. CH_4　　　　　　D. HCl

二、填空题

1. 在 H_2、O_2、NH_3、Cl_2、HCl、H_2S、SO_2、CO_2、NO、NO_2、CH_4、C_2H_4、C_2H_2 等气体中:

(1) 在实验室中可用启普发生器制取的气体是_____。

(2) 可用排水集气法收集的气体是_____。

(3) 不宜用排空气集气法收集的气体有_____。

(4) 可以用向上排空气集气法收集的气体有_____。

(5) 实验室制取上述气体时,制气装置:①可与制 O_2 装置相同的气体有_____;②可与制 Cl_2 装置相同的有_____;③可与制 CO_2 装置相同的有_____。

(6) 通常用硫酸和另一种物质反应来制取的有_____。

(7) 极易溶于水,可做"喷泉"实验的气体有_____。

(8) 有刺激性气味的气体是_____。

(9) 有颜色的气体是_____。

(10) 在空气中可以燃烧的有_____。

(11) 可用碱石灰干燥的气体是__①__;不能用浓硫酸干燥的气体是__②__。

(12) 常温下,两两相遇,反应后可生成固体物质,它们分别是__①__与__②__;__③__与__④__。

2. 某混合气体含有 H_2S、SO_2、CO_2、H_2、CO 中的 3 种。现进行以下实验。

供选用的试剂有:(A)浓硫酸　(B)氧化铁　(C)澄清石灰水　(D)硝酸钡溶液　(E)无水硫酸铜　(F)醋酸铅溶液　(G)氧化铜　(H)烧碱溶液　(I)胆矾

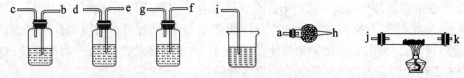

供选用的仪器见上图。

从上图中选出 5 种仪器并装入试剂,装配成一套完整的装置,让混合气体自左至右依次通过。观察到下列现象:①无色溶液有黑色沉淀;②无色溶液出现白色沉淀;③无色溶液中有气泡冒出;④黑色粉末变成红色;⑤白色粉末变蓝色,回答下列问题:

(1) 该混合气体中含_____。

(2) 自左到右各仪器导管连接的顺序依次是_____。

(3) 按图中顺序,所选仪器应盛装药品的序号为_____。

(4) 写出生成黑色沉淀和白色沉淀这两个反应的离子方程式。_____
_____

3. 在图 7-13 中,A 是简易的氢气发生器,B 是大小适宜的圆底烧瓶,C 是装有干燥剂的 U 形管,a 是旋转活塞,D 是装有还原铁粉的反应管,E 是装有酚酞试液的试管。

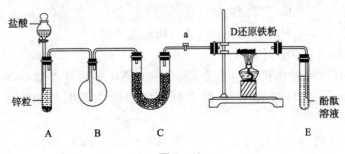

图 7-13

实验前先检查实验装置的气密性。实验开始时,先关闭活塞 a,并取下烧瓶 B;向 A 中加入一定量浓度适当的盐酸,产生氢气。经必要的"操作"[见问题(2)]后,在导管的出口处点燃氢气,然后如图所示套上烧瓶 B,塞紧瓶塞,氢气在烧瓶中继续燃烧。用酒精灯加热反应管 D 中的还原铁粉,待 B 中氢气的火焰熄灭后,打开活塞 a,气体通过反应管 D 进入试管 E 中,使酚酞试液呈红色。请回答下列问题:

(1) 实验前如何检查装置的气密性?_____。
(2) 点燃氢气前必须进行_____操作,进行该操作的方法是_____。
(3) 写出 B、D 中分别发生的化学反应方程式,B 中:_____ D 中:_____。
(4) C 中所盛干燥剂的名称是_____;该干燥剂的作用是_____。

4. 实验室制取硫化氢通常是以_____为原料,硫化氢有_____,是一种大气污染物。制取或使用硫化氢必须在_____中进行。

【参考答案】

一、1. D 2. C 3. B 4. D 5. C 6. A 7. D 8. C

二、1. (1) H_2、H_2S、CO_2 (2) H_2、O_2、NO、CH_4、C_2H_4、C_2H_2 (3) NO、C_2H_4 (4) O_2、Cl_2、HCl、H_2S、SO_2、CO_2、NO_2 (5) ①NH_3、CH_4;②HCl、NO;③H_2、H_2S、SO_2、NO_2、C_2H_2 (6) H_2、HCl、H_2S、SO_2、C_2H_4 (7) NH_3、HCl (8) NH_3、Cl_2、HCl、H_2S、SO_2、NO_2 (9) Cl_2、NO_2 (10) H_2、H_2S、CH_4、C_2H_4、C_2H_2 (11) ①H_2、O_2、NH_3、NO、CH_4、C_2H_4、C_2H_2;②NH_3、H_2S (12) ①NH_3;②HCl;③SO_2;④H_2S

2. (1) H_2S、CO_2、H_2 (2) bc,ed,fg,jk,ah (3) F、C、A、G、E
(4) $Pb^{2+} + H_2S == PbS\downarrow(黑) + 2H^+$,$Ca^{2+} + 2OH^- + CO_2 == CaCO_3\downarrow(白) + H_2O$

3. (1) 在 A 中放入少量水,使水面刚浸没漏斗颈下端,打开旋塞 a,在烧瓶 B 底部稍加热,若在 A 中漏斗颈内水面上升,且 E 中导管口有气泡逸出,表示气密性好,不漏气
(2) 检验 H_2 纯度,用排水法或向下排气法收集一小试管氢气,移近火焰,没有尖锐爆鸣声,表示氢气纯净
(3) B:$2H_2 + O_2 \xrightarrow{点燃} 2H_2O$;D:$N_2 + 3H_2 \xrightleftharpoons{Fe} 2NH_3$
(4) 碱石灰(CaO 或固体 NaOH 等);吸收气体中少量的水蒸气和盐酸酸雾

4. 硫化亚铁与稀硫酸(或稀盐酸);剧毒;密闭系统或通风橱

【难题解析】

1. NO 在空气中易与 O_2 反应生成 NO_2。

2. CO_3^{2-}、HCO_3^- 都能与稀 HCl 反应。Ba^{2+} 与 SO_4^{2-} 产生 $BaSO_4$ 沉淀,Ag^+ 与 Cl^- 也能产生 AgCl 沉淀。CO_3^{2-} 与 Ba^{2+} 或 Ca^{2+} 都能生成白色沉淀。只有 C 是正确的。

3. NO_2 可以采取与 CO_2、H_2S 相同的制气装置和集气装置。

4. Cl_2 和 HCl 都能与 NaOH 反应。

5. 通过浓 H_2SO_4 时,总体积基本不变,说明没有 NH_3。通过澄清石灰水不浑浊,说明没有 CO_2,总体积减小,说明有 HCl。燃烧产物不能使白色无水 $CuSO_4$ 粉末变色,说明没有 H_2。

6. 乙炔相对分子质量为26,与空气平均相对分子质量(29)相接近,不能用排空气法收集。制乙烯是乙醇与浓 H_2SO_4 混合后加热到170℃。H_2S 比空气重,不能用向下排空气法。

7. NO 与 O_2 反应生成 NO_2,NO_2 与水反应生成 NO 和 HNO_3,最终 NO 会全部转化为 HNO_3。剩余气体为 O_2。石蕊在酸性溶液中显红色。

8. 只有 CH_4 能用排水集气法收集,反应物在制取装置中要保持干燥和加热。

二、2. CO 也能和 CuO 反应,但不能生成水,即不能使无水 $CuSO_4$ 变蓝色。

第四节 物质的检验、分离与提纯

物质的检验包括鉴定、鉴别和推断。鉴定是根据一种物质的特性,用化学方法检验它是不是这种物质。鉴别是根据几种物质的不同特性区别它们各是什么物质。推断是根据已知实验步骤和现象,通过推理判断来确定被检验物质是什么物质。解题时,要将鉴定的步骤、发生的现象和推断的结论写出。

一、气体的检验

常见气体的特性及其检验方法列于表 7-4 中。

二、离子的检验

离子的检验可选用特效试剂(只与一种离子反应产生特殊现象),或用通用试剂(可与多种离子反应产生不同现象)来进行,并根据反应后产生的颜色、沉淀物或气体的特性来鉴别、鉴定和判断某种离子的存在。

常见阴、阳离子的检验方法列于表 7-6 中。

三、有机物的检验

有机物与无机物离子检验的不同点在于一般是确定官能团,因此,熟悉官能团的特性是正确进行有机物检验的前提。

几种有机物的检验方法列于表 7-7 中(甲烷、乙烯和乙炔的检验见表 7-4)。

表7-6 阳、阴离子的检验

离子	所用试剂	实验步骤	现象	离子方程式
H^+	紫色石蕊试剂或蓝色石蕊试纸	滴入几滴紫色石蕊试剂或将试液滴在蓝色石蕊试纸上	溶液变红或试纸变红	
K^+	焰色反应	用铂丝(或镍、铬丝)蘸试液在酒精灯无色火焰上灼烧	透过蓝色钴玻璃火焰呈紫色	
Na^+	焰色反应	用铂丝(或镍、铬丝)蘸试液在酒精灯无色火焰上灼烧	火焰呈黄色	
NH_4^+	浓碱液,红色石蕊试纸	试液加浓氢氧化钠溶液,加热,用湿润的红色石蕊试纸接触产生的气体	气体有氨臭味,红色石蕊试纸变蓝	$NH_4^+ + OH^- \xrightarrow{\triangle} NH_3\uparrow + H_2O$
Cu^{2+}	氢氧化钠溶液	试液加氢氧化钠溶液	有蓝色絮状沉淀生成,加热,沉淀变成黑色	$Cu^{2+} + 2OH^- =\!=\!= Cu(OH)_2\downarrow$ $Cu(OH)_2 \xrightarrow{\triangle} CuO + H_2O$
Fe^{3+}	1. 硫氰化钾溶液 2. 氢氧化钠溶液	1. 试液加硫氰化钾溶液 2. 试液加氢氧化钠溶液	1. 溶液呈血红色 2. 生成红褐色沉淀	$Fe^{3+} + 3SCN^- =\!=\!= Fe(SCN)_3$ $Fe^{3+} + 3OH^- =\!=\!= Fe(OH)_3\downarrow$
Al^{3+}	氢氧化钠溶液	向试液中逐滴加入氢氧化钠溶液	有白色沉淀生成,然后又逐渐消失	$Al^{3+} + 3OH^- =\!=\!= Al(OH)_3\downarrow$ $Al(OH)_3 + OH^- =\!=\!= AlO_2^- + 2H_2O$
OH^-	1. 酚酞 2. 石蕊	1. 向试液中滴入酚酞试剂 2. 向试液中滴入石蕊试剂或将试液滴在红色石蕊试纸上	1. 溶液呈红色 2. 溶液变蓝或试纸变蓝色	
1. Cl^- 2. Br^- 3. I^-	硝酸银溶液、硝酸	试液用稀硝酸酸化后,再滴入硝酸银溶液	1. 白色沉淀 2. 浅黄色沉淀 3. 黄色沉淀,都不溶于稀硝酸	$Ag^+ + Cl^- =\!=\!= AgCl\downarrow$ $Ag^+ + Br^- =\!=\!= AgBr\downarrow$ $Ag^+ + I^- =\!=\!= AgI\downarrow$
NO_3^-	浓硫酸、铜	待溶液浓缩后,加铜片和浓硫酸	溶液变成蓝色并有红棕色气体产生	$4H^+ + 2NO_3^- + Cu =\!=\!= Cu^{2+} + 2H_2O + 2NO_2\uparrow$
CO_3^{2-}	1. 稀盐酸 2. 澄清石灰水	试液加盐酸,将产生的气体通入澄清石灰水中,可以先用$CaCl_2$溶液检测是否是HCO_3^-	有无色气体生成,该气体使澄清石灰水变浑浊	$2H^+ + CO_3^{2-} =\!=\!= H_2O + CO_2\uparrow$ $Ca(OH)_2 + CO_2 =\!=\!= CaCO_3\downarrow + H_2O$
SO_4^{2-}	1. $BaCl_2$溶液 2. 盐酸	试液用盐酸酸化后,再滴入$BaCl_2$溶液	生成白色沉淀,不溶于盐酸(或稀硝酸)	$Ba^{2+} + SO_4^{2-} =\!=\!= BaSO_4\downarrow$
SO_3^{2-}	稀盐酸	试液中加入稀盐酸	有刺激性气味气体产生	$2H^+ + SO_3^{2-} =\!=\!= H_2O + SO_2\uparrow$
S^{2-}	1. 稀盐酸 2. 硝酸铅溶液	1. 试液中加入稀盐酸 2. 试液中加入硝酸铅溶液	1. 放出臭鸡蛋气味的气体 2. 生成黑色沉淀	$S^{2-} + 2H^+ =\!=\!= H_2S\uparrow$ $S^{2-} + Pb^{2+} =\!=\!= PbS\downarrow$

表 7-7 几种有机物的检验

名称	试剂	实验步骤	现象	离子方程式
乙醇	金属钠	将少量金属钠投入乙醇中	有气体(H_2)产生	$2C_2H_5OH + 2Na \longrightarrow 2C_2H_5ONa + H_2\uparrow$
乙醛	1. 银氨溶液 2. 新制的氢氧化铜悬浊液	1. 向银氨溶液中滴加几滴乙醛,水浴加热 2. 向新制 $Cu(OH)_2$ 中加少量乙醛,加热煮沸	1. 有银镜生成 2. 有红色沉淀生成	1. $CH_3CHO + 2Ag(NH_3)_2^+ + 2OH^- \xrightarrow{\Delta} CH_3COO^- + NH_4^+ + 3NH_3\uparrow + H_2O + 2Ag\downarrow$ 2. $CH_3CHO + 2Cu(OH)_2 \xrightarrow{\Delta} CH_3COOH + Cu_2O\downarrow + 2H_2O$
苯酚	1. $FeCl_3$ 溶液 2. 溴水	1. 向苯酚溶液中滴加几滴 $FeCl_3$ 溶液 2. 向苯酚溶液中滴加溴水	1. 溶液变成紫色 2. 有白色沉淀生成	1. 略 2. 苯酚 + $3Br_2 \rightarrow$ 2,4,6-三溴苯酚 $\downarrow$ + $3HBr$
葡萄糖	1. 银氨溶液 2. 新制氢氧化铜	1. 向银氨溶液中加入等量 10% 葡萄糖溶液,水浴加热 2. 向新制 $Cu(OH)_2$ 中加入等量 10% 葡萄糖,加热	1. 有银镜生成 2. 有红色沉淀产生	1. $CH_2OH-(CHOH)_4-CHO + 2Ag(NH_3)_2^+ + 2OH^- \xrightarrow{\Delta} CH_2OH-(CHOH)_4-COO^- + NH_4^+ + 2Ag\downarrow + H_2O + 3NH_3$ 2. $CH_2OH-(CHOH)_4-CHO + 2Cu(OH)_2 \xrightarrow{\Delta} Cu_2O\downarrow + CH_2OH-(CHOH)_4-COOH + 2H_2O$
淀粉	碘水	向淀粉溶液中加少量碘水,振荡	变蓝色。加热蓝色会褪去,冷却后蓝色复现	略
蛋白质	浓 HNO_3	向蛋白质溶液中加几滴浓 HNO_3 微热	蛋白质凝固,受热呈黄色	略

习题 7-4

一、选择题

1. 实验室制取 CO_2 中常混有少许的水蒸气、HCl、H_2S 等杂质,把此混合气体按以下各组中排列的顺序通过 3 种试剂,其中能得到纯净、干燥的 CO_2 的最佳方法是(　　)。

　A. 硫酸铜溶液、碳酸氢钠饱和溶液、浓硫酸
　B. 硫酸铜溶液、浓硫酸、碳酸氢钠饱和溶液
　C. 浓硫酸、硫酸铜溶液、碳酸氢钠饱和溶液
　D. 碳酸氢钠饱和溶液、硫酸铜溶液、浓硫酸

2. 检验下列各物质在存放过程中是否发生氧化而变质,选用的试剂(在括号中的物质)正确的是(　　)。

　A. KI 溶液($NH_3 \cdot H_2O$)　　　　　　　　B. C_6H_5OH 溶液($FeCl_3$ 溶液)
　C. Na_2SO_3 溶液(酸性 $BaCl_2$ 溶液)　　　D. $FeSO_4$ 溶液(KSCN 溶液)

3. 在允许加热的条件下,可用一种试剂就可以鉴别的物质组有(　　)。
   A. NH_4Cl、Na_2SO_4、NH_4HCO_3、$AlCl_3$
   B. C_2H_6、C_2H_2、C_2H_4、$C_6H_5—CH_3$
   C. $HCOOH$、CH_3CHO、CH_3COOCH_3、C_2H_5OH
   D. CH_3COOH、CCl_4、CH_3COOCH_3

4. 下列物质中能使淀粉溶液变蓝的是(　　)。
   A. 通入 NO_2 的 KI 溶液
   B. 通入 Cl_2 的 KI 溶液
   C. KBr 和 KI 的混合溶液
   D. Br_2 水用苯萃取后的溶液

5. 只用一种试剂就可区分硝酸铵溶液、氯化钠溶液、硫酸钠溶液、硫酸铵溶液,该试剂是(　　)。
   A. NaOH
   B. $Ba(OH)_2$
   C. $AgNO_3$
   D. HCl

6. 在允许加热的条件下,只用一种试剂就可以鉴别 $(NH_4)_2SO_4$、KCl、$MgCl_2$、$Al_2(SO_4)_3$ 和 $Fe_2(SO_4)_3$ 溶液,这种试剂是(　　)。
   A. NaOH
   B. $NH_3·H_2O$
   C. $AgNO_3$
   D. $BaCl_2$

7. 现有 $MgCl_2$、$AlCl_3$、$CuCl_2$、$FeCl_3$、NH_4Cl 五种溶液,只用一种试剂把它们区分开,该试剂是(　　)。
   A. 氨水
   B. NaOH 溶液
   C. $AgNO_3$ 溶液
   D. $BaCl_2$ 溶液

8. 区别 SO_2、H_2S、CO_2 三种气体的试剂是(　　)。
   A. 品红溶液
   B. 澄清石灰水
   C. 硫酸铜溶液
   D. 溴水

9. 在实验室中有下列四组试剂,某同学欲分离含有 KCl、$FeCl_3$ 和 $BaSO_4$ 的混合物,应选用的试剂组合是(　　)。
   A. 水、硝酸银溶液、稀硝酸
   B. 水、氢氧化钾溶液、硫酸
   C. 水、氢氧化钠溶液、稀盐酸
   D. 水、氢氧化钾溶液、盐酸

10. 为了除去粗盐中的 Ca^{2+}、Mg^{2+}、SO_4^{2-} 及泥沙,可将粗盐溶于水,然后进行下列五项操作:①过滤;②加过量 NaOH 溶液;③加适量盐酸;④加过量 Na_2CO_3 溶液;⑤加过量 $BaCl_2$ 溶液。正确的操作顺序是(　　)。
    A. ①④②⑤③
    B. ④①②⑤③
    C. ②⑤④①③
    D. ④⑤②①③

11. 可以区别苯酚、乙醇、氢氧化钠、硝酸银、硫氰化钾五种溶液的一种试剂是(　　)。
    A. 溴水
    B. 新制 $Cu(OH)_2$
    C. $FeCl_3$ 溶液
    D. 金属钠

12. 除去食盐水中含有的少量 Ca^{2+}、SO_4^{2-},而又不引入新的杂质离子,应依次加入(　　)。
    A. 氯化钡溶液、碳酸钠溶液
    B. 碳酸钠溶液、氯化钡溶液
    C. 硝酸钡溶液、碳酸钠溶液、盐酸
    D. 氯化钡溶液、碳酸钠溶液、盐酸

13. 对下列未知盐的稀溶液所含离子的检验中,做出的判断一定正确的是(　　)。
    A. 当加入氯化钡溶液时不产生沉淀,重新加入硝酸银溶液时,有不溶于稀硝酸的白色沉淀生成,可判定含有 Cl^-
    B. 加入硝酸钡溶液有白色沉淀生成,再加稀盐酸酸化沉淀不消失,可判定含有 SO_4^{2-}
    C. 加入 NaOH 溶液,有白色沉淀产生,可判定含有 Mg^{2+}
    D. 加入盐酸后有无色气体逸出,此气体能使澄清石灰水变浑浊,可判定含有 CO_3^{2-}

14. 下列除去杂质的方法错误的是(　　)。
    A. H_2 中含有少量 H_2S,通过 NaOH 溶液除去
    B. CH_4 中含有少量 CO_2,通过 $Ca(OH)_2$ 溶液除去
    C. CO_2 中含有少量 SO_2,通过饱和 $NaHCO_3$ 除去

D. Cl_2 中含有少量 HCl,通过 NaOH 溶液除去

15. 为除去杂质硫酸铁和硫酸铜,以提纯硫酸亚铁溶液,可加入( )。
  A. 锌粉　　　　　B. 镁粉　　　　　C. 铁粉　　　　　D. 铝粉

16. 下列除去杂质的方法能达到目的的是( )。
  ①除去乙醇中的少量水,加入无水硫酸铜;②用渗析法除去蔗糖浓溶液中的食盐;③通过灼热的氧化铜除去氮气中含有的 H_2,得到纯净 N_2;④用加热方法除去纯碱中混有的小苏打;⑤用酒精将碘从碘水中萃取出来,然后分液;⑥通过品红溶液可除去 CO_2 中的 SO_2
  A. ①②④　　　　B. 都正确　　　　C. ③⑤⑥　　　　D. 仅④

二、填空题

1. 为证明 CO_2 的组成中含有碳元素,可用金属_____与 CO_2 反应,现象是_____,反应的化学方程式是_____。

2. 下列各组物质鉴别时都只限定使用一种试剂,试将每一组物质鉴别时所选用的一种试剂名称填写在空白处:
  (1) $Ba(NO_3)_2$、KCl、$Al_2(SO_4)_3$ 和 CH_3COOH 四瓶无色溶液,所用试剂是_____;
  (2) NaOH、K_2CO_3、$Ba(NO_3)_2$、氨水和 KCl 五种无色溶液,所用试剂是_____;
  (3) K_2SO_4、NH_4Cl、KCl 和 $(NH_4)_2SO_4$ 四种无色溶液,所用试剂是_____;
  (4) CuO、MnO_2、Fe、FeS 和炭粉五种黑色粉末,所用试剂是_____;
  (5) KCl、NH_4Cl、$ZnCl_2$、$FeCl_2$、$MgCl_2$ 和 $AgNO_3$ 六种无色溶液,所用试剂是_____;
  (6) C_6H_5OH、KI 淀粉溶液、$AgNO_3$、KOH 和 NH_4SCN 五种无色溶液,所用试剂是_____;
  (7) $C_6H_5—CH_3$、CCl_4、KI、$CH_2=CHCOOH$、C_6H_5OH 五种无色液体,所用试剂是_____;
  (8) 葡萄糖、甲酸、乙酸、乙醛四种无色溶液,所用试剂是_____;
  (9) KOH、HNO_3、$BaCl_2$ 和 KNO_3 四种无色溶液,所用试剂是_____;
  (10) KNO_3、KOH、$Ba(NO_3)_2$、Na_2S 和氨水五种无色溶液,所用试剂是_____。

3. 欲除去下列物质中的杂质,将试剂或操作方法填在横线上:
  (1) CO 中混有 CO_2 _____;(2) CO_2 中混有 CO _____;(3) CO_2 中混有 HCl _____;
  (4) N_2 中混有 O_2 _____;(5) CO_2 中混有 H_2S _____;(6) Cl_2 中混有 HCl _____;
  (7) MnO_2 中混有 C _____;(8) NaOH 中混有 Na_2CO_3 _____;(9) NaCl 中混有 Na_2CO_3 _____;
  (10) KCl 中混有 KBr _____;(11) $FeCl_2$ 中混有 $FeCl_3$ _____;(12) $FeCl_3$ 中混有 $FeCl_2$ _____;
  (13) 苯中混有苯酚 _____;(14) 乙酸乙酯中混有乙酸 _____。

【参考答案】

一、1. A　2. C,D　3. A,D　4. A,B　5. B　6. A　7. B　8. D　9. D　10. C　11. C　12. D　13. A　14. D　15. C　16. D

二、1. Mg,Mg 条在 CO_2 中燃烧,生成白色的 MgO 粉末,并游离出黑色的碳颗粒,$2Mg + CO_2 \xrightarrow{\text{点燃}} 2MgO + C$

2. (1) Na_2CO_3 或 K_2CO_3　(2) $Al_2(SO_4)_3$　(3) $Ba(OH)_2$　(4) 浓盐酸　(5) NaOH　(6) $FeCl_3$　(7) 溴水　(8) 新制的 $Cu(OH)_2$　(9) $(NH_4)_2CO_3$　(10) $CuSO_4$

3. (1) 石灰水　(2) 通过灼热的 CuO(不能用点燃方法)　(3) $NaHCO_3$ 饱和溶液　(4) 通

过灼热的铜丝　(5) $CuSO_4$ 溶液　(6) 饱和食盐水　(7) 灼烧　(8) $Ba(OH)_2$　(9) 加 HCl　(10) 通入 Cl_2　(11) Fe 粉、过滤　(12) 通入 Cl_2　(13) NaOH 溶液分液　(14) 饱和 Na_2CO_3 溶液

【难题解析】

一、1. 硫酸铜溶液放在前面吸收 H_2S,即使有没除尽的 H_2S,在通过 $NaHCO_3$ 饱和液时也能被中和掉。

2. $BaSO_3$ 沉淀溶于酸,如果有 $BaSO_4$ 沉淀,则不溶于酸,说明 Na_2SO_3 被氧化了。Fe^{2+} 与 SCN^- 反应无现象,但 Fe^{3+} 与 SCN^- 反应生成血红色溶液。

3. A 中 NH_4Cl 和 $AlCl_3$ 水解显酸性,分别取固体加热,NH_4Cl 和 NH_4HCO_3 有气体产生。D 中 CH_3COOH 溶于水,CCl_4 不溶于水(在水下层),$CH_3COOC_2H_5$ 不溶于水(在水上层)。

4. 单质 I_2 遇淀粉变蓝。KI 能被 NO_2 和 Cl_2 氧化成 I_2。

5. NH_4NO_3 和 $(NH_4)_2SO_4$ 溶液与碱反应,都生成 NH_3；而 Na_2SO_4 和 $(NH_4)_2SO_4$ 与 Ba^{2+} 反应,都生成 $BaSO_4$ 沉淀。

6. $(NH_4)_2SO_4$ 与 NaOH 反应,有 NH_3 放出；$MgCl_2$ 和 $Al_2(SO_4)_3$ 与 NaOH 反应,有白色沉淀产生,加过量 NaOH,$Al_2(SO_4)_3$ 产生的沉淀消失；$Fe_2(SO_4)_3$ 与 NaOH 反应,有棕褐色 $Fe(OH)_3$ 沉淀产生。

7. 加 NaOH,有 $Mg(OH)_2$ 沉淀、$Al(OH)_3$ 沉淀(溶在过量 NaOH 中)、$Cu(OH)_2$ 蓝色沉淀、$Fe(OH)_2$ 白色沉淀,而 Fe^{2+} 为绿色；NH_4Cl 与 NaOH 反应有 NH_3 放出。

8. 溴水与 SO_2 和 H_2S 都反应且褪色,但 H_2S 与溴水反应有 S 析出。

9. 选用试剂最好不要带入其他离子,所以 D 合适。

10. 最后用盐酸中和过滤,加 Na_2CO_3 要晚于加 $BaCl_2$,以除去多余的 Ba^{2+},至于 NaOH 和 $BaCl_2$ 先后都可以。综上所述,只有 C 符合要求。

11. $FeCl_3$ 遇苯酚显色(不同的酚反应颜色不同),和 NaOH 反应生成棕褐色沉淀,和 $AgNO_3$ 反应有白色沉淀,和 KSCN 反应生成血红色溶液。

12. 解题思路同第 10 题。

13. 本题中"重新加入 $AgNO_3$ 溶液",应理解为"重新取未知盐溶液加入 $AgNO_3$ 溶液"。Ag_2SO_4 微溶于水,加盐酸生成 AgCl 沉淀,容易造成错觉。Mg^{2+}、Al^{3+} 等都能和 NaOH 反应。CO_3^{2-}、HCO_3^- 都能和 HCl 反应生成 CO_2。

14. Cl_2 和 HCl 都与 NaOH 发生反应。

15. 铁粉能使 Fe^{3+} 还原为 Fe^{2+},也能将 Cu^{2+} 置换为单质铜。

16. 硫酸铜微溶于乙醇。不能用渗析法将蔗糖和食盐分开。灼热的氧化铜与 H_2 反应得到 H_2O 蒸气。酒精和水互溶,不能进行萃取。SO_2 与品红结合不牢固,容易分开。只有④符合题意。

二、2. (1) 可溶性碳酸盐与 $Ba(NO_3)_2$ 反应有白色沉淀生成,与 $Al_2(SO_4)_3$ 反应有白色沉淀和气体生成,与 CH_3COOH 反应有气体生成。

(2) 硫酸铝与 NaOH 反应先生成白色沉淀,加过量 NaOH 沉淀溶解；与 K_2CO_3 反应生成白色沉淀和气体；与 $Ba(NO_3)_2$ 反应生成白色沉淀,与氨水反应有白色沉淀生成,加 NaOH(题目中的试剂)沉淀消失。

(3) $Ba(OH)_2$ 与 K_2SO_4 和 $(NH_4)_2SO_4$ 反应都有白色沉淀生成,后者还有 NH_3 产生;与 NH_4Cl 反应有 NH_3 产生。

(4)浓 HCl 与 CuO 反应生成蓝色溶液;与 MnO_2 反应(加热)有 Cl_2 生成;与 Fe 反应有绿色溶液和气体生成;与 FeS 反应有臭味气体生成。

(5)$NaOH$ 与 NH_4Cl 反应有 NH_3 生成;与 $ZnCl_2$ 反应有白色沉淀生成,该沉淀溶于过量 $NaOH$;与 $FeCl_2$ 反应先生成白色沉淀,后沉淀变为红褐色;与 $MgCl_2$ 反应生成白色沉淀,该沉淀不溶于 $NaOH$;与 $AgNO_3$ 反应,先生成白色 $AgOH$,后生成棕褐色 Ag_2O。

(6)$FeCl_3$ 与苯酚反应显色;与 KI 淀粉溶液反应,有蓝色生成(Fe^{3+} 氧化 I^- 为 I_2,I_2 遇淀粉变蓝);与 $AgNO_3$ 反应有白色沉淀生成;与 KOH 反应有 $Fe(OH)_3$ 褐色沉淀生成;与 NH_4SCN 反应生成血红色溶液。

(7)$C_6H_5-CH_3$ 和 CCl_4 不溶于溴水,$C_6H_5-CH_3$ 在溴水上层,CCl_4 在溴水下层;溴水与苯酚反应显色;溴水与 KI 反应,溴水褪色且有 I_2 沉淀;溴水与 $CH_2=CHCOOH$ 反应,溴水褪色。

(8)新制 $Cu(OH)_2$ 与葡萄糖先生成深蓝色溶液,加热有砖红色沉淀生成;与甲酸先生成蓝色溶液,加热有砖红色沉淀生成;与乙酸生成蓝色溶液;与乙醛加热、有砖红色沉淀生成。

(9)$(NH_4)_2CO_3$ 与 KOH 反应,有 NH_3 放出;与 HNO_3 反应有 CO_2 放出;与 $BaCl_2$ 反应有白色沉淀生成。

(10)$CuSO_4$ 与 KOH 反应有 $Cu(OH)_2$ 蓝色沉淀;与 $Ba(NO_3)_2$ 反应有白色沉淀生成;与 Na_2S 反应有黑色沉淀生成。

典型例题

例题 1 下列试剂中,应盛放在无色磨口玻璃塞的细口瓶中的是_____;应盛放在棕色带磨口的细口瓶中的是_____;应盛放在橡胶塞的细口瓶的是_____。

A. 金属钠 B. 浓硝酸 C. 浓盐酸 D. 氢氧化钠溶液

【分析】 A 选项是错误的。实验室的试剂瓶有细口、广口之分。广口瓶一般盛放固体试剂,瓶口大比较方便固体试剂的取用。细口瓶一般用来盛放液体试剂,瓶口小比较方便液体试剂的倾倒。

【答案】 C;B;D

例题 2 实验室里需用 480mL 0.1mol/L 的硫酸铜溶液,现选取 500mL 容量瓶进行配制,以下操作正确的是(   )。

A. 称取 7.68g 硫酸铜,加入 500mL 水   B. 称取 12.0g 胆矾配成 500mL 溶液
C. 称取 8.0g 硫酸铜,加入 500mL 水   D. 称取 12.5g 胆矾配成 500mL 溶液

【分析】 由于容量瓶容量为500mL,且容量瓶只有一个刻度(标线),因此只能用该仪器配制 500mL 的溶液;配制溶液时,所得的体积应该是溶液的体积,而不是加入水的体积。要配制 500mL 0.1mol/L 的 $CuSO_4$ 溶液需 $CuSO_4$ 0.05mol,$CuSO_4$ 质量为8g;胆矾:$0.05mol \times 250g/mol = 12.5g$。所需溶液为 500mL,而不是加水的体积为 500mL,故 A、B、C 都不对。

【答案】 D

例题 3 某无色溶液可能由 Na_2CO_3、$MgCl_2$、$NaHCO_3$、$BaCl_2$ 中的一种或几种混合而成。该溶液加入 NaOH 溶液出现白色沉淀;若加入稀硫酸也出现白色沉淀,并放出气体。据此分析,下

述判断正确的是(　　)。

①肯定有 $BaCl_2$　②肯定有 $MgCl_2$　③肯定有 $NaHCO_3$　④肯定有 $NaHCO_3$ 或 Na_2CO_3　⑤肯定没有 $MgCl_2$

A. ①②③　　　　B. ①③　　　　C. ②④　　　　D. ①③⑤

【分析】　该选项中②不正确。因为向溶液中加 NaOH 溶液时,若溶液中含 Mg^{2+},因生成 $Mg(OH)_2$,产生白色沉淀。同时若溶液中含 HCO_3^-,也会与 OH^- 反应生成 CO_3^{2-},若同时溶液中有 Ba^{2+},则由于生成 $BaCO_3$,也产生白色沉淀。因此从第一步操作中不能得出必含 $MgCl_2$ 的结论,操作二中因加入稀硫酸产生白色沉淀,因此必含 $BaCl_2$ 不含 Na_2CO_3(因二者不能共存)。此时放出气体必是因 HCO_3^- 存在的原因。

【答案】　B

例题 4　下图是实验室制取干燥、纯净氯气的装置图,指出该装置中的错误,并加以改正。

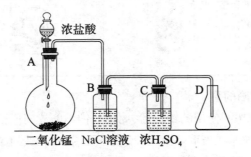

【答案】　A 装置缺铁架台、铁夹、铁圈、石棉网和酒精灯;B、C 两洗气瓶导入管与导出管连接颠倒,导入管应在液面之下,导出管应在液面之上;D 瓶中的导气管应插到瓶的下部,同时瓶口应加双孔胶塞再连接一个导出管,将尾气导入另一个盛有 NaOH 溶液的锥形瓶或烧杯中使尾气充分吸收,避免空气被污染。

例题 5　某混合气体可能含有 H_2、CO、CO_2、HCl、NH_3 和水蒸气中的两种或多种,当混合气体依次通过:(1)澄清石灰水(无浑浊现象);(2)$Ba(OH)_2$ 溶液(出现白色沉淀);(3)浓硫酸(无明显变化);(4)灼热的氧化铜(变红);(5)无水硫酸铜(变蓝)。则可以判断混合气体中(　　)。

A. 一定没有 CO_2,肯定有 H_2
B. 一定有 H_2、CO_2 和 HCl
C. 一定有 CO、CO_2 和水蒸气
D. 可能有 CO_2、NH_3 和水蒸气

【分析】　必须抓住现象:气体通入"澄清石灰水(无浑浊现象)",原因有两种:(1)混合气体中无二氧化碳;(2)混合气体中有二氧化碳,同时也有 HCl,在这样的条件下,由于石灰水优先和 HCl 反应,也观察不到沉淀。气体通入"$Ba(OH)_2$ 溶液(出现白色沉淀)",这里的沉淀一定是碳酸钡,因此混合气体中一定有二氧化碳,同样地也证明混合气体中一定有 HCl,并溶解在澄清石灰水中。气体通入"浓硫酸(无明显变化)",并不能说明混合气体中是否含有水蒸气,但可以说明通过该装置后出来的气体中一定没有水蒸气,为后面的推断奠定基础。气体通入"灼热的氧化铜(变红)",说明混合气体中有 H_2,发生氧化还原反应。气体通入"无水硫酸铜(变蓝)",证明前面推断是正确的。综观推断过程,不能确定是否有 CO、水蒸气。

【答案】　B

强化训练

一、选择题

1. 对于易燃、易爆、有毒的化学物质，往往会在其包装上贴以下危险警告标签。下面所列物质中，贴错了标签的是_____。

	A	B	C	D
物质的化学式	浓 HNO_3	CCl_4	KCN	$KClO_3$
危险警告标签	腐蚀性	易燃的	有毒的	爆炸性

2. 下列实验叙述不正确的是_____。
  A. 从试剂瓶中取出并切下使用的钠块后，剩余的钠不能放回原试剂瓶
  B. 过滤时，将烧杯尖嘴靠在玻璃棒上，将玻璃棒下端靠在三层滤纸上
  C. 蒸馏时，冷凝水应从冷凝管下端口进，上端口出
  D. 实验室制取乙酸乙酯时，导气管出口端不能插入到饱和 Na_2CO_3 溶液液面以下

3. 下列保存试剂的方法中，正确的是_____。
  A. 白磷保存在酒精中   B. 金属钠保存在煤油中
  C. 用密封的玻璃瓶保存氢氟酸   D. 用密封的透明玻璃瓶保存浓硝酸

4. 不能用于做"喷泉实验"的气体是_____。
  A. NH_3 B. HCl 气体   C. N_2 D. SO_2

5. 下图分别表示四种操作，其中有两处错误的是_____。

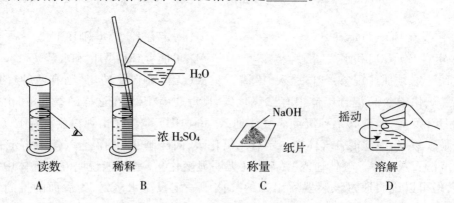

读数　　稀释　　称量　　溶解
 A   B   C   D

6. 现有三组溶液：①含有水分的植物油中除去水分；②回收碘的 CCl_4 溶液中的 CCl_4；③用食用酒精浸泡中草药提取其中的有效成分。分离以上各混合液的正确方法依次是_____。
  A. 分液、萃取、蒸馏   B. 萃取、蒸馏、分液

C. 分液、蒸馏、萃取　　　　　　　D. 蒸馏、萃取、分液

7. 要使含有盐酸的氯化钡溶液中和至中性,在不用指示剂的条件下,最好加入的物质是_____。

　　A. 氨水　　　　B. 纯碱　　　　C. 碳酸钡　　　　D. 氢氧化钡

8. 将氯化钠、三氯化铝、氯化亚铁、氯化铁四种溶液,通过一步实验就能加以区别,这种试剂是_____。

　　A. KSCN　　　　B. $BaCl_2$　　　　C. NaOH　　　　D. HCl

9. 实验室用质量分数为98%、密度为$1.84g/cm^3$的浓硫酸配制100g 10%的H_2SO_4溶液。配制过程中需要用到的仪器有_____。

　　①托盘天平　②10mL量筒　③100mL量筒　④烧杯　⑤玻璃棒　⑥100mL容量瓶　⑦胶头滴管

　　A. ②③④⑤⑦　　B. ②④⑤⑥⑦　　C. ①④⑤⑥⑦　　D. ②③④⑤⑥⑦

10. 一定量的质量分数为14%的KOH溶液,若蒸发掉100g水后,其质量分数为28%,体积为125mL,且蒸发过程中无晶体析出,则浓缩后的KOH溶液的物质的量浓度为_____。

　　A. 2.2mol/L　　B. 4mol/L　　C. 5mol/L　　D. 6.25mol/L

11. 下列实验操作不需要加热装置的是_____。

　　A. 重结晶　　B. 酸碱中和滴定　　C. 实验室制备氧气　　D. 常压蒸馏

12. 区别二氧化硫和二氧化碳气体的最佳方法是_____。

　　A. 通入澄清石灰水　　　　　　　B. 用湿润的蓝色石蕊试纸

　　C. 用品红溶液　　　　　　　　　D. 根据有无毒性

13. 下列措施不合理的是_____。

　　A. 用SO_2漂白纸浆和草帽辫

　　B. 用硫酸清洗锅炉中的水垢

　　C. 高温下用焦炭还原SiO_2制取粗硅

　　D. 用Na_2S作沉淀剂,除去废水中Cu^{2+}和Hg^{2+}

14. 以下实验装置一般不用于分离物质的是_____。

15. 下列实验方法合理的是_____。

　　A. 可用水鉴别己烷、四氯化碳、乙醇三种无色液体

　　B. 油脂皂化后可用渗析的方法使高级脂肪酸钠和甘油充分分离

　　C. 可用澄清石灰水鉴别Na_2CO_3溶液和$NaHCO_3$溶液

　　D. 为准确测定盐酸与NaOH溶液反应的中和热,所用酸和碱的物质的量相等

16. 实验室可用于检测Fe^{3+}的试剂是_____。

　　A. 稀HCl　　B. 稀H_2SO_4　　C. 稀NaOH　　D. 稀HNO_3

二、填空题

1. 已知某白色粉末只有 K_2SO_4、NH_4HCO_3、KCl、NH_4Cl、$CuSO_4$ 五种物质中的两种，为检验该白色粉末的成分，请完成下列实验：

实验一：取适量该白色粉末于烧杯中，加蒸馏水溶解，得到无色透明溶液 A。将溶液 A 分成两份，分别装于两支试管中，向其中一支试管里滴加稀硝酸，有无色气泡产生。由此判断，该白色粉末中肯定含有_____，肯定不含有_____。

实验二：

待检验物质	实验操作	预期现象和结论
K_2SO_4	向盛有溶液 A 的另一支试管中滴加_____溶液	_____

实验三：

实验前提	实验操作	预期现象和结论
若白色粉末中不含 K_2SO_4	取少量原固体混合物于试管中，用酒精灯充分加热	如果试管底部有固体残留，则混合物中含有_____；如果试管底部无固体残留，则混合物中含有_____

2. V mL $Al_2(SO_4)_3$ 溶液中含有 Al^{3+} m g，取 $V/4$ mL 溶液稀释到 $4V$ mL，则稀释后溶液 SO_4^{2-} 的物质的量浓度是_____ mol/L。

3. 有五瓶失去标签的溶液，它们分别是①$Ba(NO_3)_2$；②KCl；③$NaOH$；④$CuSO_4$；⑤Na_2SO_4，如果不用其他任何试剂，用最简单的方法将它们一一鉴别开来，最合理的鉴别顺序是_____（只填序号）。

4. 下图中，A、B、C 是气体发生装置，D、E、F 是气体收集装置。试回答：

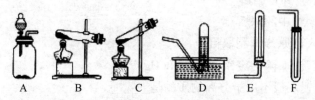

（1）甲同学要制取 NH_3，应将_____和_____（填装置的字母代号，下同）两装置相连。制取 NH_3 的化学方程式为_____；

（2）乙同学用 H_2O_2 与 MnO_2 混合制 O_2，应将_____和_____两装置相连，其化学方程式为_____；

（3）丙同学用 Fe 粉与稀 H_2SO_4 混合制 H_2，应将_____和_____两装置相连，其化学方程式为_____；

（4）在 E 和 F 装置中，收集气体的玻璃导管一定要伸到距集气管底部约 0.5cm 的位置，是_____。

5. 为检验浓硫酸与木炭在加热条件下反应产生 SO_2 和 CO_2 气体，设计了如下图所示实验装置，a、b、c 为止水夹，B 是用于储气的气囊，D 中放有用 I_2 和淀粉的蓝色溶液浸湿的脱脂棉。

请回答下列问题：

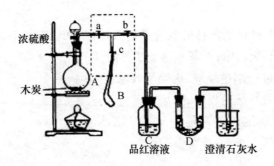

(1)该实验涉及到的化学反应方程式有:

①_____;

②_____。

(2)因该实验过程中会有气体产生,故在实验开始前一定要进行_____检查。

(3)此实验成败的关键在于控制反应产生气体的速率不能过快,由此设计了虚框部分的装置,以下①②③是具体操作步骤,则正确的操作顺序是_____(用操作编号填写)。

①向A装置中加入浓硫酸,加热,使A中产生的气体进入气囊B,当气囊中充入一定量气体时,停止加热;

②待装置A冷却,且气囊B的体积不再变化后,关闭止水夹a,打开止水夹b,慢慢挤压气囊,使气囊B中气体慢慢进入装置C中,待达到实验目的后,关闭止水夹b;

③打开止水夹a和c,关闭止水夹b。

(4)实验时,装置C中的现象为_____。

(5)当D中产生_____(多选不得分,A. 进气口一端脱脂棉蓝色变浅,出气口一端脱脂棉蓝色不变;B. 脱脂棉上蓝色均变浅;C. 脱脂棉上蓝色褪去)现象时,可以说明使E中澄清石灰水变浑的是CO_2,而不是SO_2;装置D的作用为_____。

6. 实验室能用排水集气法收集的常见气体有_____。

7. (1) 如右图所示,将氯气依次通过盛有干燥有色布条的广口瓶A和盛有湿润有色布条的广口瓶B,可观察到褪色现象的是_____。(以广口瓶代号A或B填空)

(2)为防止氯气尾气污染空气,可用_____溶液吸收多余的氯气。

8. 已知A、B、C、D分别是$AlCl_3$、$BaCl_2$、$FeSO_4$、$NaOH$ 四种化合物中的一种,它们的水溶液之间的一些反应现象如下:

(1) A+B→白色沉淀,加入稀硝酸,沉淀不溶解。

(2) B+D→白色沉淀,在空气中放置,白色沉淀逐渐转化为红褐色。

(3) C+D→白色沉淀,继续加入D溶液,白色沉淀逐渐消失。

试推断A是_____;B是_____;C是_____;D是_____。C+D→白色沉淀后,溶解于D溶液中的化学反应方程式为_____。

9. 有A和B两种无色透明溶液,进行下列操作:

(1)分别向盛有这两种透明液体的试管里滴加$AgNO_3$溶液,A和B溶液均很快出现白色沉淀。

(2)分别向盛有这两种透明液体的试管里滴加Na_2SO_4溶液,A溶液很快出现白色沉淀,B

溶液无明显变化。

（3）分别向盛有这两种透明液体的试管里通入适量 HCl 气体，B 溶液很快有气体产生，将产生的气体通入澄清的石灰水中，石灰水马上变浑浊。

（4）取少许 A 溶液进行焰色反应，火焰呈黄绿色。

（5）取少许 B 溶液进行焰色反应，火焰呈黄色。

根据以上实验，可以确定 A 溶液是_____；B 溶液是_____。

【强化训练参考答案】

一、选择题

1. B 2. A 3. B 4. C 5. B 6. C 7. C 8. C 9. A 10. B 11. B 12. C 13. B 14. C 15. A 16. C

二、填空题

1. 实验一：NH_4HCO_3；$CuSO_4$

实验二：$BaCl_2$；若出现白色沉淀，则含有 K_2SO_4

实验三：NH_4HCO_3 和 KCl；NH_4HCO_3 和 NH_4Cl

2. $125m/36V$

3. ④③①⑤②或④①③⑤②

4. （1）B；E；$2NH_4Cl + Ca(OH)_2 \xrightarrow{\text{加热}} 2NH_3\uparrow + 2H_2O + CaCl_2$

（2）C；D；$MnO_2 + H_2O_2 \xrightarrow{\text{加热}} Mn(OH)_2 + O_2\uparrow$

（3）A；D；$Fe + H_2SO_4 =\!=\!= FeSO_4 + H_2\uparrow$

（4）使收集的气体更加纯净

5. （1）$C + 2H_2SO_4(浓) =\!=\!= CO_2\uparrow + 2SO_2\uparrow + 2H_2O$；

$CO_2 + Ca(OH)_2 =\!=\!= CaCO_3\downarrow + H_2O$

（2）气密性

（3）③①②

（4）品红溶液褪色

（5）A；除去 SO_2 并检验 SO_2 已被除净

6. O_2、N_2 和 H_2

7. （1）B （2）稀 NaOH

8. $BaCl_2$；$FeSO_4$；$AlCl_3$；NaOH；$AlCl_3 + 4NaOH =\!=\!= NaAlO_2 + 3NaCl + 2H_2O$

9. $BaCl_2$；Na_2CO_3

【难题解析】

一、1. CCl_4 不能燃烧。

2. 剩余的金属钠要放回原储存的试剂瓶中。

3. 白磷保存在水中；氢氟酸保存在塑料瓶中，不能放在玻璃瓶中（与 SiO_2 反应）；浓 HNO_3 见光易分解，应存放在棕色瓶中，不能密封。

4. "喷泉实验"的原理是气体溶于水产生的负压,所以 N_2 不能用。

5. 量筒读数视线应该在水平位置。稀释浓 H_2SO_4 应该在搅拌下将浓 H_2SO_4 慢慢倒入烧杯中的水中,量筒不能用作有热效应反应的溶液稀释。NaOH 有腐蚀性,不能用纸片盛放。溶解时用玻璃棒搅拌。

6. 两种互不相溶的液体用分液漏斗分离。挥发性溶剂与不挥发溶质分离用蒸馏方法。萃取是利用溶质在两个互不相溶的溶剂中溶解度不同进行浓缩提取的过程。

7. 加 $BaCO_3$ 至无沉淀溶解为止。

8. 加 NaOH,$Al(OH)_3$ 溶于过量 NaOH 中;$Fe(OH)_2$ 为白色沉淀,慢慢氧化为棕褐色的$Fe(OH)_3$。

9. 用液体溶质配制溶液或稀释溶液,一般计算出溶质的体积用量器量取。

10. 溶液质量少了 100g,浓度增加了一倍。计算物质的量浓度需要密度和摩尔质量。

$$C = \frac{28\% \times \frac{100}{125} \times 1000}{56} = 4(mol/L)$$

13. 锅炉是由钢铁制成的,硫酸有腐蚀性。

14. C 为容量瓶,用做配制准确浓度的溶液。

二、1. $CuSO_4$ 溶液为蓝色,NH_4HCO_3 与稀 HNO_3 反应有 CO_2 放出。NH_4HCO_3 和 NH_4Cl 直接加热,都生成了气体,底部无残留,而与 KCl 加热无反应。

2. 稀释前:$c_{Al^{3+}} = \dfrac{m \times 1000}{27V}$ $c_{SO_4^{2-}} = \dfrac{3m \times 1000}{54V}$

稀释后:$c_1 V_1 = c_2 V_2$

$c'_{SO_4^{2-}} = \dfrac{3m \times 1000}{54V} \times \dfrac{V}{4} \times \dfrac{1}{4V} = \dfrac{125m}{36V}(mol/L)$

3. $CuSO_4$ 溶液为蓝色。将 $CuSO_4$ 滴入另外四种溶液中,NaOH 中有蓝色沉淀,$Ba(NO_3)_2$ 中有白色沉淀。将 $Ba(NO_3)_2$ 滴入剩余两种溶液中,Na_2SO_4 有白色沉淀。

第八章 化学计算

考试范围与要求

掌握相对原子质量、相对分子质量的定义,并能进行有关计算;能根据物质的量与微粒(原子、分子、离子等)数目、气体体积(标准状况下)之间的相互关系进行有关计算。

理解溶液的组成、溶液中溶质的质量分数的概念,并能进行有关计算;能进行 pH 的简单计算;能根据有机化合物的元素含量、相对分子质量确定有机化合物的分子式。

掌握常见氧化还原反应的相关计算;能正确书写和配平各类化学方程式(化学反应方程式、离子反应方程式、电极反应方程式、电池反应方程式),并能进行有关计算。

第一节 有关化学量和化学式的计算

一、有关化学量的计算

$$物质的量(摩尔) = \frac{物质的质量(克)}{摩尔质量(克/摩尔)}$$

$$气体物质的量(摩尔) = \frac{气体体积(升)}{气体的摩尔体积(22.4升/摩尔)(标况下)}$$

微粒数(个) = 物质的量(摩尔) $\times 6.02 \times 10^{23}$(个/摩尔)

气态物质相对分子质量的求法:

①根据气态物质在标准状况下的密度(ρ)求相对分子质量(M)。

摩尔质量(克/摩尔) = 22.4(升/摩尔) × 气体密度(克/升)

②根据气体相对密度(D)求相对分子质量。

气体 A 对气体 B 的相对密度:

$$D_B = \frac{\rho_A}{\rho_B} = \frac{A 的摩尔质量}{B 的摩尔质量} = \frac{M_A(气体 A 的相对分子质量)}{M_B(气体 B 的相对分子质量)}$$

$M_A = M_B \cdot D_B$

例如 B 为 H_2:$M_A = 2 \times D_{H_2}$;B 为空气:$M_A = 29 \times D_{空气}$

二、有关化学式的计算

(一)化合物中某元素的质量分数的计算

$$纯化合物中某元素的质量分数 = \frac{某元素的质量}{化合物的质量} \times 100\% = \frac{某元素的相对原子质量 \times 原子个数}{化合物的相对分子质量} \times 100\%$$

（二）不纯物中某元素或化合物质量分数的计算

$$纯化合物的质量 = \frac{某元素的质量}{纯化合物中某元素的质量分数} \qquad ①$$

$$不纯物的质量 = \frac{某元素的质量}{不纯物中某元素的质量分数} \qquad ②$$

根据：$$纯化合物在不纯物中的质量分数 = \frac{纯化合物的质量}{不纯物的质量} \times 100\% \qquad ③$$

将①、②代入③式得

$$纯化合物在不纯物中的质量分数 = \frac{不纯物中某元素的质量分数}{纯化合物中某元素的质量分数} \qquad ④$$

不纯物中的某元素的质量分数 = 纯化合物中某元素的质量分数 × 纯化合物在不纯物中的质量分数。

（三）化学式的确定

同一物质，其分子式是最简式的整数倍，其相对分子质量也是最简式量的相同整数倍。

$$\frac{化学式}{最简式} = n, \quad 化学式 = 最简式 \times n$$

$$\frac{相对分子质量}{最简式量} = n, \quad 相对分子质量 = n \times 最简式量$$

式中 n 为正整数。化学式和最简式的这一关系，可以用于确定化合物的化学式。

【例题选解】

例 1 计算氧化铝中铝元素跟氧元素的质量比。

【解析】 计算化合物中元素的质量比，实际上就是计算该化合物的 1 个分子中所含各元素的原子个数与该元素原子质量乘积之比。

氧化铝的化学式是 Al_2O_3。

铝元素跟氧元素的质量比为 $2Al : 3O = (2 \times 27) : (3 \times 16) = 9 : 8$

答：在 Al_2O_3 中，铝元素跟氧元素的质量比为 $9 : 8$。

例 2 有一种氧化物含氧 50%，已知氧化物分子中含有两个氧原子，求该氧化物的相对分子质量。

【解析】 设氧化物的相对分子质量为 x，则：

$$氧的质量分数 = \frac{2 \times 氧的相对原子质量}{x} \times 100\% = \frac{2 \times 16}{x} \times 100\% = 50\%$$

$x = 64$

答：该氧化物的相对分子质量是 64。

例 3 2.5g 结晶硫酸铜灼烧失水后，质量为 1.6g。求硫酸铜的分子数和水分子数的比值，并写出结晶硫酸铜的分子式。

【解析】 在 2.5g 硫酸铜中，水的质量为 $2.5 - 1.6 = 0.9(g)$

$$\frac{CuSO_4 \text{质量}}{CuSO_4 \text{摩尔质量}} : \frac{H_2O \text{质量}}{H_2O \text{摩尔质量}} = \frac{1.6g}{160g/mol} : \frac{0.9g}{18g/mol} = 0.01 : 0.05 = 1 : 5$$

所以，结晶硫酸铜的分子式为 $CuSO_4 \cdot 5H_2O$。

答：结晶硫酸铜中硫酸铜的分子数和水的分子数的比值为 $1 : 5$，结晶硫酸铜的分子式为 $CuSO_4 \cdot 5H_2O$。

例 4 某烃含碳 91.3%，又知该烃的蒸气对氢气的相对密度为 46，求此烃的分子式。

【解析】 应该注意:在将原子个数比变为最简整数比时,不能四舍五入,一般就为"一舍九入"。方法:将几个比数分别除以中间最小的数,如果其他数也为整数或近似整数,便得到最简整数比;如果还有的比数仍带小数,则用 2～9 的各数乘以各比数,用哪个数得到的乘积接近整数(小数第一位小于 1 或大于 9),则用此数乘以各个比数,即得最简整数比。

$C:H$(原子个数比) $= \frac{91.3}{12} : \frac{8.7}{1} = 7.6 : 8.7$,比数 $7.6:8.7$ 不能取 $8:9$,而应为 $\frac{7.6}{7.6} : \frac{8.7}{7.6} = 1 : 1.145$,将 1.145 乘以 7 得近似整数 8.015,可近似取 8,所以用 7 乘以两个比数(1:1.145),便得 7:8,可确定此烃的最简式 C_7H_8,其式量 $=92$。

$n = \frac{相对分子质量}{式量} = \frac{46 \times 2}{92} = 1$ 所以,分子式为 C_7H_8。

答:该烃的分子式为 C_7H_8。

习题 8-1

一、选择题

1. 下列物质含分子数最多的是(　　),质量最大的是(　　)。
   A. 11.2L H_2(标准状况下)　　　　B. 16g O_2
   C. 22.4mL 水(常温)　　　　D. 1mol CO_2

2. 等质量的 CH_4 和 NH_3 相比较,下列结论错误的是_____。
   A. 它们的分子个数之比为 17:16　　B. 它们的原子个数之比为 17:16
   C. 它们的氢原子个数之比为 17:12　　D. 它们所含氢的质量比为 17:12

3. 46g 金属钠在空气中充分燃烧得到淡黄色粉末,该粉末跟水反应放出气体的体积(标准状况)是(　　)。
   A. 11.2L　　B. 44.8L　　C. 22.4L　　D. 5.6L

4. 在高温下用一氧化碳还原 m 克四氧化三铁得到 n 克铁,已知氧的相对原子质量为 16,则铁的相对原子质量为(　　)。
   A. $\frac{21n}{m-n}$　　B. $\frac{64n}{3(m-n)}$　　C. $\frac{m-n}{32n}$　　D. $\frac{24n}{m-n}$

5. 某气体 400mL 的质量是同温同压下同体积氢气质量的 23 倍,则该气体的相对分子质量是(　　)。
   A. 23　　B. 46　　C. 69　　D. 92

6. 设 N_A 为阿伏加德罗常数,下列关于 0.2mol/L 的 $Ba(NO_3)_2$ 溶液说法正确的是(　　)。
   A. 2L 溶液中阴、阳离子总数为 $0.8 N_A$
   B. 500mL 溶液中 NO_3^- 离子浓度为 0.2mol/L
   C. 500mL 溶液中 Ba^{2+} 离子浓度为 0.1mol/L
   D. 500mL 溶液中 NO_3^- 离子总数为 $0.2 N_A$

二、填空题

1. 100g 某种焊锡中含锡 43.2% 及含铅 56.8%,试求:锡的物质的量是_____,铅的物质的量是_____。

2. 把 1g 含脉石(SiO_2)的黄铁矿样品在氧气流中灼烧,反应完全后得残渣 0.78g,则此黄铁矿的纯度是_____。

3. 某气态烃含碳 82.7%,含氢 17.3%,在标准状况下,它的密度是 2.59g/L。这种烃的分子式为_____。

4. 配制 250mL 0.1mol/L 的盐酸,需 37.5% 的盐酸(密度 1.19g/cm³)的体积为_____。

5. 某结晶碳酸钠 14.3g,经充分加热后,质量减轻 9g,由此推出结晶碳酸钠的化学式为_____。

6. 有一锌粉样品,因有部分锌被氧化而含氧为 0.5%,氧化锌的化学式为 ZnO,则样品游离锌的质量分数为_____。

三、计算题

1. 水煤气是由一氧化碳和氢气所组成的混合气,问在标准状况下,若混合气的密度为 0.67g/L,混合气中一氧化碳和氢气的体积比是多少?

2. 完全燃烧 18.6g 某液态有机物(C、H、O),将生成的气体通过浓硫酸,浓硫酸增重 16.2g,剩余的气体通过碱石灰,气体的质量减少 26.4g。若取上述等量的有机物完全溶于水,可以得到 2mol/L 的溶液 150mL,求此有机物的分子式。

3. 某金属 B 为不变价元素,当 B 元素的离子 $\frac{1}{3}$ mol 被还原时需得到 6.02×10^{23} 个电子,当 10.8g B 的单质跟过量的盐酸反应时,能放出 1.2g 氢气。求该元素的相对原子质量。

4. 燃烧 3g 某有机物,生成 0.1mol CO_2 和 1.8g H_2O。已知 1L 这种物质的蒸气在标准状况时的质量为 2.677g,求此有机物的分子式。又已知此有机物的水溶液能使紫色石蕊试液变红,写出它的结构式。

5. 标准状况下,用一定量的水吸收氨气后制得浓度为 12.0mol/L、密度为 0.915g/cm³ 的氨水,试计算 1 体积水吸收多少体积的氨气可制得上述氨水。(本题中氨的相对分子质量 17.0,水的密度以 1.00g/cm³ 计)

6. 将 5.000g NaCl、NaBr、$CaCl_2$ 的混合物溶于水中,通入 Cl_2 充分反应,然后把溶液蒸干灼烧,灼烧后残留物质量为 4.914g,若将此残留物再溶于水并加入足量的 Na_2CO_3 溶液,所得沉淀干燥后质量为 0.270g,计算混合物中各物质的质量分数。

【参考答案】

一、1. C;D 2. B 3. A 4. B 5. B 6. D

二、1. ①0.363;②0.274

2. 66%

3. C_4H_{10}

4. 2.08mL

5. $Na_2CO_3 \cdot 10H_2O$;

6. 97.5%

三、1. 1:1

2. $C_2H_6O_2$

3. 27

4. $C_2H_4O_2$；

H O
| ||
H—C—C—O—H
|
H

5. 378 体积

6. $NaBr$：4%；$CaCl_2$：6%；$NaCl$：90%

【难题解析】

一、1. 常温时水的密度为 1g/mL。

2. 等质量物质，一般设定质量为 1，则物质的量比为（即分子个数比）

$$n_{CH_4} : n_{NH_3} = \frac{1}{16} : \frac{1}{17} = 17 : 16$$

它们的原子个数比为 $(17 \times 5):(16 \times 4) = 85:64$

它们的 H 原子个数比为 $(17 \times 4):(16 \times 3) = 17:12$

因为 H 的相对原子质量为 1，所以它们含 H 质量比为 17：12

3. $2Na \xrightarrow{O_2} Na_2O_2 \xrightarrow{H_2O} \frac{1}{2}O_2$

46g Na 为 2mol，能生成 $\frac{1}{2}$ mol O_2，在标况下为 11.2L。

4. 设铁的相对原子质量为 a

$Fe_3O_4 + 4CO = 3Fe + 4CO_2$
$3a+64 \qquad\qquad 3a$
$\;\;\;m \qquad\qquad\quad\; n$

$$a = \frac{64n}{3(m-n)}$$

5. 同温同压同体积，氢气相对分子质量为 2，则 $23 \times 2 = 46$。

6. 阴阳离子总数为 $0.2 \times 2 \times 3 = 1.2 N_A$；$c_{NO_3^-} = 0.4 mol/L$；$c_{Ba^{2+}} = 0.2 mol/L$；$NO_3^-$ 离子总数为 $0.2 N_A$。

二、1. $M_{Sn} = 118.7 mol/L$，$M_{Pb} = 207 mol/L$

$$n_{Sn} = \frac{43.2}{118.7} = 0.363(mol), n_{Pb} = \frac{56.8}{207} = 0.274(mol)$$

2. 黄铁矿主要成分为 FeS_2：$4FeS_2 + 11O_2 \xlongequal{\Delta} 2Fe_2O_3 + 8SO_2 \uparrow$

每 2mol FeS_2 能生成 1mol Fe_2O_3。

$\quad\;\; 2FeS_2 \longrightarrow Fe_2O_3$
$(56+64)\times 2 \quad (56+64)\times 2 - (56\times 2 + 48) \quad$ 质量差
$\quad\;\; x \qquad\qquad\qquad 1 - 0.78$

$x = 0.66$，即含量为 66%。

3. 标况下，1mol 气体的体积为 22.4L，本题密度为 2.59g/L，则相对分子质量为 $22.4 \times 2.59 = 58.0$

$$C : H = \frac{82.7}{12} : \frac{17.3}{1} = 2 : 5$$

实验式为 C_2H_5

$(12 \times 2 + 1 \times 5) \times n = 58$

$n = 2$ 该烃分子式为 C_4H_{10}。

4. 浓 HCl $c = \dfrac{37.5\% \times 11.9 \times 1000}{36.5} = 12.2(\text{mol/L})$

$V_{HCL} = \dfrac{250 \times 0.1}{12.2} = 2.05(\text{mL})$

5. $Na_2CO_3 \cdot xH_2O \longrightarrow xH_2O$
     $106 + 18x$ $18x$
      14.3 9

$x = 10$

6. $ZnO \longrightarrow O$
    $64 + 16$ 16
     x 0.5%

$x = 2.5\%$ 纯锌含量为 97.5%。

三、1. 混合气体平均摩尔质量为 $0.67 \times 22.4 = 15$

设 CO 体积为 x，H_2 体积为 y，则 $\dfrac{28x + 2y}{x + y} = 15$，即 $x : y = 1 : 1$

2. 15mol 溶液含溶质 $2 \times 0.15 = 0.3$mol

该有机物 $M = \dfrac{18.6}{0.3} = 62(\text{g/mol})$，即相对分子质量为 62。

浓 H_2SO_4 吸水增重：$n_{H_2O} = \dfrac{16.2}{18} = 0.9(\text{mol})$，即含 H 数为 $\dfrac{0.9 \times 2}{0.3} = 6$

碱石灰增重为吸收 CO_2：$n_{CO_2} = \dfrac{26.4}{44} = 0.6(\text{mol})$，即含 C 数为 $\dfrac{0.6}{0.3} = 2$

该有机物含氧数 $\dfrac{62 - 12 \times 2 - 1 \times 6}{16} = 2$

该有机物分子式为 $C_2H_6O_2$

3. $\dfrac{1}{3}$mol B 离子被还原需要 6.02×10^{23} 个电子，说明 B 离子为 +3 价。

$2B + 6HCl = 2BCl_3 + 3H_2 \uparrow$
$2a$ 6
10.8 1.2

$a = 27$

4. 该有机物相对分子质量为 $22.4 \times 2.677 = 60$

含 C 个数为 $0.1 \times \dfrac{60}{3} = 2$

含 H 个数为 $\dfrac{1.8}{18} \times 2 \times \dfrac{60}{3} = 4$

该有机物分子式为 $C_2H_4O_2$

由该有机物水溶液能使紫色石蕊试液变红，说明该有机物为酸，结构简式为 CH_3COOH

5. 1L 该氨水含 NH_3 质量为 $12.0 \times 17.0 = 204(g)$

体积为 $12.0 \times 22.4 = 269(L)$

含水质量为 $1.00 \times 915 - 204 = 711(g)$

体积为 711mL

$$\frac{V_{NH_3}}{V_{H_2O}} = \frac{269}{711} \times 1000 = 378(L)$$

6. $2NaBr + Cl_2 \stackrel{}{=\!=\!=} 2NaCl + Br_2 \uparrow$

  206   160 - 71

  x 5 - 4.914

$x = 0.20(g)$

$CaCl_2 + Na_2CO_3 \stackrel{}{=\!=\!=} CaCO_3 \downarrow + 2NaCl$

111   100

y 0.270

$y = 0.30(g)$

NaCl 质量为 $5.0 - 0.20 - 0.30 = 4.50(g)$

第二节　有关溶液的计算

一、有关浓度的计算

$$质量分数 = \frac{溶质的质量(克)}{溶液的质量(克)} \times 100\% = \frac{溶质的质量(克)}{溶质的质量(克) + 溶剂的质量(克)} \times 100\%$$

$$物质的量浓度(摩尔/升) = \frac{溶质的物质的量(摩尔)}{溶液的体积(升)}$$

二、各种浓度的换算

$$物质的量浓度(摩尔/升) = \frac{1000(毫升/升) \times 溶液密度(克/毫升) \times 质量分数}{溶质的摩尔质量(克/摩尔)}$$

三、溶液的稀释或混合

溶液稀释或混合前后,溶质的量不变,即稀释前溶质的量 = 稀释后溶质的量,混合前溶质的量 = 混合后溶质的量。

（一）物质的量浓度的稀释或混合（用 c 代表物质的量浓度,V 代表溶液的体积）

稀释　　$c_浓 V_浓 = c_稀 V_稀$

混合　　$c_1 V_1 + c_2 V_2 = c_混 V_混$

（二）质量分数的稀释或混合（用 m 代表溶液质量,ω 代表质量分数）

稀释　　$m_浓 \omega_浓 = m_稀 \omega_稀$

混合　　$m_1 \omega_1 + m_2 \omega_2 = (m_1 + m_2) \omega_3$

【例题选解】

例 1　用 98% 的 H_2SO_4（密度为 1.84g/mL）配成 1∶5 的硫酸溶液（密度为 1.19g/mL），则稀硫酸的质量分数和物质的量浓度分别是多少？

【解析】　1∶5 的体积比是一种溶液的浓度表示方法。"1"为取 1 体积的浓度为 98%、密度为 1.84 的浓硫酸，"5"为取 5 体积水。二者混合即为 1∶5 的硫酸溶液。

溶质的质量 = 1000mL × 1.84g/mL × 98% = 1803.2g

溶液的质量 = 1000mL × 1.84g/mL + 5000g = 6840g

质量分数 = $\dfrac{1803.2g}{6840g}$ × 100% = 26.36%

溶质的物质的量 = $\dfrac{1803.2g}{98g/mol}$ = 18.4mol

溶液的体积 = $\dfrac{6840g}{1.19g/mL}$ = 5747.9mL = 5.75L

溶液的物质的量浓度 = $\dfrac{18.4mol}{5.75L}$ = 3.2mol/L

答：稀硫酸的质量分数为 26.36%，物质的量浓度为 3.2mol/L。

例 2　如何用 0.5mol/L 和 0.1mol/L 的苛性钠溶液配制 0.2mol/L 的苛性钠溶液 500mL（假设溶液混合时体积不改变）？

【解析】　根据溶液混合前后溶质的量（物质的量）相等的原则，利用公式 $c_1V_1 + c_2V_2 = c_{混}V_{混}$ 进行计算。设需 0.5mol/L 溶液 V_1 mL，则需要 0.1mol/L 溶液 $V_2 = 500 - V_1$ mL。

则 $0.5 \times V_1 + 0.1 \times (500 - V_1) = 0.2 \times 500$

$V_1 = 125(mL)$　　$V_2 = 500 - V_1 = 375(mL)$

答：需 0.5mol/L 溶液 125mL 及 0.1mol/L 溶液 375mL，可配成 0.2mol/L 苛性钠溶液 500mL。

例 3　将一定量密度为 1.02g/cm³ 的氢氧化钠溶液分成两等份，从一份中取出 5mL，用 0.1mol/L HCl 溶液 25.5mL 恰好中和；另一份蒸发掉 24g 水后，氢氧化钠的质量分数为 10%。求原溶液中氢氧化钠的质量？

【解析】　(1) 要求 NaOH 溶液中溶质的质量，必须知道溶液的物质的量浓度 c 和溶液的体积 V，因题目都没给出，所以不能用这种方法。

另一种方法是知道 NaOH 溶液的质量和溶质的质量分数。题目给出蒸发后溶质的质量分数为 10%，所以若能求得溶液的质量，就可以求出溶质的质量。

(2) 要求溶液的质量，还需知道原溶液中溶质的质量分数，所以需先根据 NaOH 与 HCl 的反应求得原溶液中溶质的质量分数。

解：(1) 求原 NaOH 溶液的质量分数。

设 5mL NaOH 溶液中含溶质 x g，则

$$NaOH + HCl = NaCl + H_2O$$

　　40g　　　1mol

　　x g　　　0.1mol/L × 0.0255L

$\dfrac{40g}{x g} = \dfrac{1mol}{0.1mol/L \times 0.0255L}$　　$x = 0.102$

原 NaOH 溶液中溶质的质量分数为

$$\frac{0.102g}{5mL \times 1.02g/mL} \times 100\% = 2\%$$

（2）求每份 NaOH 溶液的质量。设每份 NaOH 溶液的质量为 y g，则

$$y \times 2\% = (y-24) \times 10\% \qquad y=30g$$

（3）求每份溶液中 NaOH 的质量

$$30 \times 2\% = 0.6g$$

共有 2 份溶液，所以 NaOH 的总量为 $0.6g \times 2 = 1.2g$。

答：原溶液中含 NaOH 1.2g。

习题 8－2

一、选择题

1. 30mL 1mol/L NaCl 溶液和 40mL 0.5mol/L $CaCl_2$ 溶液混合后（假设所得溶液体积为原溶液体积之和），则混合溶液中 Cl^- 浓度为（　　）。

　　A. 1.0mol/L　　　　B. 0.6mol/L　　　　C. 0.5mol/L　　　　D. 2.0mol/L

2. $3a\%$ 的 H_2SO_4 与 $a\%$ 的 H_2SO_4 溶液等体积混合，若混合物的密度为 d g/cm^3，则混合物的物质的量浓度为（　　）。

　　A. 大于 $\dfrac{20ad}{98}$ 　　　　　　　　B. $\dfrac{20ad}{98}$

　　C. 小于 $\dfrac{20ad}{98}$ 　　　　　　　　D. 无法确定

3. V mL a mol/L 的硫酸，用水稀释到 $2V$ mL 后的 H^+ 物质的量浓度为（　　）；稀释后溶液中含 H^+ 的物质的量为（　　）。

　　A. a mol/L　　　B. $\dfrac{a}{2}$ mol/L　　　C. $2a$ mol/L　　　D. $\dfrac{1}{500}aV$ mol

4. pH=3 的醋酸溶液 20mL，用 0.1mol/L 的氢氧化钠溶液 10mL 恰好完全中和，该醋酸的电离度是（　　）。

　　A. 1%　　　　　B. 2%　　　　　C. 3%　　　　　D. 4%

5. $t℃$ 的某饱和溶液含溶质为 A 克，其相对分子质量为 m，溶液密度为 ρ g/cm^3，物质的量浓度为 M，则该溶液的质量分数是（　　）。

　　A. $\dfrac{Mm}{100\rho}\%$　　B. $\dfrac{Mm}{10\rho}\%$　　C. $\dfrac{Mm}{1000\rho}\%$　　D. $\dfrac{Mm}{\rho}\%$

6. 某无水盐 A 的相对分子质量为 152，在 $t℃$ 时，该盐的饱和溶液的溶质的质量分数为 25%。向足量此溶液中加入 12g A，保持温度不变，可析出 30g 该盐晶体 A·nH_2O，则 n 约为（　　）。

　　A. 7　　　　　B. 6　　　　　C. 5　　　　　D. 4

二、填空题

1. 把 60℃时配制成 50% 的硝酸钾溶液 300g 冷却到 40℃，析出硝酸钾 54g，则 40℃时硝酸钾的溶解度是_____g。

2. 一块表面有氧化钠的金属钠 5.4g，放入 1000mL 水中，放出 1.12L 氢气（标准状况），将

此溶液稀释为 2L,此溶液的 pH 值为_____。

3. pH = 2 的溶液其 $[H^+]$ 是 pH = 4 的溶液的___①___倍。将 pH = 2 的盐酸和 pH = 10 的氢氧化钠溶液混合至溶液的 pH = 7 时,盐酸和氢氧化钠溶液的体积比___②___。

4. 将摩尔质量为 M 的物质 W g,完全溶解制成 V mL 饱和溶液,若此溶液的密度为 ρ,则该物质在此温度下的溶解度是___①___,质量分数是___②___,物质的量浓度是___③___。

5. 用铂电极电解 5.6% 的氢氧化钾溶液 100g,若在阳极有 11.2L(标准状况)气体产生,则此时电解液中氢氧化钾的质量分数为_____。

6. 60℃时,50g 水最多能溶解 55g 硝酸钾,把 60℃时的 210g 硝酸钾饱和溶液蒸发掉 50g 水后再降温到 60℃,析出晶体后溶液的质量分数是_____。

三、计算题

1. 将标准状况下 329.41L 的氨气完全溶于 1L 水中,所得溶液的密度为 $0.9229g/cm^3$,求:
(1) 此溶液的物质的量浓度。
(2) 此溶液的质量分数。
(3) 要得到标准状况下 329.41L 的氨气,需用氯化铵晶体多少 mol?[制取氨气的化学方程式为 $2NH_4Cl + Ca(OH)_2 \xrightarrow{\triangle} 2NH_3\uparrow + CaCl_2 + 2H_2O$]。

2. 现有 300mL H_2SO_4 和 Na_2SO_4 组成的混合溶液,其中硫酸的物质的量浓度为 1mol/L,Na_2SO_4 的物质的量浓度为 0.8mol/L,现欲使硫酸的浓度变为 2mol/L,Na_2SO_4 的浓度变为 0.5mol/L,则应在溶液中加入密度为 $1.84g/cm^3$ 质量分数为 98% 的浓硫酸多少毫升?再加水稀释到多少毫升?(设体积不变)

3. 已知 KNO_3 在不同温度下的溶解度如下表所示:

温度/℃	10	30	40	60	75
溶解度/g	21	46	64	110	150

向装着 W g 含不溶性杂质的 KNO_3 样品的烧杯中加入一定量的水并充分搅拌,在不同温度下测得烧杯里剩余固体的质量为:10℃ 时剩余 37.8g,40℃时剩余 20.6g,75℃时剩余 2.0g。试计算:
(1) 加入水的质量。
(2) 75℃ 时,烧杯中溶液的质量分数。

4. 在 100mL 36.5% 的浓盐酸(密度为 $1.18g/cm^3$)中加入多少毫升 2mol/L 的稀盐酸(密度为 $1.08g/cm^3$),才能配成 6mol/L 盐酸(密度为 $1.10g/cm^3$)。

5. 将 47% 的硝酸 200g 与 23% 的硝酸 100g 混合,求混合后硝酸的质量分数。

6. 用密度为 $1.84g/cm^3$、质量分数为 98% 的浓硫酸配制密度为 $1.19g/cm^3$ 的稀硫酸。测得所配制的稀硫酸中 H^+ 浓度为 6.4mol/L,求该稀硫酸的物质的量浓度、质量分数和体积分数。

【参考答案】

一、1. A 2. A 3. AD 4. B 5. B 6. A

二、1. 64

2. 13

3. ①100;②1:100

4. ① $\dfrac{100W}{V\rho - W}$ g；② $\dfrac{100W}{V\rho}$ %；③ $\dfrac{1000W}{M \cdot V}$ mol/L

5. 6.8%

6. 52.4%

三、1. (1) 10.90mol/L；(2) 20%；(3) 14.71mol

2. 35.8mL，479.8mL

3. (1) 40g (2) 52.5%

4. 138mL

5. 39%

6. 3.2mol/L；26.4%；1:5.75

【难题解析】

一、1. 混合液中 Cl^- 浓度为 $\dfrac{30 \times 1 + 40 \times 0.5 \times 2}{70} = 1.0$ (mol/L)

2. 若按两种 H_2SO_4 密度为1(实际大于1)计算：

$$\dfrac{30\% \cdot V + a\% \cdot V}{2V \times 98} \times d \times 1000 = \dfrac{20ad}{98} \quad (\text{实际要大于它})$$

3. 利用 $c_1V_1 = c_2V_2$，切记 H_2SO_4 有 2 个 H^+。

4. $pH = 3, c_{H^+} = 0.001$ mol/L $\quad c_{HAC} = \dfrac{0.1 \times 10}{20} = 0.05$ (mol/L)

电离度 $\alpha = \dfrac{0.001}{0.05} \times 100\% = 2\%$

5. $M = \dfrac{A\% \times 9 \times 1000}{m} \quad A = \dfrac{Mm}{109}\%$

6. 原溶液析出的总质量为 $30 - 12 = 18$(g)
原溶液析出的溶质质量为 $18 \times 25\% = 4.5$(g)
原溶液析出的水质量为 $18 - 4.5 = 13.5$(g)
$(12 + 4.5) : 152 = 13.5 : 18n \quad n = 7$

二、1. 50% KNO_3 含 KNO_3 质量为 $300 \times 50\% = 150$(g)
50% KNO_3 含水质量为 150g，设 40℃ KNO_3 溶解度为 A，
$(150 - 54) : A = 150 : 100$
$A = 64$

2. 设和水反应的 Na 的质量为 x，被氧化为氧化钠质量为 y：

$2Na + 2H_2O = 2NaOH + H_2 \uparrow$

46   22.4

x 1.12

$x = 2.3$(g) $y = 5.4 - 2.3 = 3.1$(g)

钠的物质的量 $n = \dfrac{2.3}{23} + \dfrac{3.1 \times 2}{62} = 0.2$(mol)

$c_{NaOH} = \dfrac{0.2}{2} = 0.1$ (mol/L)

$pH = 13$

4. $W:(\rho V-W)=S:100$ $S=\dfrac{100W}{\rho V-W}(g)$

质量分数为 $\dfrac{W}{V\cdot\rho}\times100\%=\dfrac{100W}{V\cdot\rho}\%$

物质的量浓度为 $\dfrac{W}{M\cdot V}\times1000=\dfrac{1000W}{M\cdot V}(mol/L)$

5. $2H_2O \xrightarrow{电解} 2H_2 + O_2$
    36   22.4
    x 11.2

$x=18(g)$

电解液 KOH 质量分数为 $\dfrac{5.6\%\times100}{100-18}=6.8\%$

6. 60℃的饱和溶液蒸发结晶后仍然是饱和溶液,其质量分数不变: $\dfrac{55}{50+55}\times100\%=52.4\%$

三、1. $n_{NH_3}=\dfrac{329.41}{22.4}=14.71(mol)$

$m_{NH_3}=14.71\times17=250(g)$

$m_{液}=250+1000=1250(g)$

$V=\dfrac{1250}{0.9229}=1354.4(mL)$

$c=\dfrac{n}{V}=10.86(mol/L)$

质量分数 $\dfrac{250}{1250}\times100\%=20\%$

$2NH_4Cl+Ca(OH)_2=2NH_3\uparrow+CaCl_2+2H_2O$
    2   44.8
    x 329.41

$x=14.71(mol)$

2. 设稀释后体积为 V_L, $V=\dfrac{0.3\times0.8}{0.5}=0.48(L)$

稀释后 $n_{H_2SO_4}=2\times0.48=0.96(mol)$

需新加 H_2SO_4 物质的量为 $0.96-0.3\times1=0.66(mol)$

需新加 H_2SO_4 体积为 $\dfrac{0.66\times98}{1.84\times98\%}=35.87(mL)$

需再加水稀释到 480mL。

3. 利用10°和40℃时溶解度差进行计算,设加入 x g 水,
$100:x=(64-21):(37.8-20.6)$

$x=40(g)$

40℃时溶质的量为 $\dfrac{64\times40}{100}=25.6(g)$

75℃时又溶解溶质的量:$20.6-2=18.6(g)$

75℃时质量分数为 $\dfrac{25.6+18.6}{25.6+18.6+40}\times 100\% = 52.5\%$

4. $\dfrac{100\times 1.18\times 36.5\%}{36.5}+\dfrac{2V}{1000}=6\times \dfrac{100\times 1.18+1.08V}{1000\times 1.10}$

$V=138(\text{mL})$

5. $\dfrac{200\times 47\%+100\times 23\%}{200+100}\times 100\%=39\%$

6. $c_{H_2SO_4}=\dfrac{6.4}{2}=3.2(\text{mol/L})$

质量分数 $=\dfrac{3.2\times 98}{1.19\times 1000}\times 100\%=26.4\%$

第三节 有关化学方程式的计算

化学反应必须遵循质量守恒定律,因此,对任何一个化学方程式来说,反应物和生成物之间、反应物彼此之间、生成物彼此之间都有一定的量的关系,而且所有这些量都是按化学方程式中的系数以正比例的关系相互联系的。

例如 $N_2 + 3H_2 \xrightleftharpoons[\text{催化剂}]{\text{高温、高压}} 2NH_3$

系数比　　　　　1　　3　　　　　　2
物质的量之比　　1　　3　　　　　　2
体积比　　　　　1　　3　　　　　　2
质量比　　　　　28　3×2　　　　　2×17

计算时,对于已知两种反应物的量,要根据它们之间的质量比及物质的量之比来判断是否适量,如果有一种反应物过量,则应根据量少的反应物来进行计算。对于多步反应(或连续反应),可以根据几个化学方程式找出有关物质的关系式进行计算,从而使计算简化。如果是离子反应,可根据离子方程式进行计算。

化学方程式中所表明的各物质都是指纯物质而言,因此,利用化学方程式计算出的数量关系是理论计算量。而在实际生产中原料和产品往往是不纯的物质,且生产中又难免有损耗,造成实际耗用原料量大于理论耗用原料量,实际产量小于理论产量。这方面的换算关系如下:

纯度 $=\dfrac{\text{纯物质的质量}}{\text{不纯物质的质量}}\times 100\%$

原料利用率 $=\dfrac{\text{原料理论用量}}{\text{原料实际用量}}\times 100\%$

产率 $=\dfrac{\text{实际产量}}{\text{理论产量}}\times 100\%$

【例题选解】

例1 往2L含有Na_2CO_3和Na_2SO_4的水溶液中加入过量的$BaCl_2$溶液,生成66.3g白色沉淀,再加入过量稀HNO_3,此白色沉淀减少到46.6g,计算原溶液中Na_2CO_3和Na_2SO_4的物质的量浓度。

【解析】 （1）根据公式 $c=\dfrac{n}{V}$，已知 $V=2L$，所以只要设法求出溶质的物质的量 n，即可求出 c。

（2）反应生成的 66.3g 沉淀是 $BaCO_3$ 和 $BaSO_4$ 的混合物，加酸后，$BaCO_3$ 溶解，$BaSO_4$ 不溶，其反应方程式为

$$BaCO_3 + 2HNO_3 = Ba(NO_3)_2 + H_2O + CO_2\uparrow$$

所以，加 HNO_3 后剩余的 46.6g 沉淀是 $BaSO_4$。

最后，根据 $BaCO_3$ 的质量求 Na_2CO_3 的物质的量，根据 $BaSO_4$ 的质量求 Na_2SO_4 的物质的量即可。

解：设溶液中含有 x mol Na_2CO_3，y mol Na_2SO_4，则

$$BaCl_2 + Na_2CO_3 = BaCO_3\downarrow + 2NaCl$$

$$\begin{array}{cc} 1\text{mol} & 197\text{g} \\ x\text{ mol} & (66.3\text{g}-46.6\text{g}) \end{array}$$

$$\dfrac{1\text{mol}}{x\text{ mol}}=\dfrac{197\text{g}}{66.3\text{g}-46.6\text{g}} \qquad x=0.1$$

Na_2CO_3 的物质的量浓度为 $\dfrac{0.1\text{mol}}{2\text{L}}=0.05\text{mol/L}$。

$$BaCl_2 + Na_2SO_4 = BaSO_4\downarrow + 2NaCl$$

$$\begin{array}{cc} 1\text{mol} & 233\text{g} \\ y\text{ mol} & 46.6\text{g} \end{array}$$

$$\dfrac{1\text{mol}}{y\text{ mol}}=\dfrac{233\text{g}}{46.6\text{g}} \qquad y=0.2$$

Na_2SO_4 的物质的量浓度为 $\dfrac{0.2\text{mol}}{2\text{L}}=0.1\text{mol/L}$。

答：Na_2CO_3、Na_2SO_4 的物质的量浓度分别为 0.05mol/L 和 0.1mol/L。

例 2 表面被氧化的镁条 3.2g，跟 50g 稀硫酸恰好完全反应，生成 0.2g 氢气。计算：(1)有多少克镁被氧化？(2)稀硫酸溶液的质量分数是多少？

【解析】 镁条可与稀硫酸作用放出 H_2，其氧化物 MgO 虽可与稀硫酸反应，但不能放出 H_2，可根据放出 H_2 的量计算出参加反应的镁的质量，从而进一步计算出被氧化的镁的质量；根据镁条和氧化镁消耗硫酸的质量可计算出硫酸的质量分数。

解：(1)设 x 克 Mg 与 y 克 H_2SO_4 反应生成 0.2g H_2。

$$\begin{array}{cccc} Mg & + & H_2SO_4 = MgSO_4 + H_2\uparrow \\ 24\text{g} & & 98\text{g} & & 2\text{g} \\ x\text{ g} & & y\text{ g} & & 0.2\text{g} \end{array}$$

$$\dfrac{24\text{g}}{x\text{ g}}=\dfrac{2\text{g}}{0.2\text{g}} \qquad x=2.4$$

$$\dfrac{98\text{g}}{y\text{ g}}=\dfrac{2\text{g}}{0.2\text{g}} \qquad y=9.8$$

氧化镁的质量 $=3.2-2.4=0.8(\text{g})$

设被氧化的镁的质量为 x' g。

则 $\dfrac{Mg}{MgO}=\dfrac{24}{40}=\dfrac{x'}{0.8}$

$x' = 0.48(g)$

(2) 设 0.8g MgO 与 y'g H_2SO_4 反应。

$$MgO + H_2SO_4 =\!=\!= MgSO_4 + H_2O$$

40g 98g

0.8g y' g

$\dfrac{40g}{0.8g} = \dfrac{98g}{y' \text{ g}}$ $y' = 1.96$

稀硫酸的质量分数为

$\dfrac{9.8 + 1.96}{50} \times 100\% = 23.52\%$

答:(1)有 0.48g 镁被氧化;(2)稀硫酸的质量分数为 23.52%。

习题 8-3

一、选择题

1. 把二氧化碳和一氧化碳的混合气体 V mL,缓缓地通过足量的过氧化钠固体,体积减少了 1/5,则混合气体中 CO_2 与 CO 的体积之比是(　　)。

 A. 1∶4   B. 1∶2   C. 2∶3   D. 3∶2

2. 向 100mL 0.5mol/L 的氯化铝溶液中,加入 4mol/L 的 NaOH 溶液可得沉淀 1.56g。则消耗 NaOH 溶液的体积为(　　)。

 A. 45mL   B. 30mL   C. 15mL   D. 60mL

3. 若 1.8g 某金属跟足量盐酸充分反应,放出 2.24L(标准状况)氢气,则该金属是(　　)。

 A. Al   B. Mg   C. Fe   D. Zn

4. 在足量的 $CuSO_4$ 溶液中加入下列试剂后,溶液质量减少了 8g,则加入的物质是(　　)。

 A. 23g 金属钠   B. 1mol/L $BaCl_2$ 溶液 100mL

 C. 56g 金属铁   D. 20% NaOH 溶液 50g

5. 完全燃烧 x mol 乙烷,消耗氧气 y mol。下列表示 x 和 y 的关系正确的是(　　)。

 A. $2x = 5y$ B. $5x = 2y$ C. $x = 5y$ D. $5x = y$

6. 在 $3Cu + 8HNO_3(稀) \xrightarrow{\Delta} 3Cu(NO_3)_2 + 2NO\uparrow + 4H_2O$ 的反应中被还原的硝酸占参加反应的硝酸的比例是(　　)。

 A. 25%   B. 37.5%   C. 50%   D. 75%

二、填空题

1. 现有 10g 不纯的无水醋酸钠,它和足量碱石灰共热,在标准状况下可放出甲烷 2.46L,则无水醋酸钠的纯度是_____。

2. 分解_____mol 高锰酸钾才能得到 0.02mol 氧气。

3. 在高温条件下将氢气流通过 14g WO_3 粉末,当残余物为 11.6g 时,已转化为 W 的 WO_3 占原来 WO_3 的比例是_____。

4. 把 10mL 的 NO 和 NO_2 的混合气体通入倒立在水槽里盛满水的量筒里,片刻后,量筒留下 5mL 的气体,混合气体中 NO 的体积为_____。

5. 在启普发生器里装有足量的含有 80% 的石灰石(杂质为非碳酸盐),并向球形漏斗中注入 505mL(密度 1.1g/mL)20% 的盐酸溶液。若盐酸的利用率为 40%,可产生二氧化碳(标准状况)_____L。

6. 在一定条件下,将 22L N_2 和 78L H_2 在密闭容器中混合,反应达到平衡,混合气体体积缩小至原体积的 95%,则 H_2 的转化率为_____。

三、计算题

1. 在 1L $Fe_2(SO_4)_3$ 和 $CuSO_4$ 的混合溶液中加入过量铁粉 20g,最后得到 1L 0.5mol/L 的 $FeSO_4$ 溶液和 16g 固体沉淀物。求:(1)原混合溶液中 $Fe_2(SO_4)_3$ 和 $CuSO_4$ 各自的物质的量浓度;(2)16g 沉淀物的成分是什么,质量各为多少克?

2. 用氨氧化法生产硝酸,若 NH_3 制成 NO 的转化率为 93%,由 NO 制成 HNO_3 转化率是 91%,求 10t 氨可生产多少吨 50% 的硝酸?

3. 将 20mL 充满 NO 和 NO_2 的混合气体的试管倒立于盛水的水槽中,充分反应后,剩余气体的体积变为 10mL,求原混合气体中 NO 和 NO_2 各占多少?

4. 用含 10% 杂质的硫铁矿(FeS_2),经接触法制硫酸。在制备过程中,SO_2 的产率 98%,SO_2 转化为 SO_3 和 SO_3 转化为 H_2SO_4 时分别损失 4% 和 5%。求 500t 矿石能制得多少吨 98% 的硫酸?

5. 将 14g Na_2O、Na_2O_2 的混合物放入 87.6g 水中,可得 1.12L 氧气(标准状况),所得溶液的密度为 1.18g/mL,求原混合物中各成分的物质的量之比和所得溶液的质量分数和物质的量浓度。

6. 用 30t 含 Na_2CO_3 60% 的天然碱和消石灰反应来制取烧碱,在生产过程中损失 Na_2CO_3 为 1%,计算生产 96% 的烧碱多少吨?

【参考答案】

一、1. C 2. AC 3. A 4. C 5. D 6. A

二、1. 90% 2. 0.04 3. 83% 4. 2.5mL 5. 13.6 6. 9.6%

三、1. (1) $Fe_2(SO_4)_3$ 物质的量浓度:0.1mol/L;$CuSO_4$ 物质的量浓度:0.2mol/L
(2) Cu:12.8g,Fe:3.2g

2. 62.8t   3. NO 5mL;NO_2 15mL   4. 684t

5. Na_2O_2:Na_2O = 1:1,16%,4.7mol/L

6. 14.01t

【难题解析】

一、1. $2Na_2O_2 + 2CO_2 =\!=\!= 2Na_2CO_3 + O_2\uparrow$

每 2mol CO_2 生成 1mol O_2,则含 CO_2 为 $\frac{2}{5}$,CO 为 $\frac{3}{5}$。

2. 若 Al^{3+} 完全沉淀,质量为 $0.1\times0.5\times78=3.9(g)>1.56(g)$

NaOH 不过量:$V = \dfrac{1.56\times3}{4\times78}\times1000 = 15(mL)$

NaOH 过量,则先生成 $Al(OH)_3$ $78\times0.05=3.9(g)$;需要过量 NaOH 溶解 $3.9-1.56=2.34(g)$ $Al(OH)_3$,$V=\dfrac{4\times2.34}{4\times78}\times1000=30(mL)$

共需 NaOH $30+15=45(mL)$

A、C 都正确。

3. 2.24L H_2 为 0.1mol。比较各金属相对原子质量,只有 Al 符合题意。

4. 比较 Cu 和金属的相对原子质量,Fe 符合题意,B、D 计算复杂、缺条件。

6. 8mol HNO_3 参加反应,其中 2mol 被还原。$\dfrac{20}{8} \times 100\% = 25\%$

二、1. 1mol 醋酸钠能生成 1mL 甲烷:$\dfrac{2.46 \times 82}{2204} = 9(g)$

$\dfrac{9}{10} \times 100\% = 90\%$

3. 1mol WO_3(相对分子质量为232)转化为 W,失重48g,$\dfrac{(14-11.6) \times 232}{48 \times 14} \times 100\% = 83\%$

4. 剩余气体是 NO。3 体积 NO_2 溶于水生成 1 体积 NO。
设原混合气体中含 NO 为 x mL,后来生成了 y mL NO。
$10 - x = 3y \quad x + y = 5$
$x = 2.5 (mL)$

5. $n_{HCl} = \dfrac{20\% \times 1.1 \times 505}{36.5} \times 40\% = 1.22 (mol)$

$V_{CO_2} = \dfrac{1.22}{2} \times 22.4 = 13.6 (L)$

6. $N_2 + 3H_2 \Longleftrightarrow 2NH_3$。每反应 3 体积 H_2,总体积减小 2 体积,现总体积减少了 5%
则 $\dfrac{100 \times 5\% \times 3}{2 \times 78} \times 100\% = 9.6\%$

三、1. $2Fe^{3+} + Fe \Longrightarrow 3Fe^{2+}$,$Cu^{2+} + Fe \Longrightarrow Fe^{2+} + Cu$;
设与 Fe^{3+} 反应的铁为 $x$mol,与 Cu^{2+} 反应铁为 $y$mol,则
$3x + y = 1 \times 0.5$
$20 - 56x - 56y + 64y = 16$
$x = 0.1 (mol) \quad y = 0.2 (mol)$
原溶液 $Fe_2(SO_4)_3$ 浓度为 0.1mol,$CuSO_4$ 浓度为 0.2mol。
生成铜:$64 \times 0.2 = 12.8 (g)$
剩余铁 $16 - 12.8 = 3.2 (g)$

2. $NH_3 \longrightarrow NO \longrightarrow HNO_3$

可制出 HNO_3 质量为 $\dfrac{10 \times 63}{17} \times 93\% \times 91\% = 31.4 (t)$

可生产 50% HNO_3 62.8t。

4. $FeS_2 \longrightarrow 2SO_2 \longrightarrow 2SO_3 \longrightarrow 2H_2SO_4$

可生产 H_2SO_4 质量为 $\dfrac{500 \times 98 \times 2}{120} \times 90\% \times 96\% \times 95\% = 670 (t)$

可生产 98% H_2SO_4 684t。

5. 设原混合物含 Na_2O_2 质量为 x,生成 NaOH 物质的量为 y;Na_2O 生成 NaOH 物质的量为 z,则

$2Na_2O_2 + 2H_2O \Longrightarrow 2NaOH + O_2$

$$
\begin{array}{ccc}
156 & 2 & 22.4 \\
x & y & 1.12
\end{array}
$$

$x = 7.8(\text{g})$ $y = 0.2(\text{mol})$

原混合物 Na_2O 质量为 $14 - 7.8 = 6.2(\text{g})$

$Na_2O + H_2O = 2NaOH$

$$
\begin{array}{cc}
62 & 2 \\
6.2 & z
\end{array}
$$

$z = 0.2(\text{mol})$

$Na_2O_2 : Na_2O = \dfrac{7.8}{78} : \dfrac{6.2}{62} = 1 : 1$

溶液质量分数为 $\dfrac{(0.2 + 0.2) \times 40}{14 + 87.6 - 1.6} \times 100\% = 16\%$

物质的量浓度为 $\dfrac{16\% \times 1.18 \times 1000}{40} = 4.7(\text{mol/L})$

6. $Na_2CO_3 —— 2NaOH$

$\quad\quad 106 \quad\quad\quad 80$

生产 96% 烧碱为 $\dfrac{30 \times 60\% \times 80}{106 \times 96\%} \times 99\% = 14.01(\text{t})$

典型例题

例题 1 3.71g 卤化钠与足量硝酸银溶液反应,生成 5.81g 沉淀。求卤化钠中卤素的相对原子质量。

解 设卤素可用 X 表示,其相对原子质量为 M。

$NaX + AgNO_3 = NaNO_3 + AgX \downarrow$

$\begin{array}{ll} 23 + M & 108 + M \\ 3.71\text{g} & 5.81\text{g} \end{array}$

$M = 127$

答:卤化钠中卤素的相对原子质量为 127。

例题 2 某有机物 1.5g 充分燃烧后生成 1.8g 水和 3.3g 二氧化碳,该有机物的蒸气密度与空气的相对密度为 2.07,求此有机物的化学式。

【错误解答】 有机物的式量是: $29 \times 2.07 = 60$

有机物 1.5g 中含氢元素质量为

$1.8\text{g} \times \dfrac{2H}{H_2O} \times 100\% = 1.8\text{g} \times \dfrac{2}{18} \times 100\% = 0.2\text{g}$

有机物 1.5g 中含碳元素质量为

$3.3\text{g} \times \dfrac{C}{CO_2} \times 100\% = 3.3\text{g} \times \dfrac{12}{44} \times 100\% = 0.9\text{g}$

所以有机物中碳、氢的原子个数比为

$C : H = \dfrac{0.9}{12} : \dfrac{0.2}{1} = 3 : 8$

所以该有机物化学式为 C_3H_8。

【正确解答】 有机物的相对分子质量为 $2.07 \times 29 = 60$

1.5g 有机物中含氢元素质量为

$$1.8g \times \frac{2H}{H_2O} \times 100\% = 0.2g$$

1.5g 有机物中含碳元素质量为

$$3.3g \times \frac{C}{CO_2} \times 100\% = 0.9g$$

1.5g 有机物中含氧元素质量为

$$1.5g - 0.9g - 0.2g = 0.4g$$

有机物分子中的原子个数比为：

$$C : H : O = \frac{0.9}{12} : \frac{0.2}{1} : \frac{0.4}{16} = 3 : 8 : 1$$

有机物最简式为 C_3H_8O，最简式量为 60，与该有机物的相对分子质量相同，因此有机物化学式为 C_3H_8O。

答：该有机物的化学式为 C_3H_8O。

例题 3 10g 含杂质的硫铁矿样品，在空气中充分燃烧（杂质不与氧气反应），得到 8g 固体残留物。若用 100t 这种硫铁矿，采用接触法制硫酸，从理论上计算可生成多少吨浓度为 98% 的硫酸？

【解析】 以 FeS_2 为原料，由接触法制硫酸，分为三个阶段，其反应分别为

(1) $4FeS_2 + 11O_2 \xrightarrow{\text{高温}} 2Fe_2O_3 + 8SO_2$

(2) $2SO_2 + O_2 \xrightarrow[\text{催化剂}]{400℃\sim 500℃} 2SO_3$

(3) $SO_3 + H_2O = H_2SO_4$

由以上三个反应方程式，可得如下关系式：FeS_2——$2SO_2$——$2SO_3$——$2H_2SO_4$

简化后可得 FeS_2 和 H_2SO_4 的关系式：FeS_2——$2H_2SO_4$

因为所用硫铁矿含有杂质，所以应先计算出此硫铁矿中 FeS_2 的含量，再通过上述关系式，即可容易地求出生成 H_2SO_4 的质量。

解：(1) 设：10g 硫铁矿中含有杂质的质量为 x g。

$$4FeS_2 + 11O_2 = 2Fe_2O_3 + 8SO_2$$
$$4 \times 120g \qquad 2 \times 160g$$
$$(10-x)g \qquad (8-x)g$$

$$\frac{4 \times 120g}{(10-x)g} = \frac{2 \times 160g}{(8-x)g}$$

$$x = 4$$

该硫铁矿中 FeS_2 的质量分数为：

$$A\% = \frac{(10-4)g}{10g} \times 100\% = 60\%$$

(2)设 100t 硫铁矿可制浓度为 98% 的 H_2SO_4 的质量为 y t。

$$FeS_2 \longrightarrow 2H_2SO_4$$
$$120t \qquad 2\times98t$$
$$100t\times60\% \qquad y\ t\times98\%$$

$$\frac{120t}{100t\times60\%} = \frac{2\times98t}{y\ t\times98\%}$$

$$y = 100$$

答:100t 硫铁矿可生成 100t 浓度为 98% 的硫酸。

例题 4 由 $CaCO_3$ 和 $MgCO_3$ 组成的混合物,高温加热至质量不再减少时,称得残留物的质量是原混合物质量的一半。求残留物中 Ca^{2+}、Mg^{2+} 的物质的量之比。

【解析】 $CaCO_3$ 和 $MgCO_3$ 在高温时均发生分解反应:

$$CaCO_3 \xrightarrow{\text{高温}} CaO + CO_2 \uparrow$$
$$MgCO_3 \xrightarrow{\text{高温}} MgO + CO_2 \uparrow$$

每摩尔 $CaCO_3$ 和 $MgCO_3$ 均放出 44g CO_2。因残留物的质量是原混合物质量的一半,故可推知原 $CaCO_3$ 和 $MgCO_3$ 的平均摩尔质量为 88g/mol。

解: 设 1mol 混合物中有 x mol $CaCO_3$,则有 $(1-x)$ mol $MgCO_3$,由题意知混合物的平均摩尔质量为88g/mol,则

$$100x + (1-x)\times 84 = 88$$
$$x = 0.25(\text{mol}) \quad 1-x = 0.75(\text{mol})$$
$$0.25:0.75 = 1:3$$

答:分解后残留物中 Ca^{2+}、Mg^{2+} 的物质的量之比为 1∶3。

例题 5 标准状况下,2.24L 某烷烃完全燃烧后,将生成的气体通过浓 H_2SO_4,浓 H_2SO_4 增重 5.4g,剩余的气体被 KOH 吸收,KOH 增重 13.2g,求该烃的分子式。

解: 设该烃的分子式为 C_xH_y,1mol C_xH_y 燃烧生成 x mol(或 $44x$ g)CO_2 和 $\frac{y}{2}$ mol(或 $9y$ g)H_2O,根据题意

$$C_xH_y + \left(x+\frac{y}{4}\right)O_2 =\!=\!= xCO_2 + \frac{y}{2}H_2O$$

| 1 mol | | $44x$ g | $9y$ g |
| $\frac{2.24}{22.4}$ mol | | 13.2g | 5.4g |

解得 $x=3, y=6$

答:该烃的分子式为 C_3H_6。

强化训练

一、选择题

1. a g CO_2 中含有 b 个分子,则阿伏加德罗常数为_____。

A. $ab/44 \text{mol}^{-1}$ \qquad B. $44b/a$ \qquad C. $44b/a \text{ mol}^{-1}$ \qquad D. $22b/a$

2. 将标准状况下的 a L HCl(g)溶于1L水中,得到的盐酸密度为 b g·cm^{-3},则该盐酸的物质的量浓度是_____。(水的密度为1g/cm^3)

   A. $(a/22.4)$mol·L^{-1}

   B. $(ab/22400)$mol·L^{-1}

   C. $[ab/(22400+36.5a)]$mol·L^{-1}

   D. $[1000ab/(22400+36.5a)]$mol·L^{-1}

3. 甲、乙两烧杯中分别加入等体积等浓度的 H_2SO_4 溶液,向甲杯中加入 m g Mg,向乙杯中加入 m g Zn,完全反应后,一烧杯中仍有金属未溶解,则甲、乙两烧杯中原来的物质的量 X 的值为_____。

   A. $m/24 < X < m/65$ B. $X = m/64$

   C. $m/24 > X \geq m/65$ D. $m/65 > X \geq m/24$

4. 将8.4g铁粉和3.2g硫粉均匀混合密闭加热至红热,冷却后加入足量的盐酸,在标准状况下收集到的气体体积是_____。

   A. 1.12L   B. 2.24L

   C. 3.36L   D. 4.48L

5. Zn 与很稀的硝酸反应生成 $Zn(NO_3)_2$、NH_4NO_3 和 H_2O。当生成 1mol $Zn(NO_3)_2$时,被还原的硝酸的物质的量为_____。

   A. 2mol   B. 1mol   C. 0.5mol   D. 0.25mol

6. 25℃时,pH=2 的 HCl 溶液中,由水电离出的 H$^+$ 浓度是_____。

   A. 1×10^{-7}mol/L   B. 1×10^{-12}mol/L

   C. 1×10^{-2}mol/L   D. 1×10^{-14}mol/L

7. 95℃时,纯水中 H$^+$ 的物质的量浓度为 10^{-6}mol/L。若将 0.01mol NaOH 固体溶解在 95℃水中配成 1L 溶液,则溶液中由水电离出的 H$^+$ 的浓度(单位:mol/L)_____。

   A. 10^{-6} B. 10^{-10} C. 10^{-8} D. 10^{-12}

8. 同温同压下,某密闭容器充满 N_2 重112g,现充满某气体重116g,则某气体的相对分子质量为_____。

   A. 101   B. 60   C. 29   D. 44

9. 将 Mg、Al、Zn 组成的混合物与足量稀盐酸作用,放出 H_2 的体积为2.8L(标准状况下),则三种金属的物质的量之和可能为_____。

   A. 0.250mol   B. 0.125mol

   C. 0.100mol   D. 0.080mol

10. 在一定温度下,把 Na_2O 和 Na_2O_2 的固体分别溶于等质量的水中,都恰好形成此温度下饱和溶液,则加入 Na_2O 和 Na_2O_2 的物质的量的大小为_____。

    A. $n(Na_2O) > n(Na_2O_2)$ B. $n(Na_2O) < n(Na_2O_2)$

    C. $n(Na_2O) = n(Na_2O_2)$ D. 无法确定

二、计算题

1. 现有一包铝热剂(铝粉和氧化铁的混合物),将固体分为两等份,进行如下实验(计算pH时假定溶液体积没有变化):

   ① 向其中一份加入 100mL 2.0mol/L 的 NaOH 溶液,使其充分反应后,收集到的气体在标

准状况下体积为 3.36L;

② 另一份在高温下使之充分反应,向反应后的固体中加入 140mL 4.0mol/L 的盐酸溶液,使固体全部溶解,得到反应后的溶液中只有 H^+、Fe^{2+} 和 Al^{3+} 三种阳离子且 pH = 0。

根据以上实验事实计算:

(1) 这包铝热剂中的铝的质量;

(2) 实验②产生的气体体积(标准状况)。

2. 将 6.5g 锌放入足量的稀硫酸中充分反应,得到 80mL 密度为 1.25g/mL 的溶液。试计算所得溶液中硫酸锌的物质的量浓度和质量分数各是多少?

3. 26.0g SiO_2 和 $CaCO_3$ 的混合物,在高温条件下完全反应,冷却至室温,称得最后固体质量为 17.2g。

(1) 求生成的气体在标准状况下的体积;

(2) 求混合物中 SiO_2 的质量分数。

4. 3.84g Fe 和 Fe_2O_3 的混合物溶于 120mL 的盐酸,刚好完全反应。生成 0.03mol H_2,向反应后的溶液中加入 KSCN 检验,溶液不显色。试求:

(1) 原混合物中 Fe_2O_3 和 Fe 的质量;

(2) 原盐酸的物质的量浓度。

5. 5.12g Cu 和一定质量的浓硝酸反应,当 Cu 反应完时,共收集到标准状况下的气体 3.36L,若把装有这些气体的集气瓶倒立在盛水的水槽中,需通入多少升标准状况下的氧气才能使集气瓶充满溶液?

6. KCl 和 KBr 组成混合物 8.00g。溶于足量水后,加入足量的 $AgNO_3$ 溶液,生成沉淀 13.00g,求原混合物中钾元素的质量分数。

7. 分析磁铁矿(主要成分为 Fe_3O_4)时,将铁沉淀为 $Fe(OH)_3$ 再灼烧至 Fe_2O_3,若灼烧后 Fe_2O_3 的质量在数值上等于试样中 Fe_3O_4 的质量分数,则需取试样多少克?

8. 有一硫酸和硝酸的混合溶液,取出其中的 10mL,加入足量 $BaCl_2$ 溶液,将生成的沉淀滤出洗净,烘干称得质量为 9.32g;另取这种溶液 10mL 与 4mol/L 的 NaOH 溶液 25mL 恰好完全中和,再取 10mL 混合溶液与 0.96g 铜粉共热,有多少毫升气体产生(标准状况下)?

【强化训练参考答案】

一、选择题

1. C 2. D 3. C 4. C 5. D 6. B 7. B 8. C 9. C 10. C

二、计算题

1. 解:(1) 根据 $2Al + 2NaOH + 2H_2O \!=\!=\!= 2NaAlO_2 + 3H_2\uparrow$

$$\begin{array}{cc} 2 & 3 \\ n(Al) & 0.15mol \end{array}$$

$n(Al) = 0.1mol$

$m(Al) = 0.1mol \times 27g/mol = 2.7g$

(2) 根据电荷守恒:$n(H^+) + 2n(Fe^{2+}) + 3n(Al^{3+}) = n(Cl^-)$

所以 $n(Fe^{2+}) = 1/2(0.56 - 3 \times 0.1 - 0.14) = 0.06mol$

则铝热反应消耗的 $n(Al) = 0.06$ mol。此时,剩余的 $n(Al) = 0.04$ mol。

所以,$V(H_2) = (0.06\text{mol} + 0.04\text{mol} \times 3/2) \times 22.4$ L/mol $= 2.688$ L。

2. 解:因稀硫酸是足量的,硫酸锌的物质的量浓度根据锌的量来算

$n(Zn) = 6.5\text{g} \div 65\text{g/mol} = 0.1(\text{mol})$

$c(ZnSO_4) = 0.1\text{mol} \div (80\text{mL} \div 1000\text{mL/L}) = 1.25\text{mol/L}$

硫酸锌的质量分数:$[0.1\text{mol} \times 161\text{g} \cdot \text{mol}^{-1} \div (80\text{mL} \times 1.25\text{g/mL})] \times 100\% = 16.1\%$

答:所得溶液中硫酸锌的物质的量浓度为 1.25 mol/L,质量分数为 16.1%。

3. 解:(1) 由于是完全反应,所以生成气体的质量为 $26.0 - 17.2 = 8.8$ g,$8.8\text{g} \div 44\text{g/mol} = 0.20$ mol,生成的气体在标准状况下的体积为 $0.20\text{mol} \times 22.4\text{L/mol} = 4.48$ L;0.2 mol $CO_2 \to 0.2$ mol $CaCO_3$ 为 20.0 g,$CaCO_3$ 过量,反应式为 $SiO_2 + CaCO_3 \stackrel{}{=\!=\!=} CaSiO_3 + CO_2\uparrow$,$CaCO_3 \stackrel{\Delta}{=\!=\!=} CaO + CO_2\uparrow$;

(2) 混合物中 SiO_2 的质量为 $26.0\text{g} - 20\text{g} = 6.0$ g,则其质量分数为 $6\text{g} \div 26\text{g} \times 100\% = 23.1\%$。

4. 解:(1) 加入 KSCN 检验溶液不显色,说明反应后的溶液中不存在 Fe^{3+},根据反应方程式:$Fe + 2HCl =\!=\!= FeCl_2 + H_2\uparrow$ ①

$Fe_2O_3 + 6HCl =\!=\!= 2FeCl_3 + 3H_2O$ ②

$Fe + 2FeCl_3 =\!=\!= 3FeCl_2$ ③

可知 Fe 不仅参与放出氢气,还参与还原 Fe^{3+} 到 Fe^{2+},由放出的氢气量 0.03 mol 计算获得参与放出氢气的 Fe 为 0.03 mol,质量为 $0.03\text{mol} \times 56\text{g/mol} = 1.68$ g;则剩余 Fe 和 Fe_2O_3 的质量为 $3.84 - 1.68 = 2.16$ g,设其中含 Fe 为 a g,则含 Fe_2O_3 为 $(2.16 - a)$ g,将②和③合并,可得 $Fe + Fe_2O_3 + 6HCl = 3FeCl_2 + 3H_2O$④,根据方程式有 $a/56 = (2.16 - a)/160$,解得 $a = 0.56$ g,则原混合物中共有 $1.68 + 0.56 = 2.24$ g Fe;有 $3.84 - 2.24 = 1.60$ g Fe_2O_3;

(2) 消耗的 HCl 的物质的量为 $0.03 \times 2 + 0.01 \times 6 = 0.12$ mol;则原盐酸的物质的量浓度为 $0.12\text{mol} \div 0.12\text{L} = 1.0$ mol/L。

5. 解:铜失去电子的物质的量 = 氧气得电子的物质的量。

则有:$n(Cu) \times 2 = n(O_2) \times 4$

$n(O_2) = 5.12\text{g} \div 64\text{g} \cdot \text{mol}^{-1} \times 2 \times 1/4 = 0.04$ mol

$V(O_2) = 0.04\text{mol} \times 22.4\text{L/mol} = 0.896$ L。

若用常规方法,应先求出 NO、NO_2 物质的量,再根据:

$4NO_2 + O_2 + 2H_2O =\!=\!= 4HNO_3$,$4NO + 3O_2 + 2H_2O =\!=\!= 4HNO_3$

计算出氧气的量,并求出其体积,此方法运算量大,计算步骤多且容易出错,用电子守恒法能使计算过程大大简化。

6. 解:Cl、Br 的质量未发生变化,变化的是 K→Ag

K	⟶	Ag	Δm
39		108	108 − 39
$m(K)$			13.00g − 8.00g

$m(K) = 2.83$ g

$\%(K) = 2.83/8.00 \times 100\% = 35.3\%$

7. 解:设试样质量为 m,其中 Fe_3O_4 的质量分数为 w

$$2Fe_3O_4 \sim 3Fe_2O_3$$
$$2 \times 232 \quad\quad 3 \times 160$$
$$mw \quad\quad\quad w \text{ g}$$

$m = (2 \times 232)/(3 \times 160) = 0.97\text{g}$

答:需取试样 0.97g。

8. 解:$3Cu + 8H^+ + 2NO_3^- =\!=\!= 3Cu^{2+} + 2NO\uparrow + 4H_2O$

$n(Cu) = 0.015\text{mol}$

$n(H^+) = 0.04\text{mol} \times 2 + 0.02\text{mol} = 0.1\text{mol} = 4\text{mol/L} \times 0.025\text{L}$

$n(NO_3^-) = 0.02\text{mol}$;

与 Cu 恰好反应的 $n(H^+) = 0.015\text{mol} \times 8/3 = 0.04\text{mol} < 0.10\text{mol}$

反应的 $n(NO_3^-) = 0.015\text{mol} \times 2/3 = 0.01\text{mol} < 0.02\text{mol}$

则 H^+ 和 NO_3^- 均过量,Cu 全部溶解,生成 NO 的体积应由 Cu 的量求出:

$V(NO) = n(Cu) \times (2/3) \times 22.4 \times 10^3\text{mL/mol} = 224\text{mL}$

答:有 224mL NO 生成。

附录

酸、碱和盐的溶解性表（20℃）

阴离子 阳离子	OH^-	NO_3^-	Cl^-	SO_4^{2-}	S^{2-}	SO_3^{2-}	CO_3^{2-}	SiO_3^{2-}	PO_4^{3-}
H^+		溶、挥	溶、挥	溶	溶、挥	溶、挥	溶、挥	微	溶
NH_4^+	溶、挥	溶	溶	溶	溶	溶	溶	溶	溶
K^+	溶	溶	溶	溶	溶	溶	溶	溶	溶
Na^+	溶	溶	溶	溶	溶	溶	溶	溶	溶
Ba^{2+}	溶	溶	溶	不	—	不	不	不	不
Ca^{2+}	微	溶	溶	微	—	不	不	不	不
Mg^{2+}	不	溶	溶	溶	—	微	微	不	不
Al^{3+}	不	溶	溶	溶	—	—	—	不	不
Mn^{2+}	不	溶	溶	溶	不	不	不	不	不
Zn^{2+}	不	溶	溶	溶	不	不	不	不	不
Cr^{3+}	不	溶	溶	溶	—	—	—	不	不
Fe^{2+}	不	溶	溶	溶	不	不	不	不	不
Fe^{3+}	不	溶	溶	溶	—	—	—	不	不
Sn^{2+}	不	溶	溶	溶	不	不	不	—	不
Pb^{2+}	不	溶	微	不	不	不	不	不	不
Bi^{3+}	不	溶	—	溶	不	不	不	不	不
Cu^{2+}	不	溶	溶	溶	不	不	不	不	不
Hg_2^{2+}		溶	不	微	不	不	不	—	不
Hg^{2+}	—	溶	溶	溶	不	不	不	—	不
Ag^+	—	溶	不	微	不	不	不	不	不

注："溶"表示该物质可溶于水，"不"表示不溶于水，"微"表示微溶于水，"挥"表示挥发性。"—"表示该物质不存在或遇到水就分解了。

元素周期表

原子序数 —— 92 U —— 元素符号，红色指放射性元素
元素名称 —— 铀
注 * 的是人造元素
$5f^36d^17s^2$ —— 外围电子层排布，括号指可能的电子层排布
238.0 —— 相对原子质量（加括号的数据为该放射性元素半衰期最长同位素的质量数）

非金属　金属　过渡元素

周期＼族	I A 1	II A 2	III B 3	IV B 4	V B 5	VI B 6	VII B 7	VIII 8	VIII 9	VIII 10	I B 11	II B 12	III A 13	IV A 14	V A 15	VI A 16	VII A 17	0 18	电子层	0族电子数
1	1 H 氢 $1s^1$ 1.008																	2 He 氦 $1s^2$ 4.003	K	2
2	3 Li 锂 $2s^1$ 6.941	4 Be 铍 $2s^2$ 9.012											5 B 硼 $2s^22p^1$ 10.81	6 C 碳 $2s^22p^2$ 12.01	7 N 氮 $2s^22p^3$ 14.01	8 O 氧 $2s^22p^4$ 16.00	9 F 氟 $2s^22p^5$ 19.00	10 Ne 氖 $2s^22p^6$ 20.18	L K	8 2
3	11 Na 钠 $3s^1$ 22.99	12 Mg 镁 $3s^2$ 24.31											13 Al 铝 $3s^23p^1$ 26.98	14 Si 硅 $3s^23p^2$ 28.09	15 P 磷 $3s^23p^3$ 30.97	16 S 硫 $3s^23p^4$ 32.06	17 Cl 氯 $3s^23p^5$ 35.45	18 Ar 氩 $3s^23p^6$ 39.95	M L K	8 8 2
4	19 K 钾 $4s^1$ 39.10	20 Ca 钙 $4s^2$ 40.08	21 Sc 钪 $3d^14s^2$ 44.96	22 Ti 钛 $3d^24s^2$ 47.88	23 V 钒 $3d^34s^2$ 50.94	24 Cr 铬 $3d^54s^1$ 52.00	25 Mn 锰 $3d^54s^2$ 54.94	26 Fe 铁 $3d^64s^2$ 55.85	27 Co 钴 $3d^74s^2$ 58.93	28 Ni 镍 $3d^84s^2$ 58.69	29 Cu 铜 $3d^{10}4s^1$ 63.55	30 Zn 锌 $3d^{10}4s^2$ 65.38	31 Ga 镓 $4s^24p^1$ 69.72	32 Ge 锗 $4s^24p^2$ 72.64	33 As 砷 $4s^24p^3$ 74.92	34 Se 硒 $4s^24p^4$ 78.96	35 Br 溴 $4s^24p^5$ 79.90	36 Kr 氪 $4s^24p^6$ 83.80	N M L K	8 18 8 2
5	37 Rb 铷 $5s^1$ 85.47	38 Sr 锶 $5s^2$ 87.62	39 Y 钇 $4d^15s^2$ 88.91	40 Zr 锆 $4d^25s^2$ 91.22	41 Nb 铌 $4d^45s^1$ 92.91	42 Mo 钼 $4d^55s^1$ 95.94	43 Tc 锝 $4d^55s^2$ [98]	44 Ru 钌 $4d^75s^1$ 101.1	45 Rh 铑 $4d^85s^1$ 102.9	46 Pd 钯 $4d^{10}$ 106.4	47 Ag 银 $4d^{10}5s^1$ 107.9	48 Cd 镉 $4d^{10}5s^2$ 112.4	49 In 铟 $5s^25p^1$ 114.8	50 Sn 锡 $5s^25p^2$ 118.7	51 Sb 锑 $5s^25p^3$ 121.8	52 Te 碲 $5s^25p^4$ 127.6	53 I 碘 $5s^25p^5$ 126.9	54 Xe 氙 $5s^25p^6$ 131.3	O N M L K	8 18 18 8 2
6	55 Cs 铯 $6s^1$ 132.9	56 Ba 钡 $6s^2$ 137.3	57~71 La~Lu 镧系	72 Hf 铪 $5d^26s^2$ 178.5	73 Ta 钽 $5d^36s^2$ 180.9	74 W 钨 $5d^46s^2$ 183.8	75 Re 铼 $5d^56s^2$ 186.2	76 Os 锇 $5d^66s^2$ 190.2	77 Ir 铱 $5d^76s^2$ 192.2	78 Pt 铂 $5d^96s^1$ 195.1	79 Au 金 $5d^{10}6s^1$ 197.0	80 Hg 汞 $5d^{10}6s^2$ 200.6	81 Tl 铊 $6s^26p^1$ 204.4	82 Pb 铅 $6s^26p^2$ 207.2	83 Bi 铋 $6s^26p^3$ 209.0	84 Po 钋 $6s^26p^4$ [209]	85 At 砹 $6s^26p^5$ [210]	86 Rn 氡 $6s^26p^6$ [222]	P O N M L K	8 18 32 18 8 2
7	87 Fr 钫 $7s^1$ [223]	88 Ra 镭 $7s^2$ [226]	89~103 Ac~Lr 锕系	104 Rf 𬬻* $5d^27s^2$ [261]	105 Db 𬭊* $6d^37s^2$ [262]	106 Sg 𬭳* [263]	107 Bh 𬭛* [264]	108 Hs 𬭶* [265]	109 Mt 鿏* [265]	110 Uun * [269]	111 Uuu * [272]	112 Uub * [277]	……							

镧系	57 La 镧 $5d^16s^2$ 138.9	58 Ce 铈 $4f^15d^16s^2$ 140.1	59 Pr 镨 $4f^36s^2$ 140.9	60 Nd 钕 $4f^46s^2$ 144.2	61 Pm 钷 $4f^56s^2$ [145]	62 Sm 钐 $4f^66s^2$ 150.4	63 Eu 铕 $4f^76s^2$ 152.0	64 Gd 钆 $4f^75d^16s^2$ 157.3	65 Tb 铽 $4f^96s^2$ 158.9	66 Dy 镝 $4f^{10}6s^2$ 162.5	67 Ho 钬 $4f^{11}6s^2$ 164.9	68 Er 铒 $4f^{12}6s^2$ 167.3	69 Tm 铥 $4f^{13}6s^2$ 168.9	70 Yb 镱 $4f^{14}6s^2$ 173.0	71 Lu 镥 $4f^{14}5d^16s^2$ 175.0
锕系	89 Ac 锕 $6d^17s^2$ [227]	90 Th 钍 $6d^27s^2$ 232.0	91 Pa 镤 $5f^26d^17s^2$ 231.0	92 U 铀 $5f^36d^17s^2$ 238.0	93 Np 镎 $5f^46d^17s^2$ 237.0	94 Pu 钚 $5f^67s^2$ [244]	95 Am 镅* $5f^77s^2$ [243]	96 Cm 锔* $5f^76d^17s^2$ [247]	97 Bk 锫* $5f^97s^2$ [247]	98 Cf 锎* $5f^{10}7s^2$ [251]	99 Es 锿* $5f^{11}7s^2$ [252]	100 Fm 镄* $5f^{12}7s^2$ [257]	101 Md 钔* $(5f^{13}7s^2)$ [258]	102 No 锘* $(5f^{14}7s^2)$ [259]	103 Lr 铹* $(5f^{14}6d^17s^2)$ [262]

注：

1.原子量录自1993年国际原子量表，并全部取4位有效数字。

2.原子量加括号的为放射性元素的半衰期最长的同位素的质量数。

二〇二〇年军队院校生长军(警)官招生文化科目统一考试

士兵高中综合试题

考生须知
1. 本试卷分政治、物理、化学三部分，考试时间150分钟，满分为200分（政治80分，物理60分，化学60分）。
2. 将部别、姓名、考生号分别填涂在试卷及答题卡上。
3. 所有答案均须填涂在答题卡上，填涂在试卷上的答案一律无效。
4. 考试结束后，试卷及答题卡全部上交并分别封存。

第三部分　化　学

注意：可能用到的相对原子质量：
H：1　C：12　N：14　O：16　Na：23　Al：27　S：32　Fe：56

一、单项选择题（每小题3分，共18分）

35. 下列物质的分类错误的是_____。
    A. $NaHCO_3$、$CuSO_4 \cdot 5H_2O$ 和 $KMnO_4$ 都属于盐
    B. CuO、Na_2O_2 和干冰都属于氧化物
    C. H_2SO_4、HClO、H_2CO_3 都属于酸
    D. 烧碱、纯碱、熟石灰都属于碱

36. 下列溶液中能大量共存的离子组是_____。
    A. 碳酸氢钠溶液中：K^+、NO_3^-、Cl^-、OH^-
    B. 使酚酞试液呈红色的溶液中：Mg^{2+}、Cu^{2+}、SO_4^{2-}、K^+
    C. NaCl 溶液中：Mg^{2+}、H^+、SO_4^{2-}、K^+
    D. 使石蕊试液变红的溶液中：Na^+、Cl^-、K^+、ClO^-

37. 已知 $_{33}As$、$_{35}Br$ 位于同一周期，下列关系正确的是_____。
    A. 原子半径：As > Cl > P
    B. 热稳定性：HCl > AsH_3 > HBr
    C. 酸性：H_3AsO_4 > H_2SO_4 > H_3PO_4
    D. 还原性：As^{3-} > S^{2-} > Cl^-

38. 莽草酸是合成抗病毒药物奥司他韦的主要原料，其结构简式如图所示。下列关于莽草酸的说法正确的是_____。 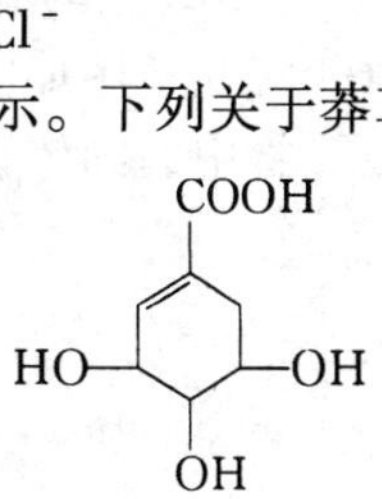
    A. 分子式为 $C_7H_8O_5$
    B. 能使溴的四氯化碳溶液褪色
    C. 只能发生加成反应和取代反应
    D. 分子中含有2种官能团

39. 酸性溶液中还原性强弱顺序为 SO_2 > I^- > Fe^{2+} > H_2O_2 > Cl^-，则下列反应不可能发生的是_____。
    A. $2Fe^{3+} + 2H_2O + SO_2 === 2Fe^{2+} + SO_4^{2-} + 4H^+$
    B. $2Fe^{2+} + Cl_2 === 2Fe^{3+} + 2Cl^-$
    C. $H_2O_2 + 2H^+ + SO_4^{2-} === SO_2\uparrow + O_2\uparrow + 2H_2O$
    D. $I_2 + SO_2 + 2H_2O === 4H^+ + SO_4^{2-} + 2I^-$

40. 绿色化学又称环境友好化学，它的主要特点之一是提高原子利用率，使原料中的所有原子全部转化到产品中，实现"零排放"。下列反应符合绿色化学这一特点的是_____。

  A. 工业冶炼铁 $Fe_2O_3 + 3CO \xrightarrow{\text{高温}} 2Fe + 3CO_2$
  B. 用生石灰制熟石灰 $CaO + H_2O == Ca(OH)_2$
  C. 实验室制取 CO_2 $CaCO_3 + 2HCl == CaCl_2 + CO_2\uparrow + H_2O$
  D. 实验室制取氢气 $Zn + H_2SO_4(稀) == ZnSO_4 + H_2\uparrow$

二、填空题（每空 3 分，共 42 分）

41. 18.4 g 氮的氧化物 N_2O_x 中含氮原子 0.4 mol，则 $x =$ _____。

42. 下列物质①$NaHCO_3$②$(NH_4)_2SO_4$③$Al_2O_3$④$(NH_4)_2CO_3$⑤$Mg(OH)_2$中，既可与稀盐酸反应，又可与 $Ba(OH)_2$ 溶液反应的是_____。（只填序号）

43. 在 2 L 密闭容器中，发生以下反应：$2A(g) + B(g) \rightleftharpoons 2C(g) + D(g)$。若最初加入的 A 和 B 都是 4 mol，前 10 s A 的平均反应速率为 $0.12\ mol \cdot L^{-1} \cdot s^{-1}$，则 10 s 时，容器中 B 的物质的量是_____。

44. 等体积等物质的量浓度的 KOH 溶液和 CH_3COOH 溶液混合后，混合溶液中含有以下四种离子①K^+②CH_3COO^-③H^+④OH^-，则这四种离子的浓度按从大到小的顺序排列为_____。（只填序号且序号之间用" > "连接）

45. 将化学反应 $2KMnO_4 + 10FeSO_4 + 8H_2SO_4 == 2MnSO_4 + 5Fe_2(SO_4)_3 + K_2SO_4 + 8H_2O$ 设计成如图所示原电池，盐桥中装有饱和 K_2SO_4 溶液。

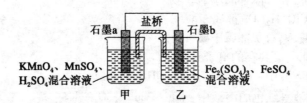

请回答：

(1) 该原电池的正极是石墨_____（填"a"或"b"）；

(2) 该原电池工作时，盐桥中的 SO_4^{2-} 移向_____（填"甲"或"乙"）烧杯；

(3) 该原电池正极发生的电极反应式为_____。

46. 实验室用如图所示装置测定 FeO 和 Fe_2O_3 混合物中 Fe_2O_3 的质量，D 装置的硬质玻璃管中的固体物质是 FeO 和 Fe_2O_3 的混合物。

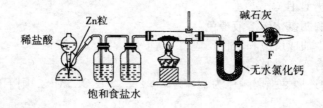

请回答：

(1) 装置 B 的作用是_____；

(2) 若 FeO 和 Fe_2O_3 固体混合物的质量为 23.2 g，反应完全后，E 装置(即 U 型管)的质量增加 7.2 g，则混合物中 Fe_2O_3 的质量为_____；

218

(3)U型管右边连接干燥管F的目的是_____。

47. 如图是无机物A~F在一定条件下的转化关系(部分产物及反应条件未标出)。其中A为气体,A~F均由非金属元素组成,且A~F都含有相同的元素。

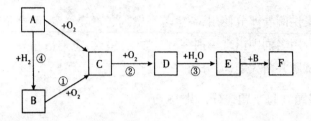

请回答:
(1)C、F的化学式分别为_____,_____;
(2)反应③的化学方程式为_____。

48. 下列化合物①HCl②H_2O③$CO_2$④NH_3中含有极性共价键的非极性分子是_____。(填序号)

第三部分　　化学试题参考答案及评分标准

评分注意事项：

1. 本答案供阅卷评分使用，考生若写出其它正确答案，可参照评分标准给分。
2. 化学专用名词中出现错别字、化学式有错误，应酌情扣分。
3. 化学试题共两大题，满分为 60 分。

一、单项选择题（每小题 3 分，共 18 分）

35. D　　36. C　　37. D　　38. B　　39. C　　40. B

二、填空题（每空 3 分，共 42 分）

41. 4　　　　42. ①③④　　　　43. 2.8 mol

44. ① > ② > ④ > ③

45. (1) a

(2) 乙

(3) $MnO_4^- + 8H^+ + 5e^- =\!=\!= Mn^{2+} + 4H_2O$

46. (1) 除去 H_2 气中混有的 HCl 气体

(2) 16 g

(3) 防止空气中的水蒸气进入 U 型管 E 中

47. (1) NO；NH_4NO_3

(2) $3NO_2 + H_2O =\!=\!= 2HNO_3 + NO$

48. ③

二〇二〇年军队院校士官招生文化科目统一考试

士兵高中综合试题

考生须知	1. 本试卷分政治、物理、化学三部分，考试时间 150 分钟，满分为 200 分（政治 80 分，物理 60 分，化学 60 分）。 2. 将部别、姓名、考生号分别填涂在试卷及答题卡上。 3. 所有答案均须填涂在答题卡上，填涂在试卷上的答案一律无效。 4. 考试结束后，试卷及答题卡全部上交并分别封存。

第三部分　　化　学

注意：可能用到的相对原子质量：
H: 1　C: 12　N: 14　O: 16　Na: 23　Mg: 24　Al: 27　Cl: 35.5　Fe: 56　Ag: 108

一、单项选择题（每小题 3 分，共 18 分）

36. Na_2CO_3 俗名纯碱，若对纯碱采用不同的分类方法进行分类，则下列说法错误的是_____。

    A. Na_2CO_3 是盐　　B. Na_2CO_3 是碱　　C. Na_2CO_3 是钠盐　　D. Na_2CO_3 是碳酸盐

37. $^{131}_{53}I$ 是常规裂变产物之一，可以通过测定大气或水中 $^{131}_{53}I$ 的含量变化来检测核电站是否发生放射性物质泄漏。下列有关 $^{131}_{53}I$ 的叙述正确的是_____。

    A. $^{131}_{53}I$ 的原子核内中子数多于质子数　　B. $^{131}_{53}I$ 的原子序数为 131
    C. $^{131}_{53}I$ 的原子核外电子数为 78　　D. $^{131}_{53}I$ 与 $^{127}_{53}I$ 的化学性质不同

38. 下列物质不属于烷烃的是_____。

    A. CH_4　　B. C_2H_4　　C. C_3H_8　　D. C_4H_{10}

39. 在碱性溶液中能大量共存的一组离子是_____。

    A. Na^+、H^+、SO_4^{2-}、CO_3^{2-}　　B. Fe^{3+}、K^+、SO_4^{2-}、NO_3^-
    C. Mg^{2+}、K^+、Cl^-、SO_4^{2-}　　D. Na^+、K^+、NO_3^-、Cl^-

40. 用固体样品配制一定物质的量浓度的溶液,需经过称重、溶解、转移溶液、定容等操作。下列图示对应操作正确的是_____。

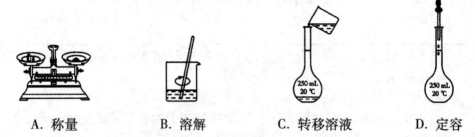

A. 称量　　　　B. 溶解　　　　C. 转移溶液　　　　D. 定容

41. 利用化学知识降低污染、治理污染,改善人类居住环境是化学工作者当前的首要任务。下列做法不利于环境保护的是_____。

A. 研制易降解的生物农药　　　　B. 开发清洁能源

C. 有效提高能源利用率　　　　　D. 对废电池做深埋处理

二、填空题(每空 3 分,共 42 分)

42. 在蛋白质溶液中加入饱和食盐水,可使蛋白质从溶液中析出,这个过程叫_____。

43. LiOH、NaOH、KOH 的碱性依次_____。(用"增强"或"减弱"填写)

44. 一定条件下,化学反应 $2A(g) + B(g) \rightleftharpoons 2C(g)$ 达到平衡,若增大压强,则该化学平衡向_____反应方向移动。(用"正"或"逆"填写)

45. 以海水为电解质的 Mg-AgCl 电池在军事上可用作电动鱼雷的电源,其电池反应的离子方程式为 $2AgCl + Mg \rightleftharpoons Mg^{2+} + 2Ag + 2Cl^-$。请回答下列问题:

(1) 该电池的负极材料是_____,发生_____(用"氧化"或"还原"填写)反应;

(2) 若导线上转移 1 mol 电子时,生成银_____g。

46. 某化学兴趣小组为探究 SO_2 的性质,按如图所示装置进行实验。

已知:$Na_2SO_3 + H_2SO_4(浓) \rightleftharpoons Na_2SO_4 + SO_2\uparrow + H_2O$,请回答下列问题:

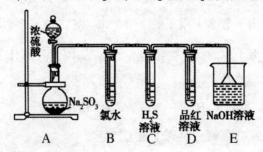

(1) 装置 A 中盛放浓硫酸的仪器的名称是_____;

(2) 反应后装置 C 中的现象是_____,装置 E 的作用是_____。

47. 在一定条件下,反应 $N_2(g) + 3H_2(g) \rightleftharpoons 2NH_3(g)$ 在 2 L 密闭容器中进行,5 min 内氨的质量增加了 1.7 g,则 $v(NH_3) =$ _____ mol·L^{-1}·min^{-1}。

48. 图中每一个方格表示有关的一种反应物或生成物,其中 X 为正盐,A 是能使澄清石灰水变浑浊的无色无味气体,C 是无色有刺激性气味的气体,且能使湿润的红色石蕊试纸变蓝。

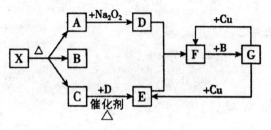

请回答:

(1)物质 X 的化学式为_____,物质 C 的化学式为_____;

(2)G + Cu→E 的化学反应方程式为_____。

49. 在标准状况下(指压强为 101325 帕和温度为 0℃),1 mol 的任何气体所占的体积都约为 _____ L。

第三部分　　化学试题参考答案及评分标准

评分注意事项：

1. 本答案供阅卷评分使用，考生若写出其它正确答案，可参照评分标准给分。

2. 化学专用名词中出现错别字、化学式有错误，应酌情扣分。

3. 化学试题共两大题，满分为 60 分。

一、**单项选择题**（每小题 3 分，共 18 分）

36. B　　　37. A　　　38. B　　　39. D　　　40. B　　　41. D

二、**填空题**（每空 3 分，共 42 分）

42. 盐析

43. 增强

44. 正

45. (1) Mg 或镁，　氧化

　　(2) 108

46. (1) 分液漏斗

　　(2) 出现黄色浑浊，　吸收多余的 SO_2

47. 0.01

48. (1) $(NH_4)_2CO_3$，　NH_3

　　(2) $3Cu + 8HNO_3(稀) = 3Cu(NO_3)_2 + 2NO\uparrow + 4H_2O$

49. 22.4